KB273953

병 원 혁 신 프 로 젝 트

일류병원으로 간다

병 원 혁 신 프 로 젝 트

일류병원으로 간다

일류병원으로 간다

펴 냄 2010년 7월 20일 1판 1쇄 박음 / 2010년 7월 25일 1판 1쇄 펴냄
지은이 피플퀘스트
펴낸이 김철종
펴낸곳 (주)한언
　　　　등록번호 제1-128호 / 등록일자 1983. 9. 30
주 소 서울시 마포구 신수동 63-14 구 프라자 6층(우 121-854)
　　　　전화 02)701-6616(대) / 팩스 02)701-4449
책임편집 배상현 shbae@haneon.com
디자인 정현영, 양미정, 백은미, 하현지, 김문정
홈페이지 www.haneon.com
이메일 haneon@haneon.com
· 이 책의 무단전재 및 복제를 금합니다.
· 잘못 만들어진 책은 구입하신 서점에서 바꾸어 드립니다.
ISBN　　978-89-5596-578-0 13320

병 원 혁 신 프 로 젝 트

일류병원으로 간다

HOSPITAL

TOP - CLASS

한언

현재 우리나라의 의료 서비스 산업에는 많은 변화가 일어나고 있다. 내부적으로는 의료고객의 니즈가 급격하게 변했고 공급자가 급증했으며 관련 제도가 변했다. 또한 의료기술과 서비스가 발전함에 따라 새로운 시스템의 도입이 시급해졌다.

대외적으로는 경제특구를 중심으로 아시아 주요국가 사이에서 경쟁이 격화되고 해외 병원을 유치하려는 노력이 가속화되고 있으며, 대기업의 의료계 진출이 가시화되었다. 의료 서비스 산업의 경쟁 패러다임이 변하고 있는 것이다. 경쟁이 치열해질수록 병원의 경영여건은 더욱 나빠질 수밖에 없다. 이제 의료는 더 이상 단순한 진료기술이 아니라 하나의 거대한 산업이 되었다.

의료가 하나의 산업으로 변함에 따라 의료경영에서도 몇 가지 변화가 일어나고 있다. 우선 의료 서비스의 중심축이 의사가 주도하는 공급자 중심에서 환자가 주도하는 수요자 중심으로 이동하고 있다. 이에 따라 환자가 의사로부터 의료정보를 수동적으로 공급받는 것이 아니라 환자 본인의 필요에 의해 능동적으로 의료정보를 제공받을 수 있게 되었다. 또한 의료 서비스의 질적 수준에 대한 평가에 있어서도 동료 의사에 의한 단면적인 평가에서 벗어나 환자의 적극적인 참여가 이루어지고 있다.

이러한 환경변화에 대처하기 위해 병원은 나름대로 환자중심의 병원운영, 고객만족 시스템 등을 도입하고 있지만, 선진 병원에 대응하기 위한 경쟁력을 갖추는 것은 아직 요원하다. 병원 경영자들은 부단한 노력을 하고 있지만 그 성과가 미미하고 병원 종사자들은 의료경영의 전략방향에 대한 이해가 다르다. 또한 병원 경영자와 직원 간에 전략적 연계가 이루어지지 않아 향후 전망을 낙관하기가 어려운 처지다.

이 같은 현상을 극복하기 위해서 무엇보다 중요한 것은 병원이 경쟁력을 가질 수 있도록 조직의 역량을 키우는 일이다. 따라서 병원의 경영전략을 수립해야 한다. 이를 위해 명확한 재무회계 시스템이 정착되어야 하며 조직과 개인의 성과관리 체계가 필요하다. 또한 핵심인재를 확보하고 이들을 유지·관리해야 하며 지식경영, 정보 시스템 등을 활용해 자원을 효율적으로 관리해야 한다.

병원뿐만 아니라 하나의 조직이 경쟁력을 갖추고 시장에서 살아남기 위해서는 리더의 지휘 아래 모든 조직원이 총력전을 펼쳐야 한다. 여기서 말하는 총력전이란 병원 직원들이 다양한 각자의 역할을 수행하면서 리더의 지향점에 공감대를 형성하고 이를 달성하기 위해 최선의 노력을 다하는 것을 뜻한다. 그러나 비즈니스 마인드가 부족하고 서로 다른 경험을 가지고 있는 병원 직원들이 공통된 관점을 가지기는 매우 어렵다.

더구나 직원들은 어디서부터 실마리를 잡아야 할지 이해하지 못하는 경우도 허다하다. 이러한 점을 먼저 해결하지 않으면 다양한 경영기법이나 직원교육 프로그램을 도입해도 큰 효과를 발휘하지 못한다.

따라서 이 책의 목적은 변화하는 의료 서비스 산업에서 병원이 경쟁우위를 확보하기 위한 경영전략, 재무회계, 원가관리, 고객만족경영, 성과관리 등 의료경영의 전반과 목적지향적인 방향에 대한 구성원의 이해를 높이는 데 있다. 이를 위해 각 장마다 다음과 같은 내용을 담았다.

의료경영전략

의료경영을 둘러싼 환경변화와 선진 병원의 전략 방향에 대해 살펴보고, 변화에 효과적으로 대응하기 위한 전략방향을 제시한다. 이러한 전략방향은 개별 병원마다 다를 수 있기 때문에 저마다의 경영전략을 구축할 수 있도록 전략 수립방법에 대해 설명하고, 사례를 들어 실질적으로 적용 가능한 지침을 제공한다.

병원의 재무회계

급변하는 환경 속에서 병원의 재무회계 정보는 전략적 의사결정과 내부 조직관리 시스템을 구축하는 기초자료가 된다. 따라서 병원 재무회계 자료를 작성하는 요령을 이해하는 것이 매우 중요하다. 이를 위해 병원의 재무회계에 대한 전반적 이해와 병원회계기준준칙 작성요령과 외부 회계감사를 받는 요령 등을 제시한다.

병원의 원가관리

병원의 원가관리는 미래를 위한 투자재원의 확보, 과잉투자 방지 등에 있어 매우 중요하지만, 이러한 원가관리를 위한 기본 인프라가 구축되어 있지 않은 경우가 많다. 따라서 바람직한 원가관리 방법을 제시함으로써 향후 전사적인 자원관리를 위한 기반을 마련하는 데 도움이 되도록 한다.

의료 서비스 마케팅

의료 서비스는 일반 서비스와 다른 특징이 있다. 물론 마케팅 일반론이 적용되는 것은 사실이지만 의료 서비스가 무형성, 비분리성, 변화성, 소멸 가능성이라는 특징을 지니고 있기 때문에 이러한 점을 감안해 의료 서비스 마케팅의 방향을 설명한다.

병원의 고객만족경영

병원의 고객만족경영은 의료 서비스의 품질과 고객만족도에 직결되는 사안이다. 따라서 의료 서비스의 품질이 어떤 방식으로 고객만족에 영향을 미치는지 알아야 한다. 따라서 고객만족경영을 위해 지켜야 할 원칙과 고객민족경영의 도입 사례를 살펴봄으로써 고객만족경영이 추상적인 차원에서 그치지 않고 실질적인 도움이 되도록 한다.

병원의 성과관리

병원의 성과관리가 지속적으로 효과를 발휘하기 위해서는 전략적 차원에서 접근해야 한다. 이를 위해 전략적 성과관리 체계를 정립하는 방법을 알아보고, 성과관리가 시스템화되기 위해서 하위 목표와 어떤 방식으로 연계되어야 하는지 알아본다. 또한 조직성과와 개인성과의 관계에 대해 알아보고 실질적으로 병원의 성과를 높일 수 있는 성과관리 운영방안을 체계적으로 정리한다.

병원의 조직/인사 관리

병원조직뿐만 아니라 모든 조직의 성과에 지대한 영향을 미치는 것이 바로 리더십이다. 병원 직원은 그들만의 특성이 있기 때문에 이에 대한 이해를 바탕으로 한 리더십 갖추는 것이 매우 중요하다. 또한 리더십뿐만 아니라 업무역량을 지속적으로 유지하고 키우기 위해서는 조직 단위, 개인 단위의 커뮤니케이션을 강화해야 한다. 따라서 병원조직 내의 커뮤니케이션 강화할 수 있는 방법에 대해 알아본다.

병원 혁신과 인프라 구축

병원의 혁신이 단발성에 그치지 않고 시스템화되기 위해서는 직원들의 기술력과 태도를 개선하는 것이 중요한다. 따라서 지식경영과 학습, 경영혁신과 변화관리, 정보 시스템 등을 기반으로 병원이 자기 완성적인 경영혁신을 이루기 위한 방안을 알아본다.

c o n t e n t s

병원,
정글 속으로
들어가다

생존을 위한 병원의 팽창주의

아시아 주요 국가들은 누가 먼저랄 것도 없이 의료특구를 만들고 선진국의 유명 병원과 제휴를 추진하고 있다. 이에 따라 해외 병원과의 경쟁이 가시화되고 있다.

일본은 2006년에 가나가와 현 의료특구를 설립하고, 이곳에 의료 서비스를 제공하려는 주식회사에게도 병원을 설립하도록 허용하는 인센티브를 제공하는 등, 해외 병원 유치에 노력을 집중하고 있다.

중국은 상하이 의료특구를 설치했고, 태국과 싱가포르도 의료특구를 통해 수준 높은 의료 서비스를 제공할 수 있는 해외 병원 유치에 총력을 다하고 있다.

우리나라도 다른 국가들처럼 해외 병원을 유치하려고 노력하고 있다. 우선 송도경제자유구역에 뉴욕장로병원을 유치하기로 했고, 제주특별자치도는 필라델피아 인터내셔널 메디슨 매니지먼트 디벨로프먼트 사와 병원 설립에 관한 협약을 맺는 등, 다양한 노력을 하고 있다.

각국의 병원 유치 경쟁은 필연적으로 국내외 의료 고객을 대규모로 흡수하는 결과를 낳을 것이다. 따라서 의료 고객 쟁탈전은 한층 질 높은 의료 서비스를 차별적으로 시장에 제공해야 하는 압박으로 작용할 것이다.

한편, 대기업의 의료계 진출 가능성도 높아지고 있다. LG그룹은 IT, 보험 등의 이점을 가지고 LG생명과학을 중심으로 바이오 산업 진출에 대한 적극적인 의지를 표명했다. 이에 따라 다른 기업들도 줄줄이 의료계 진출을 가시화하고 있다.

경기 지역에 종합병원이 진출하기 시작한 것도 눈에 띄는 변화다. 경기 남부지역인 수원, 용인, 화성 등에 종합병원 진출이 잇따르고 있다. 대규모 택지개발 사업으로 인구가 크게 늘어나고 있는 이들 지역의 의료시장을 선점하기 위해서다. 의료 인프라가 비교적 취약하면서 인구 밀집도가 높은 이 지역에 서울대병원, 연세대의료원, 경희대의료원, 한림대병원, 을지병원 등이 600~1000병상의 규모로 2010년대 개원을 목표로 준비하고 있다.

대도시의 의료시장은 경쟁이 더욱 치열해질 것으로 보인다. 병원협회는 인구밀집지역인 서울, 경기 등 주요 지역에 병상 공급이 집중될 것으로 예측하고 있다.

대기업과 대학병원의 주도로 설립이 추진되는 병원이 의료 인프라가 취약한 인구밀집 지역에 집중되고 있어, 의료전달체계로 시장을 분할하는 것의 의미가 사라지고 있다. 모든 병원들이 무차별 경쟁을 해야 하는 상황이 더욱 가속화되고 있는 것이다.

따라서 이러한 경쟁환경 속에서 병원이 생존하기 위해서는 환경변화의 미세한 부분까지 이해하고 대응할 수 있는 경영전략이 필요하다.

정글 속에서 병원의 임기응변식 대응

우리나라 병원은 전반적으로 '투자의 악순환' 속에서 고군분투하고 있다. 병원이 증가함에 따라 경쟁이 심화되고, 이를 극복하기 위해 분원 설치, 고가 의료장비 도입, 첨단 바이오 산업 진출 등 투자가 증가하고 있다.

그 결과, 병원의 발전 전략은 없고 투자에 대한 불확실성만 더욱 증가하고 있다. 이러한 현상은 의료 서비스 산업의 악순환을 가속화시키고 있으며, 병원의 경영수지 악화로 이어지고 있다.

병원의 선순환적인 경쟁구도를 만들기 위해서는 병상 증설, 분원 설치, 고가장비 도입, 외래 수술센터 설립 등과 같은 물량 중심의 빼앗기식 경쟁 패러다임을 재검토해야 한다.

물량 중심의 경쟁을 완전히 바꿀 수는 없지만, 무차별적 경쟁환경 속에서 병원이 생존하기 위해서는 고객의 니즈를 명확히 이해하고, 고객이 원하는 의료 서비스를 제공하려는 노력을 해야 한다.

또한 고객이 병원을 찾는 것은 제한된 정보 안에서 알게 된 의료 서비스의 질 때문이라는 것을 명확하게 알고, 이에 맞는 경영전략을 실천해야 한다.

경쟁 패러다임의 변화

이전과 달리 병원은 의사중심에서 환자중심으로 변하고 있다. 환자에게 예전처럼 진료 정보를 충분히 제공하지 않으면 곧바로 불만을 제기하는 시대가 되었다.

환자와 의사의 관계도 일방적 관계에서 상호작용하는 관계로 바뀌고 있다. 병원은 전통적으로 의사들의 집단이고 의사는 일반인이나 환자가 접근할 수 없는 고유의 전문지식으로 환자를 치료하는 사람으로 인식되어왔다.

역사적으로 의학은 대체로 의사중심이었지만 최근 환자의 욕구, 필요, 선호도에 부응하는 '환자중심의 의학'이라고 불리는 맞춤식 의료 서비스로 발전하고 있다.

의학이 환자중심으로 바뀌어야 한다는 주장은 1960년대 이후 환자권리 운동의 일부로 여겨지고 있다. 이러한 인식은 최근 급격히 확대되는 경향을 보인다. 의사는 환자에게 필요한 통제를 하면서도 환자의 요구에 부응할 수 있어야 한다. 이러한 환자중심의 의료 서비스는 이미 의료의 모든 영역에서 가시화되고 있다.

과거, 환자는 치료과정에서 발생하는 정보를 알 필요가 없는 존재였다. 치료는 의사 고유의 영역이고 치료와 관련된 여러 가지 의사결정은 의료기술 측면에서 의사가 하는 것이 당연하다는 사고가 일반적이었기 때문이다.

그러나 치료과정에서 환자는 치료방법의 결과와 경제적인 부분에서 여러 가지 의사결정을 할 권리가 있다. 왜냐하면 의사결정이 곧 환자 본인의 삶의 질과 직결되기 때문이다. 따라서 환자는 더욱 능동적으로 이 과정에 참여할 필요가 있다.

의사중심이었던 과거에는 의사가 환자에게 최선의 의료 방향을 결정하고 환자는 의사의 지시에 순응하기만 하면 되었다. 그러나 의료가 환자중심으로 변하면서 의사결정을 하는 단계에서부터 환자의 참여가 이루어지고, 환자와 의사의 관계도 지시와 순응에서 환자가 실질적으로 참여하는 형태로 바뀌었다.

의료 서비스의 질에 대한 평가에도 환자들이 적극 참여하는 현상이 두드러지고 있다. 전통적으로 담당의사의 동료가 진료과정 준수 여부를 확인했다. 그러나 1970년대 초반 도나베디언(Avedis Donabedian)은 환자의 견해가 의료 서비스 질 평가의 중요한 요소라고 주장했는데, 이때부터 환자의 참여가 중요시되었다.

1980년대 후반 이후, 의료결과가 의료제공 과정에 비해 강조되기 시작했지만, 평가자는 여전히 의료제공자였다. 그러나 1990년대 들어 환자가 진료의 질을 판단하는 주체가 되는 일이 더욱 빈번해졌다. 결과적으로 의료 서비스의 질 보장도 동료 감시에서 환자 의견을 포함하는 방향으로 확대되고 있다.

정보 공유와 공동 의사결정은 환자와 의사 간 역학관계를 크게 바꿨다. 1956년 스자츠와 홀랜더가 환자와 의사의 관계에 관한 가장 오래된 개념이던 '능동-수동 모형'이 '지도-협조 모형'으로 바뀔 것이라고 주장할 때만 해도 이것은 이단시 되었다.

이들은 환자가 파트너로 참여하는 '상호참여 모형'을 언급했는데 이를 상당한 지식, 교육, 경험을 갖고 있는 선택된 일부 환자에게만 적용할 것을 제안했다.

이러한 패러다임의 변화 때문에 의료 서비스 시장의 경쟁이 심화되고, 고객의 권리 의식이 높아졌을 뿐만 아니라 환자의 알 권리가 강화되었으며, 환자가 의료 서비스의 질 평가에 적극적으로 참여하는 현상이 강화되기 시작했다.

변화된 패러다임에서 병원이 생존하기 위해서는 경쟁 패러다임을 경영전략에 잘 반영해야 한다. 따라서 병원의 경영전략을 새롭게 설정할 필요가 있다. 변화된 외부 패러다임을 무조건 수용하는 것은 병원 내부의 역량 부족 때문에 시행하기 어렵고 부작용만 초래할 가능성이 있다. 따라서 부족한 역량을 육성하는 전략을 병행해야 한다. 병원은 이를 고려해 내부역량과 여건을 최대한 활용하는 방향으로 경쟁 패러다임을 수용한 다음, 병원경영전략을 수립해야 한다.

정글을 헤쳐나갈 병원의 10가지 원칙

1. 변화를 주도하라(Change the rules)

어떤 병원이 의료시장에서 우위를 점하기 위해서는 새로운 경영전략이 필요하다. 매사추세츠에 있는 하버드대학병원 질병의학기구(Harvard Health Maintenance Organization)는 뉴햄프셔의 매튜 선(Matthew Thorn Health Maintenance Organization)을 합병했다. 이를 계기로 수십 년 간의 패권 다툼이 끝났을 뿐만 아니라 전국에서 가장 큰 입원·재활 시설 체인망인 컨티넨털(Continental)을 합병해 시장 범위를 주에서 국가 전체로 확대했다. 이와 같이 질병의학기구는 변화하는 경영환경에 능동적이고 적극적으로 대응해 환경에 적응할 수 있었다.

병원이 성공하기 위해서는 신속함을 갖추어야 한다. 병원은 일반 조직과는 다른 차원의 시간이 있기 때문이다. 병원이 환자의 의료비용을 줄이면서 건강상태도 증진시키기 위해서는 치료보다 예방에 중점을 두어야 한다. 그 때문에 다른 차원의 시간이 발생하는 것이다. 따라서 일반 조직들이 소비자의 반응을 살피면서 전략을 세우는 데 반해, 병원은 소비자인 환자의 병을 예방하는 것을 목표로 경영전략을 세워야 한다. 이러한 전략을 통해 환자의 니즈를 충족시키면서 효과적인 마케팅 활동을 할 수 있다. 이와같이 경쟁 속에서 성공하고자 하는 병원은 환경에 대응하여 변화를 주도해야 한다.

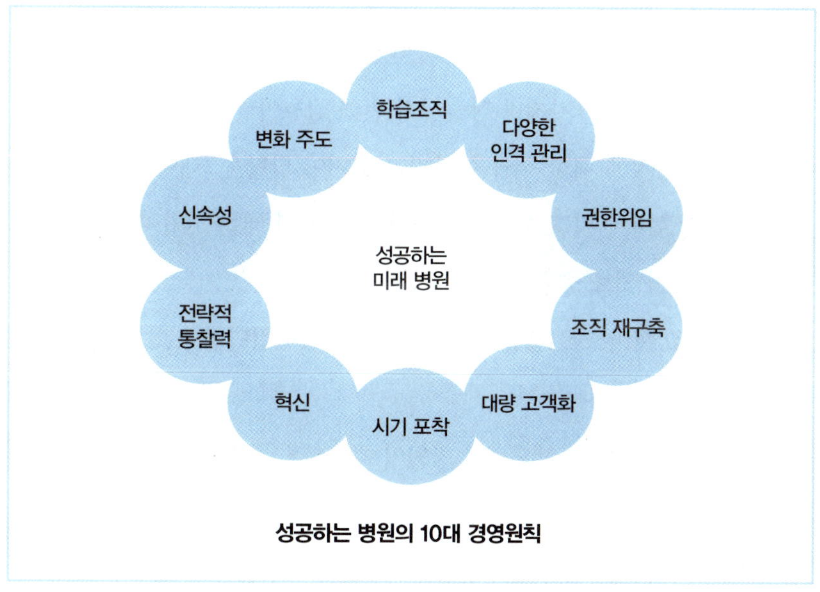

성공하는 병원의 10대 경영원칙

2. 항상 혁신(Innovation)하라

　병원이 미래 시장에서 성공적으로 경쟁을 하기 위해서는 '기회의 지평'을 넓힐 수 있어야 한다. 그러기 위해서는 병원을 단순히 의료나 서비스만을 제공하는 집합체가 아니라, 핵심 능력을 갖춘 집합체로 봐야 한다. 미국 캘리포니아 주 새크라멘토에 있는 액세스 헬스(Access Health)는 환자가 직접 병원이나 의사를 지정하기 어려워하는 것을 인식하고 "간호사에게 물으세요(Ask-a-nurse)"라는 제도를 도입했다. 그 결과 환자만족도가 상승했으며 의료수입에도 긍정적인 효과를 얻을 수 있었다.

3. 전략적인 통찰력(Strategic Foresight)을 길러라

　전략적인 통찰력을 지닌 병원 경영자가 되기 위해서는 다음 3가지 질문에 바른 해답을 제시할 수 있어야 한다.

　첫째, 잠재 고객에게 어떤 서비스를 제공할 것인가?

　병원 경영자는 부가가치를 창출하기 위해 병원이 어떠한 의료 서비스를 제공해야 하는지에 대한 해답을 가지고 있어야 한다. 그래야만 병원이 부가가치를 창출하기 위해 사전에 준비할 수가 있기 때문이다. 따라서 이 질문에 대한 답이 의료경영의 나침반이 될 것이다.

　둘째, 의료 서비스를 제공하기 위해서 갖출 핵심역량(Core Competency)은 무엇인가?

　이 질문에 대한 답을 함으로써 병원이 차별화된 서비스를 제공하기 위해 갖추어야할 것이 무엇인지 명확히 알 수 있다. 이를 통해 내부역량을 높일 수 있고 나아가 의료시장에서 경쟁우위를 점할 수 있게 된다.

셋째, 고객관계를 원활히 하는 데 필요한 조직변화는 무엇인가?

원활한 고객관계는 병원이 더 많은 부가가치를 창출할 수 있게 한다. 따라서 고객에게 필요한 서비스를 효과적으로 제공할 수 있도록 조직을 재편해야 한다.

4. 적절한 타이밍을 포착하라

새로운 전략 방향이 외적 성장에 있든 경영 효율성에 있든 간에 변화의 성공 여부는 적절한 시기를 포착할 수 있는 경영자의 감각에 달려 있다. 인텔 회장인 앤드류 그로브(Andrew Grove)는 이렇게 말했다.

"미래의 성과를 향상시키기 위해서 괄목할 만한 변화를 시도 할 때, 모든 기업은 적어도 한 번의 기회가 있으며 이를 놓치면 기업은 퇴보하기 시작한다."

5. 매스 커스터마이제이션(Mass Customization)을 추구하라

의료 서비스 분야에서 재택 의료 또는 주치의 의료에 대한 기대가 커지고, 요구하는 의료수준도 높아지고 있다. 대량 고객화는 많은 고객의 개별 욕구를 만족시키기 위해 각 상황에 맞는 맞춤식 서비스를 제공하는 것이다. 이는 정보통신 기술의 발달로 가능하게 되었다. 예를 들어, 지역 내 건강 위험신호를 보이는 주민을 확인해 조치하는 건강증진 프로그램을 개발하는 등, 고객중심의 의료관리를 하여 고객의 개별적인 욕구를 충족시킬 수 있다.

6. 조직을 재구축(Re-engineering)하라

최근 10년 간 기업은 조직의 규모를 줄이면서 재구축하려는 노력을 해 왔으나 최근에는 점차 움츠러드는 추세다. 그러나 보건·의료 분야에서는 계속해서 조직 재구축(Re-engineering)이 이루어져야 한다. 병원이 시장 변화에 적응할 수 있도록 탄력적으로 조직을 재구축하는 능력은 병원환경 변화에 대응하기 위해 요구되는 핵심역량이기 때문이다.

7. 권한위임(Empowerment)을 실시하라

직원의 사기와 충성심을 높이기 위해 권한위임을 해야 한다는 생각은 매력적이지만 실행하기 어려운 측면도 있다. 권한위임의 한계를 어디로 두어야 할지 모호하기 때문이다. 효과적인 권한위임을 위해서는 조직계층을 축소해 권한과 책임을 하부이양하고, 정보통신망 구축으로 주요 정보에 대한 접근 가능성 제고해야 하며, 개인과 집단의 목표달성에 따른 성과급제 도입 등이 이루어져야 한다.

8. 다양성을 고려한 인력관리(Managing Diversity)를 하라

노동시장의 인구통계학적 변화 때문에 육아, 유연시간 노동제, 시간제 근로제, 노인 보호 등이 병원 직원의 주된 관심사가 되었다. 따라서 병원은 탁아시설 지원, 재정적 보상, 주간 근무기회 제공, 스트레스 해소책 강구 등 직원의 근무여건을 향상하기 위해 여러 가지 프로그램을 운영해야 한다.

9. 학습 조직(Learning Organizations)을 구축하라

병원이 미래의 복잡하고 경쟁적인 환경에서 살아남으려면 구성원의 조직 적응능력을 키워야 한다. 그러려면 시스템 사고, 팀 학습, 비전 공유 등을 결합하는 조직 학습 과정을 터득해야 한다. 학습 조직을 만드는 과정은 어렵지만 그 성과는 매우 크다. 조직원의 역량을 조직에 맞게 키우고 공통의 목표를 향해 전진하기 위해서는 병원의 특성에 맞는 학습 시스템이 반드시 필요하다. 이렇게 학습하는 조직이야말로 웅대한 비전을 바탕으로 의료 서비스 시장을 선도하는 병원이 될 수 있기 때문이다.

10. 전략적 사고(Strategic Thinking)를 하라

병원은 단지 환자를 치료하는 곳만은 아니다. 병원은 끊임없이 환경과 소통하면서 적자생존을 해야 하는 하나의 조직체다. 필연적으로 경쟁할 수밖에 없다는 뜻이다. 따라서 반드시 필요한 것이 전략적 사고방식이며, 조직운영도 같은 관점에서 해야 한다.

전략적 사고의 틀 중에서 대표적인 것이 마이클 포터(Michael E. Porter)의 포괄적 전략(Generic Strategy)이다. 포괄적 전략이란 동일 산업 내에서 효과적으로 경쟁할 수 있는 일반적인 전략 유형을 말한다. 포괄적 전략이 의료 서비스 산업에 적용된 경우는 아주 적지만, 최근 의료환경이 급변함에 따라 이 전략을 통해 조직성과를 높이려는 움직임이 일고 있다.

마이클 포터가 제시한 포괄적 전략은 높은 투자 수익률을 확보하고 장기적으로 산업에서 자사의 우위를 지키며, 경쟁우위에 서기 위한 것이다. 여기에는 원가우위, 차별화, 집중화 등 세 가지 유형이 있다.

원가우위 전략(Cost Leadership Strategy)은 설비 규모의 유지, 원가 절감, 엄격한 비용 통제, 연구개발비 절감 등을 통해 원가를 최소화하는 전략이다. 최근 병원 관리자들이 원가우위 전략에 관심을 가지면서 병원의 경쟁력 유지와 환경변화에 대처하기 위해 비수익성 의료 서비스 제거, 낭비 요인 축소, 직원 감원 그리고 상호기능 조정을 통한 비용 통제에 깊은 관심을 보이고 있다.

차별화 전략(Differentiation Strategy)은 다른 제품과 서비스와는 구별되는 독특한 상품과 서비스를 창출하기 위한 전략이다. 병원은 다양한 방법으로 차별화 전략을 구사할 수 있다. 예를 들면, 첨단 기술을 이용해서 의료 서비스를 차별화하거나 화상 진료, 노인병 진료 등 일반적으로 잘 제공하지 않는 서비스를 통한 기술 영역 차별화, 의료 보조인력의 역량 강화 등을 들 수 있다. 이러한 전략은 환자의 독특한 욕구를 만족시킴으로써 환자에게 가치 있고 차별화된 서비스를 제공하려는 노력에서 비롯된다.

집중화 전략(Focus Strategy)은 원가우위 전략이나 차별화 전략을 포함하는 것이지만 산업 전반이 아닌 특정한 환자 분류나 서비스 분야의 경쟁력 향상에 집중하는 전략이다. 집중화 전략을 위해 수익성이 높은 의료 서비스에 집중하는 병원도 있고, 다른 병원에서 제공하지 않는 서비스에 집중하여 틈새시장을 공략하는 병원도 있다.

격변하는 의료환경에서 병원의 전략과 성과의 관계는 병원 경영자에게 많은 시사점을 준다. 차별화 전략과 원가우위 전략을 실시한 병원을 조사한 결과를 보면 이것이 더욱 여실히 드러난다.

차별화 전략을 구사한 병원은 경쟁 병원과 차별화된 의료 서비스를 실시하고 시장조사를 통해 새로운 의료 서비스를 개발했다. 반면에 원가우위 전략을 추구한 병원은 경쟁 병원들보다 서비스 비용을 낮추기 위한 활동, 효율적인 서비스 비용 지출, 다양한 의료 서비스 조정, 서비스를 위한 시간 투자와 비용의 개선, 효과적인 장비 개선, 서비스와 시설 활용 극대화, 다양한 서비스와 관련되는 비용 분석 실시, 진단장비와 보조 서비스의 비용 통제 등의 조치를 취했다.

그 결과, 새로운 의료 서비스와 진료시설을 위한 투자효과와 성장률, 의료수익률이 높아졌고 환자유지 능력, 비용통제력이 향상되었으며 병원의 생존기간이 길어졌다. 그러나 의료 서비스 산업의 특수성 때문에 원가우위 전략이나 차별화 전략을 함께 운용하는 것보다 독립적으로 운용하는 것이 더 높은 조직의 성과를 달성할 수 있다는 결과가 나왔다.

또한 의료 서비스 산업의 이해 관계자(Stakeholder)들도 조직의 성과에 중요한 영향을 미치는 요소인 것으로 드러났다. 이를테면, 병원은 비용 통제를 목적으로 하지만 납품업자들의 목적은 투자자본의 회수와 이익창출이기 때문에, 병원이 원하는 수준으로 원가를 낮추기에는 어려움이 있었다. 따라서 병원과 이해 관계자의 조율 또한 중요한 요소라 할 수 있다. 그리고 의료 서비스와 진료과목 등에서 특정한 부문에 집중해 차별화 전략을 추구하거나 원가우위 전략을 쓰는 것이 그렇지 않은 경우보다 더 높은 조직성과를 달성할 수 있다는 결과도 얻었다.

이처럼 정글 속에서 병원이 생존하기 위해서는 의료경영에 대해 고심을 거듭해 수익이 창출될 수 있는 구조를 만드는 전략적 사고가 반드시 필요하다.

他美(美國)之石 – 미국의 실패에서 배운다

미국의 의료접근성은 계속해서 악화되고 있다. 의료보험 혜택을 받지 못하는 인구가 증가하는 가운데, 비노인 인구의 18%가 보험 혜택을 받지 못하고 있다. 또 미국은 의료사고로 연간 약 12만 명이 사망하고 있다. 이는 전체 사망 원인 중 5위로 자동차 사고사, 추락사, 익사, 항공사고에 따른 사망률보다 높은 수치다.

그리고 미국 병원의 운영 시스템은 다소 비효율적인 것으로 나타나고 있다. 병원마다 차이는 있으나 조직 간 업무가 분산되어 있고, 세부적인 업무기능과 역할이 불명확하며, 돌발상황이 발생했을 때 의료사고가 생길 위험에 항상 노출되어 있기 때문이다. 상황이 이렇기 때문에 문제가 발생했을 때, 근본적인 해결보다는 임기응변식 상황 처리에 급급한 실정이다. 더 심각한 것은 문제를 처리하고 나서도 근본적인 원인을 규명해 차후에 개선할 시간적 여유가 없어 동일한 문제가 계속해서 발생한다는 것이다. 이러한 문제점을 파악한 미국 병원들은 경쟁력 강화를 위해 몇 가지 노력을 하고 있다.

첫 번째, 재원일수 단축, 효과적인 입·퇴원 시스템 관리 등을 통해 의료 서비스의 질을 유지하면서 경영의 효율성을 높이는 노력을 하고 있다.

두 번째, 의료진의 경쟁력을 확보하기 위해 경쟁 시스템을 도입하고 있다. 명확한 평가와 보상제도를 바탕으로 한 경쟁 시스템은 비용을 낮추는 긍정적인 결과를 낳기도 했다. 이는 평가와 보상제도를 활용해 우수한 의료진의 임금은 상승했지만 그렇지 않은 의료진의 임금은 삭감해 전체 인건비를 낮추었기 때문이다.

세 번째, 비의료진들도 경영에 대한 의사결정권을 갖도록 하고 전문 경영진을 영입해 병원의 효율적 운영을 추구하는 등 병원의 조직관리 역량을 제고하기 위한 노력도 진행하고 있다.

네 번째, 이미 경쟁력 있는 의료 서비스를 시행하는 병원은 프랜차이즈를 통해 서비스 범위를 확대하고, 네트워크 경쟁력이 있는 병원은 특화병원을 흡수 합병해 경쟁력을 보다 강화시키고 있다.

한편, 도요타 생산 시스템(TPS, Toyota Production System)을 도입해 운영상의 효율을 높이고 있는 병원도 있다. 이들 병원은 과도한 의료비 지출, 의료사고에 따른 비용 증가, 의료보험료의 실지급자라 할 수 있는 기업체들의 압력, 각 진료과별 이해관계의 조정 등과 같은 이유로 도요타 생산 시스템을 도입했다.

미국 병원의 낭비 유형을 살펴보면 다음과 같다.

과도한 진단, 중복되는 검사와 서류 작업, 불필요한 부서 간 환자 이동, 긴 대기시간 등. 그뿐만 아니라 의료 단계마다 불필요한 장비 이동이 많고 보험료 를 지급하거나 청구할 때 대기시간이 길며, 수술 스케줄에 불필요한 재고를 가지고 있다. 모든 종류의 의료사고에 대한 수정이 많고, 분실한 실험결과와 문서를 찾는 데 많은 시간을 허비하고 있으며, 마취 관련 공급품을 찾는 데 시간이 걸리는 등 불필요한 활동이 많다.

TPS를 도입해 경영을 개선한 사례는 많다. 피츠버그에 있는 라이프 케어 병원, 모농아헬라 밸리 병원, 앨러거니 제너럴 병원, 피츠버그대학 메디컬 센터 등의 병원은 TPS 도입 후 센트럴 라인 감염 건수를 줄일 수 있었다.

버지니아 메이슨 메디컬 센터는 TPS 도입 후, 병원 내 감염 건수가 도입 전 34명, 감염 5명 사망에서 도입 후 4명 감염, 1명 사망으로 개선되었다. 또 의료사고 소송 건수는 363건에서 47건으로 급격히 감소했고, 업무 효율성이 향상돼 설비투자가 연기되었으며, 종양학과의 경우 환자 수도 120명에서 188명으로 크게 증가하는 효과를 보았다.

또 미국 뉴욕장로교대학 병원은 TPS를 일부 프로세스에 적용했는데 고객만족도가 평균 79%나 상승하는 놀라운 결과를 얻을 수 있었다.

TPS는 환자의 이동 상황에 따른 의료 서비스를 강화하는 데도 많은 도움을 주고 있다. 미국의 세인트 바나바스 병원은 환자중심의 의료 서비스를 시행하기 위해 병원과 의료진 선택에서 퇴원 이후까지 병원의 정책적인 대응을 체계적으로 진행하고 있다. 그뿐만 아니라 TPS를 계기로 세인트 바나바스 병원은 의료진 사이의 커뮤니케이션을 경영의 핵심으로 보았다. 이를 위해 전용 무전기를 사용하고 진료역량에 대한 가시적인 모니터링 기구를 배치해 경영의 효율성을 높이고 있다.

우리나라 병원의 생존방향

우리나라 병원이 생존하기 위해서는 성장 경로를 확보하는 것이 중요하다.

최근 병원 간 경쟁이 치열해짐에 따라 많은 병원이 위기의식을 느끼고 있다. 이에 따라 여러 가지 대응을 하고 있으나 달라진 패러다임에서 경쟁을 하면서도 조화롭게 공존하기 위한 방책을 찾지 못하고 있는 것이 현실이다.

어떤 사안에 대해 대립하는 두 집단이 있을 때 그 사안을 포기하면 상대방에 비해 손해를 보게 되지만, 양쪽 모두 포기하지 않을 경우 가장 나쁜 결과가 벌어진다는 '치킨게임식'의 경쟁을 하고 있다는 것이다.

이를 극복하기 위해 병원들은 현재 자신이 보유하고 있는 의료기술력과 수익규모를 고려해, 가고자 하는 방향을 명확하게 정해야 한다. 또한 병원은 자신의 내부역량과 주어진 경영환경을 면밀히 분석해 의료기술력을 높여 지역 내 대표 센터가 될지, 효율적인 운영을 추구해 수익 규모를 확대할지, 수익과 의료기술력을 향상시켜 지역 대표 병원으로 성장할 것인지, 방향을 정해야 한다.

의료기술력 향상에 따른 지역 내 센터화를 추구할 경우, 지역에서 차별화가 가능한 의료 서비스가 무엇인지를 결정하고, 이 서비스를 부각시키기 위해 전체 병원 네트워크에서 지원을 해야 한다.

효율적인 운영을 추구하기 위해서 여러 가지 수단을 강구하고 재투자해야 한다. 지역의 대표 병원이 되려면 차별적 의료 서비스를 집중 육성하고 병원의 전체 네트워크를 통합해서 시너지 효과를 얻어야 하며, R&D, 첨단설비 이용률을 향상시켜야 한다. 경쟁 격화는 반드시 수익성 악화로 이어지기 때문에, 병원은 수익성 분석을 통해 개선점을 파악하는 것이 무엇보다 중요하다. 실제 병원의 재무적인 측면에 대한 다양한 시각의 분석이 필요한 것이다.

이러한 재무분석은 재무현황 파악이 목적이 아니라 수익성에 영향을 미치는 의료활동을 파악해 개선의 출발점으로 삼으려고 하는 것이다.

의료경영은 끊임없는 환경과의 투쟁이기 때문에 체력이 뒷받침되어야 한다. 이러한 체력에 해당하는 것이 바로 조직역량이다. 따라서 전체 운영이 최적화된 조직을 구성하고 조직역량을 기르기 위한 노력이 절실히 필요하다.

정글의 생존 법칙, 어떻게 찾을 것인가

병원 경영자의 역할

병원도 하나의 조직이기 때문에 리더인 경영자의 역할이 매우 중요하다. 환자의 입장에서는 자신의 병을 치료해주는 의사가 병원에서 가장 중요한 존재겠지만, 병원의 입장에서 의사는 조직이 제 역할을 하는 데 필요한 하나의 구성원이라 할 수 있다.

이러한 시각은 환자의 생명을 다루는 의사를 하나의 구성원으로 폄하하려는 것이 아니라, 병원이 살아남기 위해 병원 경영자가 살필 것이 비단 의사나 환자에만 국한되지 않는다는 것을 강조하기 위한 것이다.

이런 관점에서 병원 경영자의 기본적이고 핵심적인 역할은 인재를 키워 경영의 전문성을 기르고, 병원의 비전과 중장기적인 발전 방향을 정립하며 운영체제와 시스템을 구축하는 일이다. 이는 병원 경영자가 정글과도 같은 경쟁 패러다임에서 병원이 생존할 법칙을 찾는 일이기도 하다.

미국 최고 병원의 CEO 중 44%가 전문 경영인이고, 18%는 의사인 동시에 경영 수업을 체계적으로 이수한 인력이다. 미국에서는 이들 CEO가 리더십을 제대로 펼칠 수 있는 안정적인 임기를 보장해 주고 있다. 경영 전문성을 중요하게 인식하고 있기 때문이다.

경영전략 수립 시 고려사항

효과적인 병원경영전략을 세우기 위해서는 조직의 목표가 명확하게 나타나야 한다. 일반적으로 조직은 사명선언문(Mission Statement)을 작성해 목표를 명확하게 제시하는데, 여기에 조직의 목표뿐 아니라 개인의 책임까지 포함되어 있다.

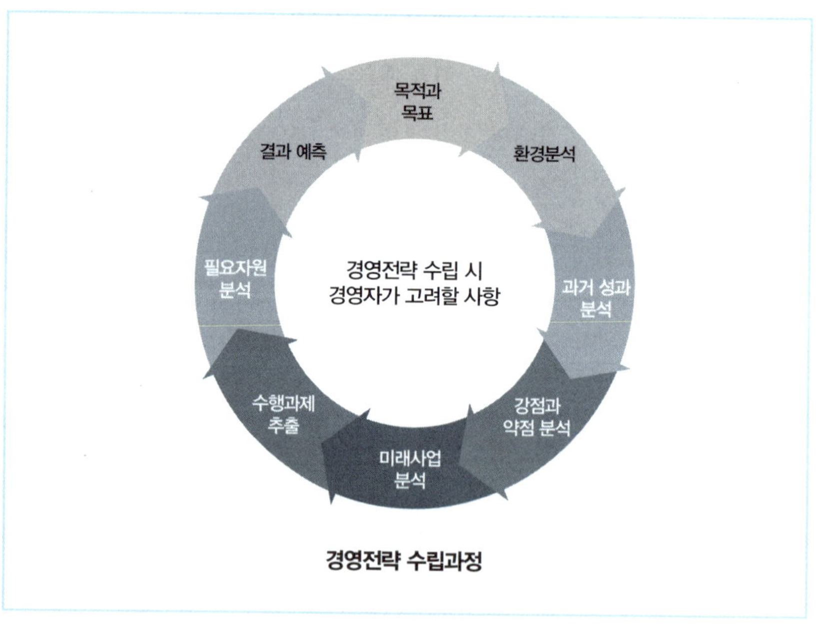

경영전략 수립과정

병원의 목표를 분명히 한 후, 의료 서비스를 제공하려는 목표시장을 철저히 이해한 다음 경영계획을 수립해야 한다. 이때 목표시장은 전체 규모, 고객의 기호나 요구, 기존 의료 서비스 등으로 표현한다. 또한 경쟁은 경영 전략에서 매우 중요하게 다루어질 부분이다.

시장분석을 할 때 병원의 강점과 약점은 과거 몇 년 동안의 성과를 근거로 검토해야 한다. 강점과 약점 분석은 주요 진료 활동, 인력 충원, 주요 시스템과 절차의 성과에 대한 정확한 정보를 바탕으로 해야 편견으로 생기는 오류를 막을 수 있다.

병원 경영자는 경영계획의 신빙성과 실현가능성을 판단할 수 있어야 한다. 따라서 병원 경영자는 성과와 프로세스 개선을 통해 스스로의 능력을 가시적으로 보여야 한다.

의료의 질, 평가기준, 개선이 필요한 영역, 확인방법을 결정하는 것은 중요하다. 이러한 선택을 할 때는 전문성과 기술력, 환자, 직원의 사기와 능력을 고려해야 한다. 따라서 선택은 조직의 목표와 환경, 강점과 약점, 성과 등을 검토해서 향후 제공 가능한 서비스를 예측하고 재무적인 측면을 고려해 전략적으로 이루어져야 한다.

경영계획이 제대로 실행되기 위해서는 주체인 중간관리자가 그 계획을 진심으로 받아들여야 한다. 병원에 따라서 차이가 있기는 하지만, 전반적으로 중간관리자는 경영계획에 대한 참여도와 몰입도가 낮기 때문에 경영계획을 진심으로 받아들이기 어렵다. 따라서 이 점을 감안해 직원들이 수행 과제에 몰입할 수 있는 여건을 만들어야 한다.

인력과 시스템의 계획을 세우는 것은 조직의 개혁과 발전, 조직 하부구조의 개발과 혁신이라는 미래 활동을 통해 이루어진다. 주요 내용으로는 조정 회의 개최와 중견 의료인력에 대한 경영교육, 지속적인 품질관리, 병원의 환경 개선 등이 있다. 이러한 것들이 준비되지 않으면 경영전략을 추진하기 위한 원동력이 빠진 것이다. 따라서 경영전략을 수립할 때는 위와 같은 사항에 대한 대비도 해야 한다.

병원의 성과는 환자 입장과 병원 입장이 다르기 때문에 정의하기 어렵다. 그러나 성과측정은 경영전략을 세우는 데 매우 중요한 요소이므로, 이를 개발하기 위해서 계속 노력할 필요가 있다.

병원 경영전략의 의미

병원 경영전략이란 병원이 나아갈 방향이나 의사결정에 대한 규칙이나 지침이며 의료 서비스 산업에서 병원이 생존하기 위한 환경적응 유형이다. 따라서 경영전략은 병원이 외부 환경에서 오는 기회와 위협에 대비하기 위한 기본 방침이라 할 수 있다. 이것을 시간적으로 분류하면, 단기, 중기, 장기로 구분할 수 있다.

단기 전략은 특정 시장에서 우위를 점하는 데 필요한 병원의 행동 양식을 찾기 위해 수립한다. 대상영역은 의료 서비스 산업이며 '시장전략'이라고도 한다.

중기 전략은 자원 관점의 전략으로 의료 서비스 산업과 병원 전체를 대상으로 한다. 병원이 경쟁우위를 점하기 위해 현재의 역량뿐 아니라 앞으로 필요한 역량을 키우기 위한 계획을 세우는 데 필요하다.

장기 전략은 생태학적 전략이다. 병원뿐만 아니라 의료 서비스 산업 전반에 걸친 전략을 말하며 의료환경에서 병원이 생태학적으로 생존할 수 있는 전략을 수립하는 데 그 의미가 있다.

경영전략은 병원의 이념, 비전, 계획과 밀접한 관계가 있다. 분명한 목표가 있는 경영전략을 수립하기 위해서는 병원의 이념, 비전, 전략, 중장기 경영계획, 연간계획 간의 관계를 정확하게 이해해야 한다.

병원의 이념은 병원의 존재 의미를 나타내며 설립의 근거가 된다. 따라서 병원이 설립 취지에 어긋나는 경영을 한다면 존재 의미를 상실하게 된다.

병원의 비전은 이념을 달성하기 위한 구체적인 미래의 모습을 말하며 경영 환경의 변화에 따라 수정되고 달라지는 성격을 지니고 있다. 그러나 비전은 병원의 이념과 일치하지 않는 방향으로 변화해서는 안 된다.

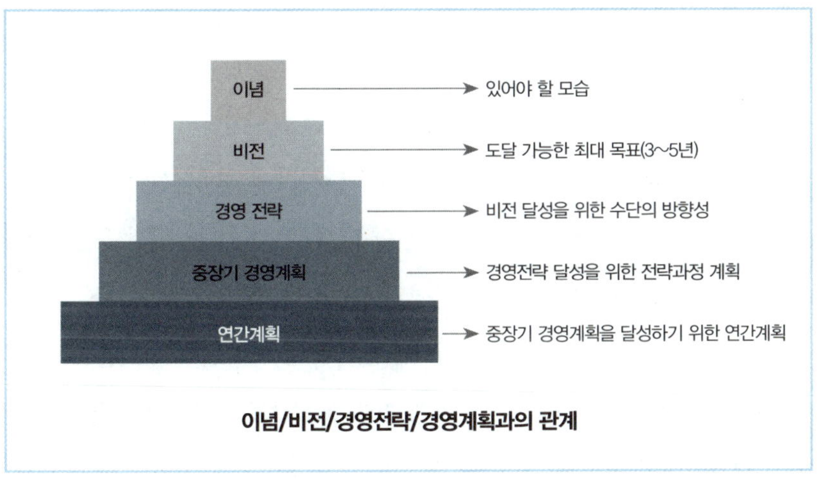

이념/비전/경영전략/경영계획과의 관계

중장기/연도 계획이란 경영전략을 달성하기 위한 세부적인 실행계획을 뜻한다.

병원 경영전략 수립의 전제조건

비전은 내·외부 환경과 병원과의 관계에 대한 이해를 바탕으로 병원이 나아가야 할 미래의 모습이다. 따라서 경영전략을 수립하고 모든 조직의 역량을 집중해 전략을 실천하기 위해서는 비전에 대한 공유가 필수적이다.

전략은 의사결정의 속성을 지니고 있다. 의사결정에 따라 전략의 세부계획이 실현되기 때문이다. 따라서 경영전략을 기준으로 더 나은 미래로 나아가려면 의사결정 능력을 강화시켜야 한다.

미래의 경영환경은 경쟁의 형태가 더욱 다양해질 것이다. 이러한 상황에서 병원이 살아남기 위해서는 고객을 더욱 중시해야 한다. 따라서 병원은 경영전략의 올바른 실천을 위해서 경쟁과 고객을 중시하는 방향으로 나아가야 한다.

병원은 전략적으로 인재를 육성해야 한다. 의료 서비스의 질은 의료인력에 의해 결정되고, 전문적인 의료인력은 단시간에 육성되는 것이 아니기 때문이다. 따라서 병원이 장기 경영전략을 실천할 때에는 인재 육성의 필요성과 중요성에 대한 공감대가 형성되어야 한다.

또한 경영전략을 실천하기 위해서는 병원운영 시스템의 지원을 받아야 한다. 경영전략을 체계적이고 계획성 있게 실천하기 위해서는 경영체제가 시스템화되어야 하고 경영전략이 병원운영 체제와 연계되어야 한다. 그렇지 않으면 소수의 관리자가 개인적인 역량을 바탕으로 경영전략을 추진하게 되는데, 이럴 경우 지속적이고 올바른 방향으로 나아가기 어렵다.

병원 경영전략의 수립단계

경영전략을 수립하기 위해서는 몇 가지 단계를 거쳐야 한다. 첫 번째 단계는 병원의 사업구조를 파악하는 것이다. 여기서는 경영전략을 수립하기 위한 조직 구성, 비즈니스 모델, 사업 환경에 대한 포괄적이고 구조적인 이해를 높이는 데 주력해야 한다.

내부 직원이라고 해도 병원의 사업구조를 수치화해서 정확하게 파악할 수 있는 것은 아니다. 따라서 자료와 핵심인력에 대한 인터뷰를 통해 사업구조를 정확히 파악해야 한다. 이러한 사업구조에 대한 이해는 경영전략을 수립하는 근간이 된다.

두 번째는 외부 환경을 분석하는 단계다. 외부 환경 분석은 병원을 둘러싸고 있는 경쟁자, 공급자, 고객, 이해 관계자, 대체재 등을 분석해 기회와 위협요인을 파악하고 이들 요인이 병원에 미치는 영향이 무엇인지 알아내는 단계다.

외부 환경에 대한 대응력은 조직역량으로부터 나온다. 따라서 외부 환경을 분석한 다음, 조직역량을 분석해야 한다. 조직역량 분석은 기존의 비즈니스 모델을 중심으로 병원이 가지고 있는 핵심역량, 프로세스, 재무 능력, 이해 관계자들의 평가 등을 통해 병원의 강점과 약점을 도출해야 한다.

조직역량과 외부 환경을 분석해서 기회와 위협, 강점과 약점이 도출되면 이러한 요인들을 고려해 비전을 설정하고, 이를 달성시킬 수 있는 경영전략을 수립한다. 이 단계가 세 번째, 비전과 경영전략 도출 단계다. 여기에서는 병원 내 각 사업 단위별로 마케팅, 재무, 조직구조, 인력관리 등과 같은 사업별, 기능별 세부전략을 수립한다.

이때 주의할 점은 지속적으로 결과를 모니터링해서 이를 반영하는 것이다. 이는 의료환경이 지속적으로 변하고 전략을 실천하는 과정에서 종종 오류가 발생하기 때문이다. 따라서 전략 실행 결과에 대한 피드백 절차를 만들어, 예상치 못한 변수가 발생했을 때를 대비해야 한다.

사업구조 파악

비전과 경영전략을 수립하기 위해서는 병원의 사업구조를 분석해야 한다. 사업구조를 분석함으로써 병원의 비즈니스 모델을 정립하고, 가치사슬(Value Chain) 구조를 파악해 병원이 어떤 과정을 거쳐 가치를 창출하고 고객에게 전달하는지 알기 위해서다.

이때 주로 이용되는 기법이 조직기능 분석, 비즈니스 모델 분석, 가치사슬 분석 등이다. 병원의 사업구조를 파악하기 위한 자료로는 병원의 세부 조직도, 부서별 업무 분장표, 사업/업무 보고서, 위임전결 규정 등이 있다.

이와 같은 자료를 통해 병원의 사업에 대한 정보를 얻고, 이 정보를 비즈니스 모델이나 가치사슬도와 같은 형태로 구조화시킬 수 있다.

사업구조를 파악하기 위해서는 기본 자료를 검토한 후, 분석에 필요한 양식을 결정해야 하며, 임직원 면담을 통해 살아 있는 정보를 반영해야 한다.

사업구조 분석의 핵심 결과물은 '비즈니스 모델'과 '가치사슬도'다. 분석자는 이것을 작성할 때, 병원이 어떤 방식으로 사업을 수행하고 있으며, 이러한 방식이 왜 가치 있는지 명확하게 구조화해야 한다.

그리고 현재 메커니즘에 어떤 문제가 있는지, 문제를 해결하기 위해서는 무엇을 해야 하는지 등을 내·외부 자료와 면담 결과 등을 바탕으로 명확하게 밝혀야 한다.

외부 환경 분석

외부 환경 분석은 병원이 시장에서 처해 있는 포지션(position)을 분석하고 병원에서 제공하는 의료 서비스들이 시장에서 어떤 평가를 받고 있는지 규명해, 의료시장에서 새로운 기회 요인과 위협 요인을 규명하는 것을 목적으로 한다.

외부 환경을 분석하기 위한 주요 수단으로는 기회와 위협 분석, 매트릭스 분석, 포지션 분석, 신규 시장과 서비스 탐색 및 분석 등이 있다.

외부 환경을 분석하기 위해서는 우선 병원이 속해 있는 세분시장에 대한 조사 보고서, 산업조사 보고서, 정부통계, 내부 통계자료 등이 필요하다. 정량적인 통계자료와 산업조사 보고서뿐 아니라 설문지에 의한 내·외 산업 전문가와 소비자들에 대한 조사결과도 분석해야 한다.

경쟁자, 경쟁 서비스 등을 파악하기 위해 시장과 업계 동향 정보를 수집해 고객, 경쟁자, 이해 관계자 등 각 분석 단위별로 기회와 위협 요인을 분석하고 시사점을 추출해야 한다. 또한 병원이 제공하는 서비스가 시장에서 어떤 평가를 받는지 포지션을 분석해야 한다. 이때 각 서비스의 상대적인 의미가 무엇인지를 파악하기 위해 매트릭스 분석을 해야 한다.

물론 신규 시장과 서비스의 가능성에 대해서도 서비스나 시장의 개념을 재정의하여 발견해야 한다.

분석의 주요 결과는 병원이 속한 전체 의료 서비스 산업의 가치사슬도,

기회/위협 분석표, 매트릭스 표, 포지션도, 신규 시장과 서비스의 강·약점 등이다. 이러한 분석 결과들을 서로 연계시켜 병원의 외부 환경이 새로운 가치를 창출하는 데 어떤 의미를 지니는지 파악해야 한다.

조직역량 분석

병원은 조직역량을 분석해서 고객만족과 의료가치를 전달하는 데 있어 경쟁 병원에 비해 어떤 역량을 더 가지고 있는지 알아야 한다.

조직역량을 파악하기 위해서는 재무상태, 인적 자원의 질, 고객, 경쟁기관과 의료 서비스의 비교, 업무처리 절차 등을 분석해야 한다.

이때 필요한 자료는 병원 재무제표, 인적 자원 자료, 고객 관련 자료, 의료 서비스 관련 자료, 업무처리 절차, 임직원 설문지 등이 있다. 조직역량을 효과적으로 분석하기 위해서는 이 자료들을 종합해 활용해야 한다.

병원이 가지고 있는 부서별·직급별 인적 자원 관련 자료만으로는 큰 시사점을 얻기 힘들다. 따라서 고객별 또는 서비스별로 구분해 정리해야 한다.

또한 재무, 인력, 고객, 서비스, 업무처리 절차 등 병원이 서비스를 전달하는 데 투입되는 모든 요소를 분석해야 한다. 이를 통해 고객에게 전달되는 가치가 어디서 나온 것인지, 또 병원이 어떤 역량을 갖추어야 하는지 알 수 있다.

조직역량 분석의 주요 결과에는 재무역량, 인적 역량, 고객역량, 의료 서비스 역량, 운영역량 등이 있다. 이러한 결과가 의미를 가지려면 경쟁 병원보다 고객에게 더 많은 가치를 전달하기 위해 보유하고 있는 역량이 무엇인지 알아야 한다.

비전과 경영전략 수립

이 단계는 병원의 비전과 전략을 만드는 단계다. 조직역량 분석과 외부 환경분석 결과를 이용해 미래와 현실적 제약요인을 모두 고려한 다음, 실천 가능하고 직원들이 동의할 수 있는 비전과 경영전략을 설정하는 것이 목적이다.

비전과 경영전략을 수립하기 위해서는 몇 가지 과정이 필요하다. 먼저 비전을 포지셔닝하고, 포지셔닝된 비전을 압축할 수 있는 핵심어를 선정해 여러 개의 비전 문구를 만든다. 이때 여러 개의 비전 대안 중 의견수렴 과정을 거쳐 비전과 비전체계도를 확정한다. 경영전략은 내·외부 환경 분석자료를 이용하고, 임직원의 워크샵 과정을 통해 전략적 성과관리(BSC, Balanced Scorecard: 주요 성과지표로는 재무 관점, 고객 관점, 내부 프로세스 관점, 학습과 성장 관점이 있음 - 편집자 주) 관점의 경영전략 체계도를 만든다.

이때 필요한 자료는 내·외부 환경 분석자료 결과, 비전을 수립하기 위한 프레임 워크, 경영전략을 수립하기 위한 SWOT분석 결과, 사업의 가치사슬 등이다.

비전과 경영전략을 세우기 위해서 자료 조사와 정확하고 통찰력 있는 분석이 매우 중요하다. 하지만 가장 중요한 것은 비전과 경영전략을 직접 실천할 직원들과의 공감대 형성이다. 이를 위해 분석자는 직원들이 토의할 수 있는 기초 자료를 객관적이고 일관성 있게 만들어야 한다.

비전과 경영전략 수립 워크숍을 통해 직원들은 스스로 비전 문구, 비전 체계도, 경영전략 체계도를 만들고 이를 깊이 있게 토의함으로써 비전을 실천하기 위한 마음의 준비를 하게 된다.

전략과제 추출

전략과제 추출은 경영전략을 실천하기 위해 필요한 과제를 세부적으로 정의하는 과정이다. 이것은 경영전략을 실천하는 수단이 된다. 따라서 전략과제는 경영전략을 수행할 때 반드시 해결해야 하는 핵심과제를 발굴하는 데 초점을 맞춘다.

전략과제를 정하기 위해서는 우선 비즈니스 모델을 알아야 한다. 이를 바탕으로 환경분석을 해서 발견된 문제점, 면담에 의한 문제점 등을 반영해 핵심경로를 작성한다. 이것을 중심으로 고객에게 가치를 전달하는 데 가장 먼저 해결해야 하는 과제를 선정하고 각 과제들 간의 인과관계를 고려해 우선순위를 정한다.

전략과제를 정하고 난 뒤, 균형 성과관리 시스템 관점에서 전략과제를 정리해야 하며, 이 과제를 추진하기 위한 일정표와 전략과제의 성과를 측정할 수 있는 성과지표도 정해야 한다. 마지막으로 각 전략과제를 실천하기 위한 세부 실천방안을 수립한 후 이를 실천에 옮긴다.

실행과 피드백

담당부서는 자신의 책임하에 전략과제를 가장 효과적이고도 효율적으로 추진하는 것을 목표로 한다. 따라서 전략과제 추진 성과에 대한 지표를 설정하고 이를 달성하는 데 초점을 맞추는 것이 중요하다.

전략과제를 추진할 때는 특별한 기법을 이해하고 적용하는 것도 필요하지만, 무엇보다 책임자의 추진 역량과 리더십이 선행되어야 한다. 또한 전략과제 추진 시 필요한 병원 내부의 자원을 협의하에 동원할 수 있는 능력이 필요하다.

　전략과제를 추진하려면 전략과제, 전략과제 추진 일정표, 전략과제 성과지표, 전략과제 추진안 등의 자료가 필요하다. 전략과제 추진 담당자는 자신의 역량을 최대한 발휘해 추진하고 중간결과를 지속적으로 상사에게 보고하고 필요한 지원을 얻어야 한다.

　전략과제 추진 결과는 진척도나 성과지표 달성률로 알 수 있다. 추진 담당자는 전략과제를 성공적으로 완수하기 위해 항상 진행 경과를 모니터링해야 한다. 추진이 잘 안 될 때는 그 이유와 대책을 수립해야 하고, 잘될 경우에도 원인을 파악해 정리해두어야 한다.

병원의 수익 다각화 전략

　병원의 수익다각화 전략에는 수직적 통합, 수평적 통합, 다각화 전략 등이 있다. 수직적 통합은 운영 형태가 다른 두 개 이상의 병원이 서로 연결된 서비스 분배체계를 가지고 있는데, 여기에는 전방통합과 후방통합이 있다.

　전방통합은 장기 요양원, 재활 센터 운영 등 의료 서비스를 공유하는 형태를 말하며 후방통합은 외래 진료소, 병설 가족 센터, 건강증진 센터 운영 등의 의료 서비스를 통합하는 것을 말한다. 의료 서비스를 제외한 수직적 통합에는 세탁, 청소, 경비, 약품 회사를 병설해 용역 서비스를 공유하는 것 등이 있다.

　수평적 통합은 다른 지점을 설립해 핵심 서비스를 운영하는 형태를 말한다. 대표적인 사례로는 종합병원, 요양원 등이 있다.

다각화 전략에는 중심적 다각화와 복합적 다각화가 있다. 중심적 다각화는 현재 제공되는 서비스와 연관된 서비스를 추가로 제공하는 형태의 다각화다. 주목적은 신규 시장 진입에 있다. 반면, 복합적 다각화는 병원 안에 레스토랑, 편의점, 쇼핑센터를 운영하는 형태를 말한다.

병원의 경영목표 중 하나가 지속적인 존속과 성장체계 확립하는 것이라면, 수익사업의 다각화는 이 목표를 이루기 위한 경영전략이다. 수익사업의 다각화를 꾀할 때 주의할 점은 의료법 제49조에 의해 정하고 있는 부대사업에 대한 규정을 준수해야 하는 것이다.

의료법 제49조에 명시된 부대사업은 다음과 같다.

의료인 및 의료 관계자 양성과 보수교육, 의료나 의학에 관한 조사 연구, 노인의료 복지시설의 설치·운영, 장례식장의 설치·운영, 부설 주차장의 설치·운영, 의료정보 시스템 개발·운영사업, 의료 종사자 편의를 위한 휴게 음식점 영업, 일반 음식점 영업, 이용업, 미용업 등이다.

한편, 미국에서 수익성 분야와 비수익성 분야를 조사한 자료에 따르면, 수익성 분야는 통원수술, 화학/방사선 요법, 재활 프로그램, 심장재활 컨디셔닝 등이고, 비수익성 분야는 위기 중재, 외래 정신과 서비스, 응급실, 회복 센터 등으로 나타났다.

이러한 병원의 수익 다각화 전략도 병원의 패러다임이 고객중심으로 바뀜에 따라 고객관계를 관리하기 위한 고객관리 시스템(CRM, Customer Relationship Management)을 구축해야 성공할 수 있다.

이를 위해서는 고객정보를 체계적으로 관리해야 한다. 전통적인 환자중심의 관점뿐 아니라 비즈니스, 병원수익, 의사처방 등 의료경영을 모두 포

수익성 있는 미국병원의 의료 서비스 분야

수익성 있는 분야	비수익성 분야
• 통원수술 • 화학/방사선 요법 • 재활 프로그램 • 심장재활 컨디셔닝 • 외래호흡기 요법 • 방문 정맥주입 요법 • 방문 물리치료 • 방문 호흡기 진료 • 외래방사선 진료 • 외래 CT 스캔 • 외래핵자기 공명 • 외래초음파 • 외래혈액/생화학 실험실 • 외래신경진단 서비스 • 외래심혈관 진단 서비스 • 외래핵의학 진료	• 위기중재 • 외래정신과 서비스 • 응급/회복 센터 • 노인질환 상담 및 관리 • 노인 주간 진료센터 • 노인 가정식사 배달 • 조기검진 서비스 • 면역 서비스 • 산업의학 • 학교검진 • 건강증진 프로그램 • 질병상담 및 교육 • 지역 건강교실 • 가족계획 • 호스피스 • 회복/요양간호시설 • 병원연계 1차 진료 집단 개원

괄하는 관점에서 고객정보를 정비해야 한다.

예컨대, 어느 병원의 전략과제 중 하나가 노인전용 홍보 시스템을 구축하는 것이라면, 이 병원은 노인 고객에 대한 정보와 지식이 있어야 하고 이러한 정보를 체계적으로 관리해야 한다. 그래야만 디스플레이 장치 하나를 설치할 때도 병원 시설과 환자 진료 일정을 고려해 노인과 노인 환자를 방문한 내방객 관점에서 알기 쉽고 보기 편안하게 설치할 수 있다.

즉, 고객에 대한 상세한 정보가 있어야 진료과별 맞춤형 콘텐츠, 병원 공지와 홍보, TV 시청 등 서비스를 노인 환자의 특성과 질환에 맞게 편리하게 이용할 수 있도록 각과별로 차별화해 제공할 수 있기 때문에 병원의 긍정적인 이미지를 극대화할 수 있는 것이다.

생존 정보의 원천인
모든 병원거래를
기록하라

더욱 복잡해지는 병원의 거래 환경

병원은 타인자본의 의존도가 다른 산업에 비해 높지만(병원 약 60%, 제조업 50%, IT산업 43%) 자기자본 또는 금융권 차입 외에는 다른 제도화된 자금 조달 수단이 없다.

영리 의료법인이 도입되면 자본투자와 이익배당이 가능한 병원이 생겨날 것이고, 따라서 병원은 경쟁에서 이기기 위해 점점 더 대형화, 고급화될 것이다. 또한 병원은 다양한 자본 조달 수단을 강구할 것이고 채권자와 같은 이해 관계자들도 늘어날 것이다. 재무회계 관점에서 보면, 이 같은 현상은 더욱 다양한 이해 관계자들 간의 복잡한 거래를 발생시킬 것이다. 따라서 병원은 그들에게 다양한 재무회계 정보를 제공해야 한다.

의료 이외의 서비스를 제공하는 경영지원 사업을 허용하게 되면, 병원은 부대 서비스를 제공하는 회사와 공급자로서의 거래 관계뿐 아니라 경영지원사업(MSO, Management Service Organization) 주주로서 거래 관계도 생긴다. 따라서 한 거래 주체에 대한 다속성적인 거래 관계에 대한 재무회계 정보를 생산해 제공해야 한다.

병원 간 합병이 허용되면 거래 구조는 한층 복잡해진다. 또한 임직원 고용기간 중에 합병 때문에 생기는 고용승계는 노동거래의 변형을 가져오기 때문에 합당한 회계처리를 해야 한다. 변화 과정에서 생기는 회계처리는 회계 정보를 본의 아니게 왜곡할 수도 있기 때문에 신중하게 처리해야 한다.

병원의 회계처리와 재무제표 작성 근거

100병상 이상의 종합병원은 병원회계기준과 재무제표 세부작성방법고시에 따라 결산서를 작성해 보건복지가족부와 국세청에 제출해야 한다.

의료법 62조에서는 병원회계 기준 준수의무를 규정하고 있다. 그리고 의료기관회계기준규칙 적용대상은 100병상 이상 종합병원이며, 총 11조로 구성되어 있다. 또한 규칙 11조에 의거해 보건복지가족부 제출의무를 부과하고 있다.

병원은 고시된 재무제표 세부 작성방법에 따라 재무제표를 작성해야 하며, 언급되지 않은 사항은 기업회계기준을 적용해야 한다.

또 상속증여세법 50조에 의해 공익법인은 국세청에 재무제표를 제출할 의무가 있고, 외부 감사도 해야 한다.

재무제표의 의의

병원회계기준은 기업회계기준의 재무제표나 결산서와 유사하지만 기본금 변동 계산서는 포함되고, 잉여금 처분 계산서와 자본변동표는 제외된다.

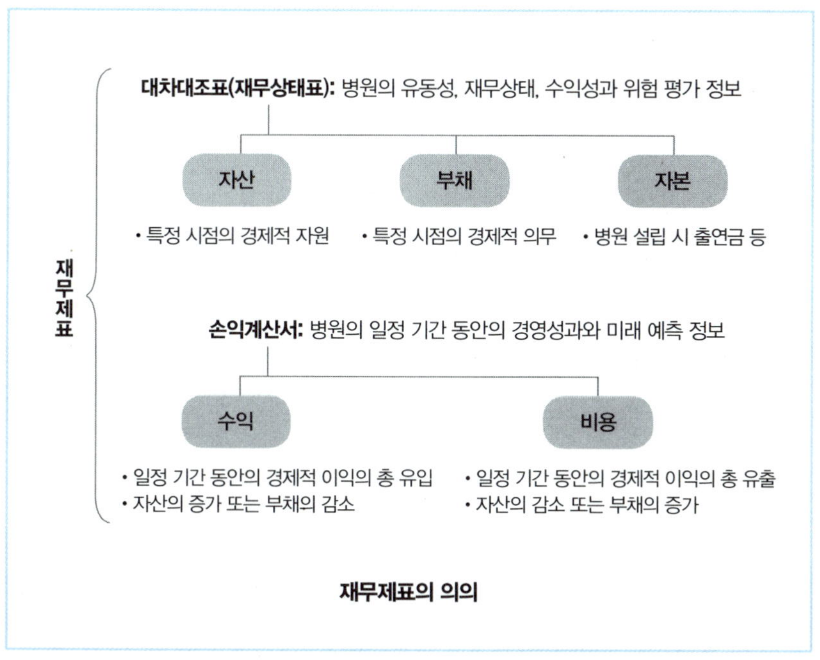

재무제표는 자산, 부채, 자본의 저량정보와 수익, 비용의 유량정보로 구분된다. 병원의 특정 시점 재무상태 건전성과 일정기간 동안의 경영성과에 대한 정보를 제공한다.

대차대조표

대차대조표(재무상태표)는 자산, 부채, 자본으로 구성되어 있다. 자본계정 외에는 기업회계기준과 병원회계규정 간에 큰 차이가 없다. 자산은 성격별로 당좌자산, 재고자산, 투자자산, 유형자산, 무형자산 나뉘며 모든 자산은 공정가치 평가과정이 필요하다.

진료행위 때문에 발생하는 미수금은 세부적으로 재원, 퇴원, 외래 등 환자 진료 형태별로 분류해야 하며, 건강보험, 자동차보험, 일반 환자 등 청구 대상별로도 구분해야 한다.

병원회계규정에서는 자산·부채평가 방법에 대해 증여받은 자산의 평가, 삭감의료 미수금, 국가보조금 등 3가지만 언급하고 있다. 따라서 다른 항목은 기업회계기준에 따라 평가해야 한다.

현저하게 저렴한 방법으로 자산을 취득하거나 증여받은 경우에는 시가 평가를 해야 한다. 단, 이때 시가는 감정가액을 기준으로 하며 토지는 공시지가로 한다.

건강보험의 진료비 청구액을 삭감할 때는 심사 완료 후 수납 금액이 확정된 다음, 앞서 계상한 미수금과 의료수익을 상계해야 한다. 또 이의 신청 후 삭감된 진료비를 추가 수납할 때는 수납 시점에서 의료수익으로 인식한다.

공공병원(국립대학교 병원 등)이 적자를 만회하거나 운영비 보조를 목적으로 국고보조금을 받았다면 기부수익금으로 인식해야 하며, 시설투자를 목적으로 보조금을 받은 경우에는 기타 기본금(자본금)으로 처리해야 한다.

병원회계규정에 명시되어 있지 않지만 기업회계기준에서 규정하고 있는 자산의 평가방법은 다음과 같다.

당좌자산 중 금융 상품은 시장가치로 평가하고 채권은 회수가능가액으로 평가해야 한다.

다음으로 재고자산은 시가가 장부가액에 미달하는 경우 저가법으로 평가한다.

투자자산은 증권의 경우에는 공정가액으로 평가하고 채권은 상각 후 취득원가로 평가하는데, 공정가액을 측정하는 것이 불가능할 때는 취득원가로 평가한다.

유형자산은 사용가치와 처분가치를 비교해 감액평가를 하는데 이때, 원가모형과 재평가모형을 선택할 수 있다.

무형자산은 회수가능가액과 장부가액을 비교해 감액평가를 한다.

병원회계규정에는 관련규정이 없지만, 기업회계기준에 유형자산의 재평가를 허용하고 있어, 병원의 자산을 재평가할 때 재무건전성 확보에 큰 도움이 될 수 있다.

병원회계규정에는 국고보조금 회계처리를 병원 수익 또는 기타자본금으로 계상하는 반면 기업회계기준에서는 보조금 성격에 따라 비용차감, 자산차감, 수익으로 계상하고 있다.

부채는 유동부채와 고정부채로 나뉘며 병원에서 채권을 발행할 때 부채항목 중 사채로 표시된다. 단, 법인병원의 경우에는 자본항목이 기본금, 자본잉여금, 이익잉여금으로 분류된다.

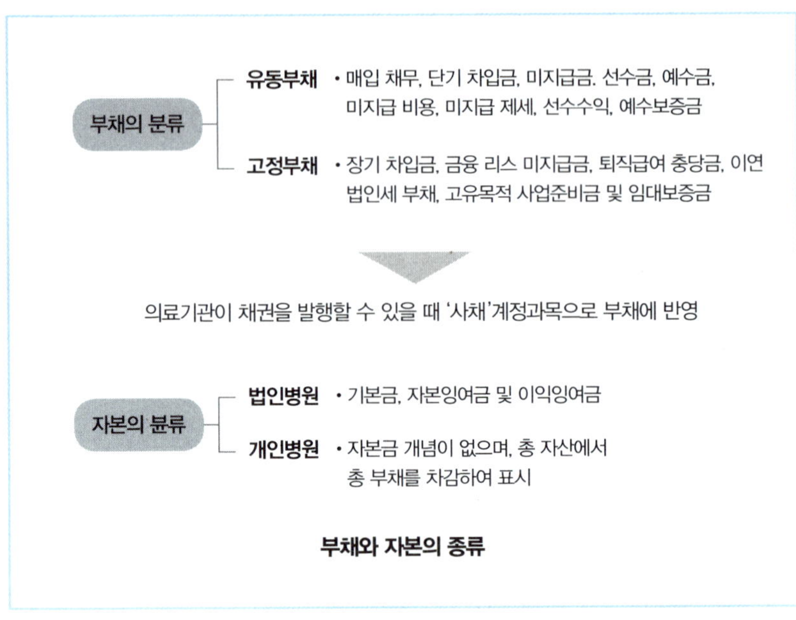

손익계산서

병원에 적용되는 손익계산서는 서비스업에 맞도록 조정되어 있다. 매출액 대신 의료수익을, 매출원가와 판관비 대신 의료비용을 사용한다.

병원의 의료수익은 의료 서비스 산업에서 생기는 의료수익과 의료외수익 그리고 특별 이익으로 구성된다.

외래환자에 대한 수익을 인식하는 시점은 진료 행위가 완료된 시점이다. 그전에 수령한 예약금 등은 선수보증금으로 회계처리하고 후납진료비는 외래미수금으로 계상한다.

입원환자의 경우에는 일정한 재원 일수마다(1주 또는 2주) 입원수익을 인식하고 퇴원시점에 최종 정산하며, 관련 재원미수금은 퇴원 시점에서 모두 퇴원 미수금으로 계정해 재분류한다.

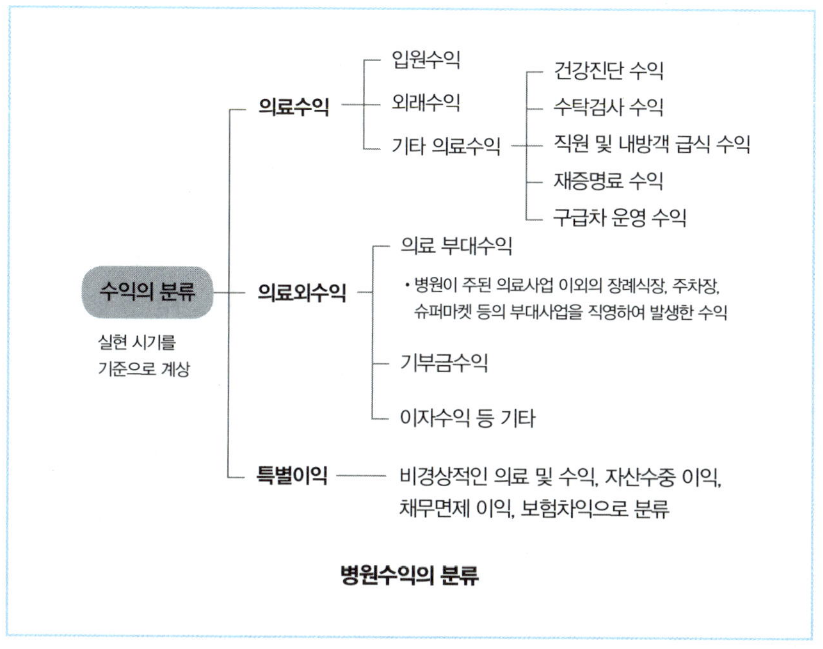

병원수익의 분류

병원의 의료비용은 병원의 주된 의료 서비스 산업에서 발생하는 의료비용과 의료외비용 그리고 특별 손실로 구성된다.

병원의 재료비는 약품비, 진료 재료비 등 복잡하고 다양하게 구성되어 있고 관리하는 주체 또한 여러 부서에 걸쳐 있기 때문에 주기적으로 실제 조사를 해서 장부를 확인하는 것이 중요하다.

현행 고유목적사업준비금은 비용과 부채로 계상하고 있어 기업회계기준과 차이가 난다. 따라서 세법상 특례를 고려해 기업회계기준과 일치시킬 수 있는 방안을 검토해야 한다.

고유목적사업비 때문에 발생하는 교비나 기성회비에서 지출되는 임상교원의 급여는 고유목적 사업비가 아닌 인건비에 포함된다.

또한 법인세 비용은 세무상 법인세 부담액에 이연법인세자산(부채)을 가감해 산출하는 것이 원칙이다. 그러나 학교법인 병원, 국립대학교 병원 등은 법인세 부담액만 법인세 비용으로 계상할 수 있다.

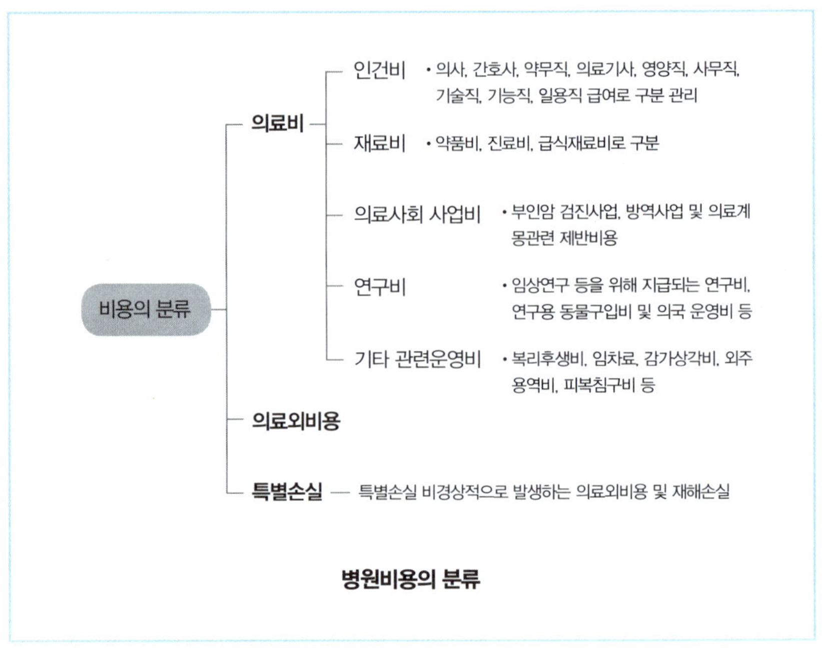

병원비용의 분류

병원회계규정과 기업회계기준의 회계처리에서 차이가 나는 항목은 심사청구 삭감금액 인식시점, 고유목적사업준비금의 분류, 국고보조금 등의 회계처리, 이연법인세 인식 등이 있다.

이처럼 회계규정은 의료 서비스 산업에도 적용되고 있다. 그러나 회계규정 내 일부 항목 때문에 병원 간 또는 타 산업 간 비교 가능성이 떨어지며 이로 말미암아 병원회계자료의 신뢰성도 떨어지고 있다. 따라서 이러한 문제점을 조금이나마 극복하려면 각 병원은 병원회계기준규칙 작성요령에 따라 거래 정보를 정확히 기록하도록 해야 한다.

병원의 일반적인 회계기준규칙 작성요령

병원회계기준규칙은 의료법 제49조 2항에 따라 병원의 개설자가 준수해야 하는 병원회계 기준을 정함으로써 병원회계의 투명성을 확보하기 위해 만들어졌다.

병원이 일정 기간(이를 회계기간이라고 부르며 1년 단위로 정함)의 재무상태와 경영성과를 나타내기 위해 작성해야 하는 재무제표는 다음과 같다.

- 대차대조표(Balance Sheet)

- 손익계산서(Income Statement)

- 기본금변동 계산서(병원의 개설자가 개인인 경우 제외)

※ 기업 회계 기준에 의하면 이익잉여금 처분 계산서를 작성해야 하지만 병원에는 이익잉여금의 처분과 같은 거래가 발생하지 않으므로 기본금변동 계산서로 대체한다.

- 현금흐름표(Cash flow Statement)

※ 병원의 개설자가 사립학교법에 따라 설립된 학교법인 또는 지방공기업법에 따라 설립된 지방공사인 경우에는 자금수지 계산서로 이를 갈음한다.

병원회계 기준을 준수해야 하는 대상은 100병상 이상의 종합병원의 개설자다. 시행일은 300병상 이상 종합병원은 2004년, 200병상 이상 300병상 미만의 종합병원은 2005년 그리고 100병상 이상 200병상 미만의 종합 병원은 2006년부터였다.

병원의 개설자는 법인의 회계와 병원의 회계를 구분해야 한다(단, 하나의 병원만 운영하는 법인은 법인과 병원의 회계를 포함해 제출할 수 있음). 그리고 법인이 2개 이상의 병원을 설치·운영하는 경우에는 각 병원마다 회계를 구분해야 한다.

회계 연도는 정부의 회계 연도에 따르되, 학교법인은 사립학교법 제30조의 규정에 의한 사립학교의 학년도에 따른다. 정부 회계 연도는 1월 1일부터 12월 31일까지이며, 학교법인 회계 연도는 사립학교의 학년도는 3월 초부터 다음 연도 2월 말까지이다.

재무제표는 회계 정보의 비교 가능성을 높이기 위해 특별한 사유가 없는 한 병원회계 기준 규칙에서 정한 과목을 따라야 한다. 다만, 계정과목을 정하지 않은 것은 그 성격이나 금액이 유사한 계정과목으로 통합해 사용하거나 그 내용을 나타낼 수 있는 적절한 계정과목을 신설해 사용할 수 있다.

병원의 대표는 매 회계 연도 종료일부터 3월 이내에 다음 서류를 첨부한 결산서를 보건복지부 장관에게 제출해야 한다.

- 대차대조표와 그 부속 명세서
- 손익계산서와 그 부속 명세서
- 기본금변동 계산서(병원의 개설자가 개인인 경우 제외)
- 현금흐름표

재무제표의 세부 작성방법

병원회계의 일반 원칙에는 신뢰성, 명료성, 충분성, 계속성, 중요성, 안전성, 실질존중 등의 원칙이 있다.

신뢰성의 원칙은 회계처리와 보고는 신뢰할 수 있도록 객관적인 자료와 증거에 의해 투명하고 공정하게 처리해야 한다는 것이다. 이를 통해 객관성과 검증 가능성 그리고 공정성을 확보할 수 있다.

명료성의 원칙에 따라 재무제표의 양식과 과목 그리고 회계 용어는 이해하기 쉽도록 간단·명료하게 표시해야 한다.

충분성의 원칙은 중요한 회계방침과 회계처리의 기준, 과목, 금액에 대해서는 완전 공시를 위해 그 내용을 재무제표에 충분히 표시해야 한다는 것을 의미한다.

계속성의 원칙은 회계처리에 관한 기준과 추정은 기간별로 비교할 수 있도록 회기마다 일관성 있게 적용해야 한다는 것이다. 또한 일관성을 유지하기 위해 정당한 사유 없이 이를 변경해서는 안 된다.

중요성의 원칙은 회계처리와 재무제표 작성에 있어서 과목과 금액은 그 중요도에 따라 실용적으로 작성해야 한다는 것이다. 이 원칙을 활용함으로써 시간과 노력을 효율적으로 관리할 수 있다.

안전성의 원칙은 회계처리 방법에서 두 가지 이상 선택할 수 있는 경우에는 재무적 기초를 견고히 하는 방법에 따라 처리해야 하는 것을 말한다.

마지막으로 실질존중의 원칙은 회계처리를 할 때 거래의 실질적인 효과와 경제적 사실을 반영할 수 있도록 하는 것이다.

재무제표는 재무제표세부 작성방법고시와 병원회계 기준 규칙에 따라 작성하되 여기에서 정하지 않은 사항은 병원회계 기준 규칙에 반하지 않는 범위 내에서 기업회계기준과 일반적으로 공정·타당하다고 인정되는 회계 관행에 따라 처리해야 한다.

재무제표는 당해 회계 연도 내용과 직전 회계연도 내용을 비교하는 형식으로 작성해야 한다. 물론 이 기준을 처음으로 적용하는 회계연도에는 당해 회계연도만 작성 할 수 있다. 재무제표의 양식은 보고식을 원칙으로 한다. 또한 기타 필요한 명세서는 부속 명세서를 작성해야 한다.

재무제표에는 이를 이용하는 자에게 충분한 회계 정보를 제공하도록 중요한 회계방침 등 필요한 사항에 대해는 아래의 방법에 따라 주기와 주석을 해야 한다.

- 주기는 재무제표상의 해당 과목 다음에 그 회계내용을 간단한 자구 또는 숫자로 괄호 안에 표시하는 방법으로 함
- 주석은 재무제표상의 해당 과목 또는 금액에 기호를 붙인 것 외 또는 별지에 동일한 기호를 표시해 그 내용을 간단하고 명료하게 기재하는 방법으로 함
- 동일한 내용의 주석이 2개 이상의 과목에 관련되는 경우에는 주된 과목에 대한 주석만 기재하고, 다른 과목의 주석은 기호만 표시함으로써 이를 갈음할 수 있음

　재무제표는 대차대조표, 손익계산서, 기본금변동 계산서, 현금흐름표 및 주기와 주석으로 하며, 재무제표의 주요 부속 명세서는 다음과 같다.

- 의료미수금 명세서

- 재고자산 명세서

- 유형자산 명세서

- 감가상각누계액 명세서

- 차입금 명세서

- 진료과별·환자종류별 외래(입원)수익 명세서

- 직종별 인건비 명세서

※ 병원의 대표가 보건복지부 장관에게 결산서를 제출할 때에는 위의 자료를 첨부해 제출해야 함

대차대조표의 세부 작성방법

　대차대조표는 일정 시점에서 병원의 재무상태를 보여주는 보고서(정태적 보고서)다.

　자산과 부채 그리고 자본을 기재할 때는 종류별, 성격별로 분류해 일정한 체계로 구분해서 표시해야 한다. 또 자산과 부채 그리고 자본 총액을 기재하는 것을 원칙으로 하고 자산항목과 부채 또는 자산항목과 자본항목을 상계하지 말아야 한다.

　1년을 기준으로 하는 것은 '구분표시원칙'의 보조적인 규정이다. 장·단기 구분 기준으로 유동성을 분석하는 데 적합하도록 유동계정과 비유동계정을 대차대조표일로부터 1년을 기준으로 구분한다.

대차대조표상 자산과 부채 과목을 유동성이 높은 것부터 먼저 표시하고 유동성이 낮은 것은 나중에 표시한다. 가지급금 또는 가수금 등의 미결산 항목은 그 내용을 나타내는 적절한 과목으로 기재한다.

자산은 유동자산과 고정자산으로 나눌 수 있다. 유동자산은 당좌자산, 재고자산으로 구분하고 당좌자산은 현금, 현금등가물, 단기금융상품, 단기매매증권, 의료미수금, 단기대여금, 대손충당금, 미수금, 미수수익, 선급금, 선급비용, 선급제세, 기타 당좌자산 등으로 구성되며, 재고자산은 약품, 진료재료, 급식재료, 저장품, 의료부대물품 등으로 구분된다.

유동자산

당좌자산	재고자산
현금, 현금등가물, 단기금융상품, 단기매매증권, 의료미수금, 단기대여금, 대손충당금, 미수금, 미수수익, 선급금, 선급비용, 선급제세, 기타 당좌자산	약품, 진료재료, 급식재료, 저장품, 의료부대물품

고정자산은 투자자산, 유형자산, 무형자산으로 구분된다. 먼저 투자자산은 다시 장기금융상품, 투자유가증권, 장기대여금, 장기대여금대손충당금, 퇴직보험예치금, 보증금, 이연법인세차, 기타 투자자산으로 나눌 수 있다. 유형자산은 토지, 건물, 구축물, 기계장치, 의료장비, 차량운반구, 공기구비품, 건설 중인 자산, 기타 유형자산, 감가상각누계액으로 나누며 무형자산은 영업권, 산업재산권 등으로 구분해 계리한다.

자본

투자자산	유형자산	무형자산
장기금융상품, 투자유가증권, 장기대여금, 장기대여금대손충당금, 퇴직보험예치금, 보증금, 이연법인세차, 기타 투자자산	토지, 건물, 구축물, 기계장치, 의료장비, 차량운반구, 공기구비품, 건설 중인 자산, 기타 유형자산, 감가상각누계액	영업권, 산업재산권

부채는 유동부채와 고정부채로 나눌 수 있다. 유동부채에는 매입채무, 단기차입금, 미지급금, 선수금, 예수금, 미지급비용, 미지급제세, 유동성장기부채, 선수수익, 예수보증금, 단기부채성충당금, 임직원단기차입금, 기타 유동부채로 다시 구분할 수 있다. 고정부채에는 장기차입금, 외화장기차입금, 금융 리스 미지급금, 장기성매입채무, 퇴직급여충당금, 이연법인세대, 고유목적사업준비금, 임대보증금 등이 있다.

부채

유동부채	고정부채
매입채무, 단기차입금, 미지급금, 선수금, 예수금, 미지급비용, 미지급제세, 유동성장기부채, 선수수익, 예수보증금, 단기부채성충당금, 임직원단기차입금, 기타 유동부채,	장기차입금, 외화장기차입금, 금융리스미지급금, 장기성매입채무, 퇴직급여충당금, 이연법인세대, 고유목적사업준비금, 임대보증금

자본(기본재산)은 기본금, 자본잉여금, 이익잉여금으로 구분하며, 기본금은 법인기본금, 기타기본금, 자본잉여금은 자본을 보존하기 위한 자본잉여금, 이익잉여금은 차기 이월잉여금, 당기순이익으로 구분한다.

고정자산

자본금	자본잉여금	이익잉여금
법인기본금, 기타 기본금	자본을 보존하기 위한 자본잉여금	차기 이월잉여금, 당기순이익

손익계산서의 세부 작성방법

손익계산서는 병원의 진료활동으로 얻어진 손익에 대한 정보를 표시해 주는 회계 보고서(동태적 보고서)다.

작성하는 원칙에는 발생주의, 수익비용 대응, 총액주의, 구분계산 등의 원칙이 있다. 발생주의는 모든 수익과 비용은 그것이 발생한 기간에 정당하게 배분되도록 처리해야 하는 것을 말한다. 다만 수익은 실현시기를 기준으로 계상하고 미실현 수익은 당기의 손익계산에 포함하지 않는다.

수익비용 대응의 원칙은 수익과 비용을 그 발생 원천에 따라 명확하게 분류하고 각 수익항목과 이에 관련되는 비용항목을 대응해서 표시하며, 총액주의는 수익과 비용은 총액으로 기재하는 것을 원칙으로 한다. 이때 수익과 비용항목을 상계해 그 전부 또는 일부를 손익계산서에서 제외하지 말아야 한다.

구분계산의 원칙에 따라 손익계산서는 의료이익(의료손실), 경상이익(경상손실), 법인세차감전순이익(순손실), 법인세 비용과 당기순이익(순손실)으로 구분 표시하도록 되어 있다.

손익계산서의 수익과목은 의료수익, 의료외수익과 특별이익으로 나눌 수 있다. 의료수익은 입원수익, 외래수익, 기타 의료수익(건강진단수익, 수탁검사수익, 직원급식수익, 제증명료수익, 구급차운영수익, 기타 수익), 의료외수익은 의료부대

수익, 이자수익, 배당금수익, 임대료수익, 단기매매증권처분 이익, 단기매매증권평가이익, 외환차익, 외화환산 이익, 투자자산처분 이익, 유형자산처분이익, 대손충당금환입, 기부금수익, 잡이익으로 나눌 수 있으며, 특별 이익에는 자산수증이익, 채무면제이익, 보험차익 등이 있다.

수익과목

의료수익	의료외수익	특별이익
입원수익, 외래수익, 기타 의료수익(건강진단수익, 수탁검사수익, 직원급식수익, 제증명료수익, 구급차운영수익, 기타 수익)	의료부대수익, 이자수익, 배당금수익, 임대료수익, 단기매매증권처분이익, 단기매매증권평가이익, 외환차익, 외화환산이익, 투자자산처분이익, 유형자산처분이익, 대손충당금환입, 기부금수익, 잡이익	자산수증 이익, 채무면제 이익, 보험 차익

비용과목은 의료비용, 의료외비용, 특별 손실, 법인세 비용으로 나눌 수 있다. 의료비용에는 인건비, 관리운영비, 의료외비용은 의료부대비용, 이자비용, 기타 의대손상각비 등이 있으며, 특별 손실에는 재해손실 등이 있다. 법인세비용은 법인세비용으로 처리된다.

비용

의료비용	의료외비용	특별손실	법인세 비용
인건비, 재료비, 관리운영비	의료부대비용, 이자비용, 기타 대손상각비, 기부금, 단기매매증권처분손실, 단기매매증권평가손실, 외환차손, 외화환산손실, 투자자산처분손실, 유형자산처분손실, 재고자산감손, 고유목적사업준비금전입액, 고유목적사업비, 잡손실,	재해손실비	법인세 비용

그 외 재무제표

기본금변동계산서의 경우, 개인병원은 기본금이 별도로 정해져 있지 않고, 발생이익이 모두 소유주의 몫이므로 기본금변동계산서를 작성하지 않는다. 만약 작성할 경우에는 기본금변동계산서는 기본금, 자본잉여금, 이익잉여금처분액과 차기 이월이익잉여금으로 구분해 작성한다.

현금흐름표는 영업활동으로 나타나는 현금흐름, 투자활동 때문에 나타나는 현금흐름, 재무활동으로 나타나는 현금흐름, 현금의 증가, 기초의 현금과 기말의 현금으로 구분해 작성한다.

이연법인세는 기업회계기준 제52조를 준용, 이연법인세차 또는 이연법인세대를 가감해 산출한다. 단 중소병원은 제52조에 따르지 않고 법인세비용은 법인세법 등의 법령에 의해 납부해야 할 금액으로 한다.

이연법인세는 미래기간에 과세소득을 증가 또는 감소시키는 거래의 법인세 효과를 나타낸다. 기업회계기준에서는 계정과목을 '법인세 비용'으로 명명한다. 법인세는 회사가 일정한 회계기간 동안 벌어들인 소득에 대해 부과되는 세금이며 손익계산서상 중요한 비용이라고 보고 있다.

삭감된 의료미수금 중 제3자 단체에 이의를 신청해 일부 또는 전부가 수납될 경우, 수납된 시점에 의료수익이 수납액만큼 발생한 것으로 회계처리해야 한다.

또한 학교법인, 의료법인, 개인병원에 따라 특성이 있으므로 자본금을 다르게 구분한다. 학교법인은 기본금을 법인기본금(병원설립 시 재단에서 출연한 금액), 기타 기본금(이익잉여금의 기본금대체액)으로 구분한다. 그리고 의료법인, 재단법인, 지방공사 의료원, 특별법인과 같은 법인은 학교법인처럼 병원 설립 시 재단의 출연금을 법인기본금과 기타 기본금으로 나눈다. 이때 이익잉여금의 기본금대체액은 병원 증축 등을 위해 추가로 출연한 금액이 지만 기타 기본금에 포함시킨다.

대학병원이 교수에게 지급한 본봉, 진료 수당, 선택진료에 따른 성과급 등은 모두 인건비로 처리하고, 이익에서 교수 급여를 제외한 금액만을 고유목적사업비로 재단에 전출한다.

대학병원이 재단에 현금을 지급한 경우에는 고유목적사업비로 처리하고, 현금으로 지출하지 않은 경우는 이익의 100%를 고유목적사업준비금으로 설정해야 법인세가 과세되지 않는다(조세특례제한법 제74조).

의료장비 구입이나 건물 신·증축 등을 위해 보조금을 지급할 때는 자본금을 출연하는 것으로 보아 아래와 같이 단순하게 처리한다.

① 보조금 수령 시

(차)현금예금 (대)법인기본금

② 의료장비 구입 시

(차)의료장비 (대)현금예금

영안실, 매점, 식당 등 직영수익액이 큰 사업은 의료외수익으로 계상해야 한다.

비용을 구분하는 것이 어려워도 수익과 비용 대응원칙에 따라 투입 비용을 의료외비용으로 계상해서 결정해야 한다.(단 금액이 많을 경우 독립과목으로 계상)

아래 수익은 의료 서비스 산업 부대사업 성격이 강하고 수익과 비용 대응원칙에 따라 구분하는 것이 곤란하기 때문에 기타 의료수익으로 구분한 것이다.

①병원 주방시설을 이용해 직원이나 환자보호자 등에게 식사를 제공해 발생한 수익
②제증명료수익
③구급차운영수익 등

대학병원이나 종교병원이 연구 환자나 자선 환자에 대해 진료비를 일부 또는 전부 감면할 때 의료보험 또는 의료급여 환자인 경우에는 진료비를 수가기준에 따라 계산한 금액에서 감면한 금액을 연구용이나 자선 환자에 대해 진료비 감면액으로 계상한다. 또 의료보험 또는 의료급여 환자가 아닌 경우에는 환자가 의료보험 환자인 것으로 가정해 수가를 계산하고 감면액을 의료수익조정계정에 계상한다. 이때 기업회계기준과 같이 진료비 감액을 진료비 에누리와 할인으로 분류해 모두 의료수익의 감액으로 처리한다. 다만, 진료비 할인은 할인액을 증명하기 어렵기 때문에 병원에서는 이를 구분해서 관리해야 한다. 또한 재료매입대금감액은 매입에누리와 할인으로 분류해 모두 재료매입액에서 감액처리한다.

외부 회계감사에 대한 준비

공인회계사의 감사 방법은 경리부서의 회계처리 방법과 완전히 다르다.

경리부서는 매일 발생한 여러 거래에 대해 전표를 작성하거나 전산에 입력하는 방법으로 처리한다. 그러나 공인 회계사의 감사 방법은 경리부서에서 회계처리한 결과물인 재무제표와 여러 가지 명세서를 역순으로 조사하는 것이다.

공인회계사가 경리부서에서 회계처리한 순서대로 감사하려면 상당한 시간이 소요되지만 결과물인 재무제표와 명세서로부터 시작하기 때문에 시간을 절약할 수 있다. 또한 산을 본 후, 숲을 보고, 나무를 보기 때문에 짧은 시간 안에 복잡한 회계처리 문제를 비교적 쉽게 찾아낼 수 있다.

감사에 대비하는 가장 좋은 방법은 가능한 한 모든 계정과목에 대해 명세서를 작성하는 것이다.

감사를 받지 않는 병원의 경리부서는 대부분 명세서를 많이 작성하지 않는다. 그러나 명세서는 다음과 같은 기능을 갖고 있기 때문에 재무제표의 부속 서류로 매우 중요하다.

① 검증기능: 결산 결과 작성된 재무제표의 정확도를 스스로 검증하는 기능을 한다. 또 명세서를 만들어 대조하면 틀린 부분을 쉽게 찾을 수 있다.
② 추후 참조기능: 모든 계정과목에 대해 명세서를 만들어 놓으면 추후에 예산편성이나 경영분석을 할 때 여러 가지 목적에 따라 쉽게 활용할 수 있다.

예를 들어 전년도의 복리후생비를 아래와 같이 세목별로 구분해놓으면 다음연도 예산을 편성할 때 매우 요긴하게 활용할 수 있다.

2009년도 복리 후생비

국민연금부담액 / 건강보험부담액 / 산재보험료 / 고용보험료 / 경조사비 / 체력단련비(체육대회 경비 등) / 회식비

처음 감사를 받을 때는 병원에서 어떻게 준비해야 할지 모르기 때문에 명세서를 제대로 작성하지 못해서 공인회계사나 수감병원의 담당자들이나 모두 애를 먹는 경우 많다.

명세서는 장부에 기재되어 있는 복잡한 내용을 특성별로 구분해 집계하는 방법으로 작성해야 하는데, 일부 병원은 다음과 같이 잘못 작성하는 경우가 많다.

예 1: 장부에 기장된 월별 합계를 그대로 옮긴 경우 금액 이외에는 아무런 추가 정보를 주지 못한다.

〈의료수익 명세서〉

1월 340,000천원

2월 415,000천원

위에서 살펴본 의료수익 명세서는 병원회계 기준에서 제시한 명세서처럼 환자종류별/월별 의료수익을 기재하면 좋고 또한 의료미수금과 연계해야 효율적으로 작성할 수 있다.

상호 관련이 있는 계정과목에 대해서는 하나의 명세서로 작성해 서로 검증해야 한다.

예 2: 감가상각 명세서에는 감가상각누계액과 감가상각비가 모두 나타나므로 다음과 같이 확인한다.

① 명세서에 있는 금액이 재무제표 상의 감가상각누계액과 감가상각비와 일치하는지 확인한다.

② 전년도 감가상각누계액과 당기 감가상각비의 합에서 자산처분 때문에 나타나는 감가상각누계액의 감소액을 차감한 금액이 당기말 감가상각누계액과 일치하는지 확인한다.

예 3: 재고자산 명세서에는 재고자산과 재료비가 제시되므로 다음과 같은 사항을 확인해야 한다.

① 약품 등 재고자산별금액이 재무제표 상의 재고자산별금액과 일치하는지 확인한다.

② 진년도 재고자산별금액과 당기구입액을 합한 금액에서 당기 소모액을 차감한 금액이 당기말 재고자산별금액과 일치하는지 여부를 검토한다.

③ 전년도 재고자산별금액과 전년도 대차대조표상 재고자산별금액과 일치하는지 확인한다.

④ 당기 소모액과 당년도 손익계산서에 있는 재료비가 일치하는지 확인한다.

결산서 분석 결과, S병원은 전반적으로 신뢰도가 높은 편이었다. 그러나 병원회계 기준에 따라 작성하지 않아서 여러 문제가 있었다.

　이 병원을 예로 들어 재무제표와 명세서 간 금액차이 때문에 생기는 문제점과 개선안을 살펴보자.

문제점 1: 병원회계 기준에 따라 결산서를 작성하지 않았다.

- 기존에 작성하던 방법을 그대로 사용

- 그 결과 다른 병원의 재무제표와 비교하려면 많은 부분을 수정해야 함

- 현 재무제표를 근거로 하면 의료수익 대비 인건비 비율 등은 왜곡 되어 나타남

개선안: 다음 년도부터는 반드시 회계기준에 따라 결산하고 재무제표를 작성해야 한다.

문제점 2: 재무제표와 부속 명세서상 금액에 차이가 많다.

1) 손익계산서상 진료재료비와 부속 명세서인(재고자산 명세서)의 진료재료비는 다음과 같이 차이가 많이 남

단위(100 만원)	손익계산서	명세서	차액
진료재료비	14,311	8,183	6,127

2) 손익계산서와 명세서 간 수익금액에 많은 차이가 남

단위(100 만원)	손익계산서	명세서
외래일반수익	1,061	156
외래보험수익	11,867	11,519
외래자보수익	93	75

외래산재수익	26	25
외래보호수익	1,337	1,336
외래수익계	14,384	14,384

개선안: 결산 후에는 반드시 재무제표와 부속 명세서상 금액에 차이 여부를 확인하는 절차를 밟는다.

부속 명세서를 작성하는 목적은 재무제표상의 여러 계정의 정확도를 결산 담당자가 재확인하기 위한 것이다. 또 다음 예산편성, 계정별 증감 원인의 분석 등에 실무적으로 활용하기 위해서이기도 하다.

부속 명세서를 작성하면서 재무제표의 여러 계정과 금액이 일치하는지 확인하는 과정을 반드시 거쳐야 하는데, S병원의 경우에는 그 절차를 밟지 않았기 때문에 차이가 나타났다.

S병원의 손익 계산서상 진료재료비와 부속 명세서인 재고자산 명세서의 진료재료비가 다른 이유는 공급업체에서 수술실 등에 가져다놓은 재료를 사용분만큼 추후에 지불하는 진료재료대 6,127백만원이 재고자산 명세서에서 누락되었기 때문이다. 이처럼 손익 계산서와 부속 명세서의 수익금액이 차이가 많이 나는 이유는 손익계산서는 청구금액에서 삭감분을 총계에서 차감해 수익을 나타내지만 부속명세서는 환자종류별로 삭감분을 차감하지 않은 수익, 즉 발생분(또는 청구분)을 나타내는 예가 많기 때문이다.

감사결과에 대한 대응자세

공인회계사들은 오랫동안 개발된 감사기법을 활용해 감사하기 때문에 병원 경리직원들이 의도적으로 감추어놓거나 잘못 처리한 거래를 쉽게 찾아낼 때가 많다.

수정할 금액이 매우 커서 당기손익에 상당한 변화가 있을 경우, 경리간부들은 문책 등을 우려해 이상한 논리를 제시하면서 모든 지적사항을 받아들이지 않거나 심지어 잘 봐달라고 애걸하는 경우도 있다. 이때 지적사항을 받아들이지 않으려는 자세를 보이면 서로 감정적으로 대응하는 경우가 생기기 때문에 문제를 더욱 악화시킨다.

만일 공인 회계사가 감사에서 적발한 사실을 은폐할 경우, 이 사실이 적발되면 상당한 징계를 받는다. 따라서 공인회계사가 융통성을 갖고 병원의 편의를 봐주는 데는 한계가 있다는 사실을 인지해야 한다.

외부감사는 이제 시대의 흐름이 되었다. 이에 역행하려고 하는 것은 에너지만 소모할 뿐 효과도 적다. 병원은 반대만 할 것이 아니라 외부감사를 환산지수를 산정하는 데 어떻게 합리적으로 활용할 것인가를 고민해야 한다.

공인회계사들이 병원을 감사할 때 가장 어려운 분야는 의료수익과 의료미수금의 분야일 것이다. 공인 회계사들이 이 분야에 대해 해박한 지식을 갖추려면 건강보험제도와 병원의 실무처리 방법을 이해해야 하는데, 이 과정이 시간이 걸리기 때문이다. 따라서 외부감사가 시작되어도 2~3년간은 이 분야를 적절히 감사하지 못할 가능성이 있다. 그러나 분명한 것은 외부감사 제도가 정착되면 합리적으로 환산지수를 산정할 수 있다는 것이다. 이는 수가 인상 등으로 이어질 수 있으므로 병원 측에도 이익이 될 것이다.

원가는 측정되고 통제되어야 한다

원가관리의 필요성

현재 의료 서비스 산업의 특징은 최신 의료기기의 확산, 지방 대형 병원 증가, 전체 병원의 의사와 병상 수의 증가 등이라고 할 수 있다. 의료 서비스 산업의 원가 관련 외부 환경이 급변하고 있으며 의료보험 수가체제의 개선 필요성도 증가하고 있다. 이 때문에 환자들의 기대 수준도 높아졌다.

또한 의료보험체제가 변했고 공공법인이 민영화되었으며 병원의 전문화·특성화 정책으로 경쟁이 심화되었다. 의료기술이 평준화되었고 예방의료의 중요성이 부각되었으며 의료소송 발생건수가 증가했다. 이러한 이유로 의료 서비스 산업의 원가구조가 변화하고 있으며 병원의 수익성은 더욱 악화되고 있다.

따라서 의료 서비스 산업의 원가환경변화에 대응하고 이를 극복하기 위해서는 변화된 의료보험체제에 대한 대응 전략 강화, 전문화·특성화 전략

강화, 원가경쟁력 강화 등이 필요하다.

이러한 것들을 무리 없이 추진하기 위해서는 원가관리 시스템을 프로세스, 진료과목, 질병, 의료장비 등의 책임단위로 나누어 구축해야 한다. 이렇게 구체화된 원가관리 시스템은 의료경영전략의 방향성과 행동지침을 분명하게 한다.

의료보험체제 변화에 대응하려면 진단관련군(DRG, Diagnosis-related gr-oup), 인두제(capitation), 개인보험, 행위별 수가체제 등을 대비를 해야 한다. 또한 전문화·특성화 경쟁 전략을 구사하기 위해 병원은 수익 중심에서 이익 중심 체제로 전환해야 하고, 효율적이고 효과적인 자원배분과 집중화를 이루어야 한다.

중복되고 불필요한 업무를 제거하고 원가 경쟁력을 높이기 위해서는 기능중심 체제에서 프로세스 관리중심 체제로 전환해야 한다.

병원의 이익은 서비스 가격에서 서비스 원가를 뺀 부분이다. 환자는 서비스 가치를 중시하기 때문에 병원이 이익을 높이려면 의료 서비스 가치를 극대화하는 데 집중해야 한다.

또한 서비스 가치와 서비스 가격의 차이는 환자에게 혜택으로 돌아가는데, 이것이 병원의 장기적인 성장의 원동력이 된다.

손익정보가 필요한 이유는 이익발생 단위, 투자 의사결정, 평가기준, 원가절감 포인트 등을 파악할 수 있기 때문이다. 병원은 손익정보를 조사해 이익이 발생한 곳을 파악함으로써 어느 진료과에 얼마나 더 자원을 할당할 것인지 결정한다. 또한 장비투자 부분도 각 장비의 손익정보가 파악되어야 우선순위를 정할 수 있다.

원가절감을 위한 방안도 서비스 제공 프로세스별로 원가정보를 파악해야만 마련할 수 있다. 이처럼 조직관리 단위별 원가정보는 조직관리에 대한 합리적인 평가기준을 제공한다.

병원경영 환경의 변화로 원가정보는 병원의 여러 가지 의사결정에 반드시 필요한 요소가 되었다. 따라서 이를 효율적으로 관리할 수 있는 원가관리 시스템이 있어야 한다.

원가관리 시스템 구축의 방해요소

원가계산의 목적은 의료경영에 도움이 되는 정보를 파악하는 것이다. 책임회계 단위가 다르거나 구체적이지 않은 회계단위는 원가정보의 활용도를 극도로 떨어뜨린다.

원가정보의 활용가치를 높이기 위해서는 효율성과 정확성을 보장해야 하기 때문에 원가관리 시스템이 필요하다.

원가계산의 활용도를 높이려면 계산 절차가 일관성 있게 이루어져야 한다. 원가계산은 반드시 원가집계 절차에 따라 이루어져야 하며 배부기준을 임의로 변경해서는 안 된다.

원가관리 시스템을 구축할 때 나타나는 방해요소로는 과다한 자료와 원가계산의 중복이 있다. 또한 원가계산 결과를 검증하는 과정이 준비되지 않았거나 원가대상이 제한적일 때도 원가관리 시스템을 구축하는 데 방해가 된다. 이러한 방해요소는 시스템의 신뢰도와 활용도를 떨어뜨리기 때문에 주의해야 한다.

원가관리 시스템 구축의 방해요소

원가계산을 할 때 목적이 불명확하거나 조직원의 원가개념이 부족하다
거나 원가정보의 이용자를 제한하는 것 등은 원가 마인드를 제고시키는 방
해요소로 작용한다. 따라서 원가 시스템을 구축하기 전에 교육 프로그램
등을 통해 원가계산의 목적을 명확히 해야 한다.

원가관리 한계의 극복 방향

원가관리 시스템을 구축하는 데 나타나는 방해요소를 극복하기 위해서는 운영체제 정비, 활동기준 결정, 시스템 구축 등이 필요하다.

먼저 운영체제를 정비하는 것부터 살펴보자. 사실 원가관리를 하기 위한 자료들은 대부분 병원 안에 존재한다. 그럼에도 불구하고 원가관리가 제대로 되지 않는 이유는 그 자료들을 효율적이고 체계적으로 활용할 수 있는 운영체제가 구축되어 있지 않기 때문이다.

원가관리를 하기 위해서는 먼저, 원가관리의 목적과 그것을 달성하기에 가장 편리하고 효율적인 수단을 결정해야 한다. 새로 산출된 원가관리가 아무리 정확하다 해도 그 정보를 보고 어떤 조치도 취할 수 없다면 그 정보는 무의미해지기 때문이다. 따라서 질병별 활동원가 기준에 대한 원가정보를 얻었다면 거기서 그칠 것이 아니라 질병별로 치료하기 위한 여러 가지 활동단위별로 원가정보를 산출하고 이를 통제할 수 있어야 한다.

원가정보를 효율적으로 활용하기 위해서는 반드시 시스템을 구축해야 한다. 시스템을 구축함으로써 산출할 수 있는 정보의 양을 늘릴 수 있고 효과적으로 정보를 공유할 수 있으며, 추가정보를 산출할 때도 용이하기 때문이다.

활동중심 원가 시스템

활동중심 원가 시스템에는 활동중심 원가계산 시스템과 활동중심 원가관리 시스템이 있다. 활동중심 원가계산 시스템(ABC, Activity Based Costing)은 전략적인 의사결정을 지원하기 위한 원가정보를 개괄적으로 제공한다. 자원원가를 할당해 자원배분에 대한 의사결정을 전략적으로 할 수 있게 하고 활동원가를 할당해 원가를 소비하는 활동을 분명하게 해준다.

ABC를 통해 다양한 서비스별 원가를 정확히 계산할 수 있으며, 프로세스 원가를 파악해서 부가가치를 얻을 수 있는 개선 영역도 알 수 있다. 또한 투자안 등 의사결정 시뮬레이션의 기초자료로도 활용할 수 있다.

ABC의 구성은 구매관리 시스템, 의약품관리 시스템, 의료보험관리 시스템, 인사관리 시스템, 고정자산관리 시스템, 회계 시스템 등과 같은 하위 시스템으로 이루어져 있다. ABC는 이러한 하위 시스템으로부터 원가계산에 필요한 각종 정보를 얻는다. 이렇게 획득한 원가정보는 원가 D/B(Data Base)에 체계적으로 축적되는데, 이 원가 D/B로부터 필요한 형태의 원가정보를 조회할 수 있다.

사용자는 원가 D/B로부터 진료과목별로 구성된 활동원가 정보를 검색해 진료과목별 원가를 조회해 볼 수 있다.

원가를 관리하는 시스템으로는 활동중심 원가관리 시스템(ABM, Activity Based Management)이 있다. ABM은 업무 운영과 프로세스 관점에서 원가동인을 파악하고 이것이 어떤 활동에 영향을 미치는지, 어떤 성과에 영향을 미치는지 하는 메커니즘을 분명히 알 수 있게 한다. 이로써 관리 대상이 되는 조직 단위들이 자신의 활동을 통제할 수 있도록 해준다.

ABM은 계획수립 시스템, 전략적 경영의사결정 시스템, 성과평가 시스템으로 구성되어 있다. 각 시스템의 기능을 살펴보면 다음과 같다.

먼저 계획수립 시스템은 연간 계획, 변동 계획, 경비예산 통제 등을 하는 데 필요한 정보를 얻기 위한 시스템이다. 이것으로 연간계획, 변동계획, 예산통제 등을 하는 데 필요한 정보를 얻는다.

전략적 경영의사결정 시스템을 활용해 신규 의료 서비스 개발 여부와 의료장비 구입 등 각종 투자에 관련된 의사결정을 할 수 있다. 성과평가 시스템은 전략적 성과관리(BSC, Balanced Score Card)를 기반으로 하는 시스템인데, 이 시스템으로 병원의 경영목표 달성치와 조직원의 기여도를 평가한다.

전통적인 원가계산과 ABC

전통적인 원가계산과 ABC 원가계산의 차이점을 살펴보면, 입원 관리계의 경우 전통적 원가계산에서는 원가의 구성이 인건비, 복리후생비, 접대비, 교육훈련비, 감가상각비, 여비교통비 등으로 구성되어 있기 때문에 지출될 돈을 관리하는 관점에서 비목을 정의하며, 배부기준도 재원환자 수와 같이 활동과 연계되지 않는 배부기준을 사용한다.

반면, ABC 원가계산에서는 원가의 구성이 입원예약, 입원수속, 선택진료 수속, 입원통계, 의료분쟁 처리 등 활동 단위로 되어 있어 원가관리 대상이 되는 활동과 직접 연계되며, 활동과 직접관련이 있는 분쟁건수 등과 같은 배부기준을 사용한다.

즉, 전통적인 원가계산은 단순히 부서나 계정과목 중심으로 원가를 배부한다는 것이다. 그러나 부서는 조직의 책임 단위이지 원가를 발생시키고 통제할 수 있는 단위가 아니다. 따라서 전통적인 원가계산은 인건비,

경비 등과 같이 비용 유형을 나타내는 계정과목별로 원가를 배부해 외부 원가정보 이용자에게 원가에 대한 정보를 일목요연하게 전달할 수는 있지만, 전략적인 의사결정과 원가를 개선하는 데 필요한 정보를 제공하지는 못한다.

반면, ABC는 자원을 소비하는 활동단위별로 원가를 배부함으로써 원가가 어떤 활동으로 소비되었는지 분명히 알 수 있다. 고객에게 제공하는 서비스 단위가 소비하는 활동에 활동원가를 할당함으로써 서비스별로 어느 정도의 가치를 창출했는지 파악할 수 있다는 것이다. 그뿐만 아니라 부가가치를 창출하지 못한 서비스의 원인을 파악해 개선의 실마리를 제공한다.

원가관리 시스템의 구축

활동별로 원가를 집계하기 위해서는 재료비, 인건비, 관리비 등과 같은 부서별 계정원가를 정의된 활동에 배부해야 하고, 활동별로 배부된 원가는 다시 원가대상으로 집계해야 한다.

원가대상은 원가정보의 활용목적에 따라 나뉜다. 대표적으로 진료과의 시행과 처방, 의사의 시행과 처방 그리고 장비구입 등이 있다.

ABC 원가계산의 핵심은 공통적으로 발생하는 자원의 배부과정이다. 원가자원에는 의국, 외래, 검사실, 진단방사선과 등이 있고, 원가대상에는 내과, 피부과, 정형외과 등과 같은 진료과가 있다.

의국, 외래 등의 자원은 각 진료과에 직접 할당할 수 있는 자원이지만, 진단방사선과 등과 같은 자원은 공통비 성격을 가지고 있다. ABC에서 가장 중요한 것은 이 같은 공통비를 각 원가대상과 직접 연계될 수 있는 활동에 얼마만큼 잘 배부하느냐이다.

통상 활동기준 원가계산 시스템을 구축하기 위해서는 약 6개월 정도가 소요된다. 이 시스템은 진료과(실방)별, 의사별 원가계산, 성과평가, 경영자 정보와 같은 정보를 제공하는 것을 목표로 한다.

원가계산의 주기는 월별이 적정하다. 월 단위로 원가정보가 제공되어야 성과평가나 병원 경영자가 경영을 하는 데 필요한 최신 원가정보를 공급받을 수 있기 때문이다.

수익과 원가

수익은 발생과 동시에 큰 오류 없이 수익으로 인식되며, 진료과와 교수별로 집계된다. 활동대상이 진료과와 교수일 경우, 수익이 진료과와 교수별로 집계되기 때문에 수익은 원가대상인 진료과와 교수에게 귀속시킨다.

물론 원가대상이 진료과와 교수 이외에 장비도 있으나 수익 집계가 장비로 처리되지 않았다면, 수익을 일정 배부기준에 따라 장비로 집계해야 한다.

비용은 전통적인 회계에서는 인건비, 경비, 재료비로 집계되는데, 이들 비용은 자원동인을 기준으로 부서와 계정과목에 귀속시켜 원가를 집계해야 한다. 재료비는 진료과와 교수로 집계되는 경우가 많기 때문에 원가대상인 진료과와 교수에게 귀속시킨다.

인건비와 경비를 원가대상인 진료과와 교수에게 귀속시키기 위해서는 직종, 직급, 교수별로 활동을 정의해야 하고 자원동인을 기준으로 활동원가로 전환해야 한다. 이렇게 전환된 활동원가는 활동동인을 기준으로 진료과와 교수에게 귀속시킨다. 예컨대, 활동은 일반활동, 간호행위, 의사활동으로 구분할 수 있다. 일반활동은 일반직이 수행하는 활동으로 직종별, 직급별 표준활동 수가 대략 2,000여 개 정도며, 간호행위는 간호직이 수행하는 활동으로 병실, 외래를 포함해서 표준활동 수가 130여 개 그리고 의사활동은 의사가 수행하는 활동으로 표준활동 수가 30여 개에 이른다.

원가계산의 중요한 또 하나의 과정은 수익과 원가의 손익대응이다. 수익과 원가를 대응시키기 위해서는 진찰, 검사, 촬영, 입원 등과 같은 의료행위를 중심으로 수익과 활동원가를 대응시키는 것이 바람직하다. 의료행위는 상호 독립적인 행위의 성격이 강하기 때문에 대개의 경우 의료행위에 대응되는 수익과 의료활동이 있다. 예를 들어 진찰이라는 의료행위는 진찰료를 수반하는데, 이에 대응하는 의료활동은 의사의 경우 외래진료라는 활동이 있고 간호사인 경우에는 환자접수라는 활동이 있어 의료행위를 중심으로 수익과 원가를 대응하기 쉽다. 물론 재료비, 인건비 등과 같은 원가항목은 활동으로 배부해야 한다.

발생기준에 따라 수익을 인식해서 수익과 원가를 적절하게 대응시키면 정확한 수익성 분석이 가능해진다. 수익은 발생시점으로 인식하는 것이 바람직하지만, 의료현장에서는 의료 서비스가 제공되지 않았는데 선납수입이 발생하는 경우도 있다는 것을 유의해야 한다.

금액 정보는 원무의 수입 정보 D/B에 일자, 시간, 환자 번호, 주문 번호 등과 함께 기록되어 당월 발생분은 '처방전달 시스템 데이터베이스(OCS, Order Communication System D/B)'의 시행정보에서 당월발생정보와 일치시킨 다음, 의료수입과 처방에 의한 의료행위정보를 일치시켜 수입과 원가를 대응시키면 된다.

그러나 선수수익은 히스토리 로고 데이터베이스(History Logo D/B)에서 시행과, 처방과, 시행의, 처방의 정보와 함께 추후 의료행위가 실제로 시행된 시간 정보와 함께 연결해야만 수입의 인식과 동시에 원가도 연계할 수 있다.

선수수익을 히스토리 로고 데이터베이스로 관리하는 것은 예약취소가 많은 진료과 등에서 활동원가와 대응되는 수익을 인식하는 데 매우 중요하다. 만약 이것이 원활하게 인식되지 않으면 수익의 왜곡 현상이 나타나 성과평가에도 영향을 미치게 된다.

활동원가를 인식하기 위해서는 인건비, 경비, 재료비 등과 같은 자원을 부서, 활동, 직급, 직종별로 배부하고, 활동동인에 의해 최종 원가대상이 되는 진료과, 의사, 장비 비용 등에 귀속시켜야 한다.

인건비는 병실조제계의 인건비를 집계하고, 이것을 직종별·직급별로 구분해 집계해야 하고 구분하기 어려울 때는 직종과 직급, 인건비와 구성비를 이용해 배부해야 한다. 또한 직종별·직급별 인건비가 집계 또는 추계되면 이를 배부기준에 따라 활동별로 배부해야 한다.

병실조제계의 주요 활동에는 충진, 처방접수, 복약지도 등이 있다. 이 활동들을 처방제수, 처방매수, 복약지도 건수 등의 기준으로 약무직과 운영기능직의 기여도가 얼마만큼인지 파악해야 한다.

활동원가가 파악되면 최종 원가대상인 진료과, 의사, 주요장비 등으로 연계 후 재분류해야 최종적으로 원가대상과 활동단위별로 원가를 인식할 수 있다.

활동의 정의와 관점별 원가계산

활동을 정의하기 위해서는 진료과와 개인별로 직무조사와 분석을 하는 것이 기본이다. 활동이란 결국 병원 직원과 장비가 원가를 발생시키는 모든 행위를 말하기 때문에 직무조사와 분석을 통해 표준활동을 정의해야 한다.

의사활동은 외래진료, 회진, 수술, 마취 등이 있고, 병동 간호행위는 호흡간호, 영양간호, 위생간호 등이 있다. 장비활동에는 심전도 검사, 운동부하 검사, 상부내시경 검사 등이 있다.

표준활동의 예

의사활동	간호활동(병동)	일반활동	장비활동
• 외래진료 • 회진 • 수술 • 마취 • 검사/시술/판독 • 타과 자문(Consult) • 보직자활동 • 학회/세미나 • 해외연수 • 전공의 교육/ 　컨퍼런스	• 호흡간호 • 영양간호 • 위생간호 • 투약간호 　−일반적 정맥주사 　−점적투여(눈, 귀) 　−피하/근육 주사 • 안전간호 • 정신간호 • 교육 및 상담	• 예약 및 검사 안내 • 기구세척 및 소독 • 물품청구 및 관리 • 의료기기/장비 점검 • 환자보호자 • 교육/상담 • 검사보조 및 지원 • 방법개선 및 문제해결 • 검사결과 입력/통보 • 업무협의 및 회의 • 검체접수/정리/전송	• 심전도 검사 • 운동부하 검사 • 상부내시경 검사 • 하부내시경 검사 • 말초혈류초음파 검사 • 일반 촬영 • 초음파 촬영 • ESWL • CT 촬영 • MRI 촬영

표준활동의 정의는 각 병원마다 약간씩 다를 수 있다. 따라서 환경변화에 따라 재조정해야만 의미 있는 활동원가 정보를 생산할 수 있다.

원가계산의 시작은 환자가 병원을 방문해 접수에서부터 의료 서비스가 종료된 시점까지 일어나는 전 과정 중, 의료경영 관점에서 어떤 하위 과정으로 구분해 인식하는 것이 바람직할 것인가를 정하는 것이다.

대표적인 관점으로는 처방관점과 시행관점이 있다. 처방관점의 원가계산은 환자를 진료과(진료부서)로 수익을 인식하고 관련 원가를 대응시켜 손익을 계산하는 것이다. 시행관점의 원가계산은 검사, 촬영, 수술 등 환자를 직접 시술하는 진료과로 수익을 인식하고 관련 원가를 대응시켜 손익을 계산하는 관점이다.

처방관점은 환자접점을 중심으로 원가를 계산하는 성격이 강하기 때문에 마케팅적인 통찰력을 제공해주는 데 유용하다. 시행관점은 의료 서비스의 생산과정에 대한 원가정보를 제공하는 성격이 강하기 때문에 효율적인 의료 서비스 제공에 대한 정보를 제공하는 데 유용하다.

활동조사

표준활동을 정의하기 위해서는 업무분석 조사서를 작성해야 한다. 먼저 원무계 사무직을 살펴보면 입원예약, 입원수속, 지정진료 수속, 전과/전동/전실 수속, 입원진료비 감면활동, 신체감정 촉탁, 입원진료비 조정 등과 같은 세부 업무로 구성이 되어 있다.

이들 업무는 한 명의 직원이 모두 하는 것이 아니기 때문에 직급별로 구분해 담당 인원수를 기재해야 한다. 이렇게 직급별로 구분해 기재된 담당 인원의 총계는 부서의 총원과 지급별 인원수를 동일하게 작성해야 한다. 조사된 업무별·직급별 담당인원의 비중은 인건비라는 자원을 표준활동별로 배부하는 기준이 된다.

의사의 진료활동 대부분은 전산으로 기록되기 때문에 이를 자료화해 활용해야 한다. 자료를 통해 의사의 사번으로 의사의 활동에 대한 기록을 조회하고 이것을 바탕으로 표준활동을 정의할 수 있기 때문이다. 또한 각 활동에 대한 활동 시간정보를 활용해 의사 인건비의 배부기준을 만들 수도 있다.

예컨대, 진단방사선과의 경우, 학생교육 강의, 임상교육 강의, 임상연구, 외래진료, 검사 전 준비와 처지, 검사판독과 시술 등과 같은 활동이 대표적인 표준활동이라 할 수 있다.

이들 표준활동을 중심으로 의사들의 활동시간 비중을 구하고 이를 통해 의사 인건비라는 자원을 활동별로 배부할 수 있다.

원가계산 결과검증과 현업처리 사항

ABC 원가의 적정성을 확보하기 위해서는 활동과 배부기준의 인과관계를 파악해야 한다. 활동 배부기준의 인과관계는 ABC D/B를 축적해서 활동원가와 배부기준 양의 상관계수를 산정하는 것을 검증하면 알 수 있다. 또한 추세분석선을 도출해 계획원가를 산정하는 기초자료로도 활용할 수 있다.

ABC에서는 현업에서 활동하는 것을 정확하게 입력하는 것이 무엇보다 중요하다. 주요 입력 내용으로 일반-업무비율 관리, 간호행위-상대 가치관, 교수활동 입력, 수작업 배부기준 관리 등이 있다.

일반-업무비율 관리는 일반부서별·수행활동별로 소요한 업무비율을 직종과 직급별로 입력하는 것이다. 이것은 현업 원가담당자가 입력하는 것이 바람직하다.

간호행위·상대가치 관리는 각 병동별 간호행위에 대한 표준 수행시간과 상대가치를 스트레스, 집중도, 난이도를 반영해 간호행정팀에서 입력한다.

교수활동 입력은 30분 단위로 교수별 활동을 입력 주간표준과 예외 일자별로 정리해 진료과 의국 또는 사무실에서 입력한다.

수작업 배부기준 관리는 시스템에서 자동 생성되지 않는 자료의 수작업 입력 화면을 관리하는 것으로, 현업 원가담당자가 입력한다.

원가정보의 활용

ABC에 의해 산출된 원가정보는 채용, 장비구입 등 투자의사결정을 하는 데 활용되며 신규 서비스 개발이나 프로세스 개선에도 많은 도움이 된다.

ABC에서는 원가를 발생시키는 표준활동과 원가가 연계되어 있다. 따라서 비효율적인 프로세스를 분석함으로써 원가정보와 연계되어 어느 과정이 얼마만큼 비효율적인지 정량적으로 분명하게 알 수 있다.

또한 원가정보를 활용하면 환자 진료의 평균수익과 평균이익을 기준으로 각 과를 포지셔닝할 수 있다.

포지셔닝할 때 각 진료과는 A, B, C, D 영역으로 구분할 수 있다. A는 수익과 이익이 모두 높은 영역이고, B는 수익은 많으나 이익이 적은 영역이고, C는 수익은 적으나 이익이 많은 영역이며 마지막으로 D는 수익과 이익이 모두 적은 영역이다.

각 영역을 이렇게 정의하면, 수익은 많으나 이익이 적은 B영역에 속하는 진료과가 원가 측면에서 개선의 필요성이 있다는 것을 쉽게 알 수 있다.

그리고 이 영역에 속하는 진료과의 표준활동 원가를 분석해, 원가가 높게 나타난 이유를 알 수 있고 이를 통해 이익이 적은 원인을 파악할 수 있다.

이와 같이 ABC로 파악된 원가정보는 문제의 발견과 해결의 실마리를 제공한다.

B영역: 고수익 저이익 매출은 낮으나 수익률이 높은 부문 : 환자유치를 위해 최대의 노력을 해야하는 영역	**A영역: 고수익 고이익** 매출이 크고 수익률이 높은 부문 : 안정적인 고객관리가 지속적으로 필요한 부문
D영역: 저수익 저이익 매출과 수익률이 평균 이하인 부문 : 매출증대와 원가절감 등의 적극적인 노력이 필요한 부문	**C영역: 저수익 고이익** 매출은 낮으나 이익이 평균 이상인 부문 : 매출증대를 위해 적극적으로 노력해야 하는 부문

원가정보활용의 예시

정글 속에서
유일한 친구는
고객이다

병원 마케팅 패러다임의 변화

현재 병원 마케팅 패러다임에는 많은 변화가 일어나고 있다. 우선 환자를 인식하는 태도부터 많이 바뀌었다. 과거에는 환자를 임상적, 비용적 관점에서 효율성을 추구하는 대상으로만 인식했다면 새로운 패러다임에서는 질과 가치를 추구하는 존재로 인식하게 되었다.

또한 과거에는 환자를 치료대상으로만 인식했기 때문에 제한된 관계를 가질 수밖에 없었다. 그러나 환자를 질과 가치를 추구하는 고객의 관점으로 인식하게 되면서 환자와 병원은 깊은 관계를 가지게 되었다. 과거에는 의료 서비스를 공급자가 일방적으로 공급했다면, 이제는 고객인 환자가 주도적으로 의료 서비스를 요청하는 문화로 바뀌고 있다는 것이다.

이 같은 현상 때문에 환자는 의료 서비스를 구매할 때 과거보다보다 많은 정보를 요구하게 되었다. 이에 따라 의료 서비스도 기술적/임상적 효과 차원에 머무르지 않고 고객의 삶의 질을 추구하는 차원으로 발전했다.

환자와 의료 서비스의 패러다임 변화에 따라 의료경영에도 많은 변화가 나타났다. 병원은 직원 교육, 대기시간 관리, 서비스 환경, 경영 등 모든 부문에서 고객을 우선시하는 방향으로 개선하기 시작했다.

의료기술은 이제 기본적인 사항이 되었고, 서비스의 질을 높이기 위해 직원 교육을 강화하거나 대기시간을 축소하는 등 지속적인 고객만족을 위한 조치를 취하고 있다.

병원 마케팅의 기본 방향

병원 마케팅은 외부고객, 내부고객 그리고 고객들 간의 관계를 중심으로 이루어진다. 이를 외부 마케팅, 내부 마케팅 그리고 관계 마케팅이라 한다.

먼저 외부 마케팅은 병원의 이미지와 서비스에 대한 인지도를 높이는 모든 활동을 말한다.

다음으로 내부 마케팅이란 고객에게 직접 서비스하는 내부 임직원들이 조직에 몰입하고 맡은 업무에 자부심을 느끼며 즐겁게 일할 수 있도록 환경을 조성하는 것을 말한다.

병원의 마케팅이 조화롭게 이루어지기 위해서는 고객에 대한 외부 마케팅뿐만 아니라 내부 고객인 임직원들에 대한 내부 마케팅도 함께 이루어져야 한다.

관계 마케팅이란 내·외부고객들이 개별적인 관계를 형성하면서 편안하게 의료 서비스를 받을 수 있도록 도와주고 지원하는 것을 말한다.

병원의 마케팅이 완벽하게 작동되기 위해서는 고객을 대상으로 하는 관계 마케팅뿐만 아니라 내·외부 마케팅이 원활히 이루어져야 한다.

병원 마케팅을 또 다른 관점에서 살펴보면 고객유지 마케팅과 고객창조 마케팅으로 구분할 수 있다. 고객유지 마케팅은 고객을 고객, 최초 입문고객(Entry Customer), 잠재고객, 비표적고객으로 구분하고, 이들을 전달자로 육성해야 한다는 관점에서 이루어진다. 따라서 고객유지와 포섭, 고객만족도, 고객당 점유율에 중점을 두며 쌍방향 커뮤니케이션에 초점을 맞춘다.

반면, 고객창조 마케팅은 고객을 표적고객과 비표적고객으로 구분한 다음, 신규고객 획득과 시장점유율 확대 등을 강조하며 효과적인 정보전달, 서비스 품질, 관리지향 등에 초점을 맞춘다.

효과적인 마케팅을 위해서는 고객유지 마케팅과 고객창조 마케팅을 모두 사용해야 한다. 다만 마케팅 전략 차원에서 병원이 처해 있는 시장구조에 따라 어느 한 가지 방법에 더욱 중점을 둘 수는 있다.

시장경쟁이 매우 치열할 때는 고객유지 마케팅이 더욱 효과적일 때가 많다. 의료 서비스는 입소문 효과가 크기 때문에 고객유지 마케팅을 강화함으로써 신규고객을 창조하는 효과도 있기 때문이다.

병원 마케팅을 하기 위해서는 의료 서비스의 특성을 이해해야 한다. 의료 서비스는 일반 제품과 달리 무형성, 비분리성, 변화성, 소멸가능성이라는 특성을 가지고 있는데 이를 감안한 마케팅 계획을 수립해야 하기 때문이다.

의료 서비스의 특성과 마케팅

의료 서비스의 무형성이란 환자가 서비스를 구매하기까지는 보거나 들을 수 없다는 것을 뜻한다. 비분리성은 의료 서비스와 서비스 제공자를 분리시킬 수 없는 특성을 말하며 변화성은 서비스의 질이 제공하는 사람, 장소 그리고 시간에 따라 달라질 수 있다는 뜻이다. 소멸가능성은 서비스가 판매와 동시에 소멸되는 특성을 말한다.

이러한 의료 서비스의 특성을 극복하기 위해서 병원은 여러 가지 전략을 사용한다. 먼저 의료 서비스의 무형성을 극복하기 위해 서비스를 이미지화시켜 고객이 인지하기 쉽게 하거나 시술 후의 효과를 강조하는 전략을 구사할 때가 많다. 고객의 충성도를 높이기 위해 병원 스스로 브랜드 가치를 만드는 방법을 사용하기도 한다.

또한 비분리성을 극복하기 위해서 서비스 제공과정에서 고객참여도를 높이는 것을 강조한다. 이때 관건은 서비스 질의 변화 폭을 줄이는 것인데, 이것을 위해서 진료 지침서를 개발해야 한다. 이 지침서로 서비스 질의 변동성을 가능한 한 줄일 수 있고 환자의 불만도 관리할 수 있다.

소멸가능성이라는 특성을 극복하기 위해서는 환자가 집중되는 시간대에 시간제 인력을 투입하고 진료 예약관리 시스템 관리를 중요시해야 한다.

병원 마케팅 수단의 변화

과거 병원 마케팅에서 4P는 의료 서비스(product), 의료수가(price), 거래(place), 판매촉진(promotion)으로 이들 4P를 어떻게 관리하느냐가 매우 중요한 과제였다. 그러나 병원 마케팅의 패러다임이 변화하면서 4P보다 4C의 중요성이 대두되고 있다.

4C란 고객가치(Customers' Value), 비용(cost), 편의성(convenience), 의사소통(communication)을 말한다.

의료 서비스 가격인 수가는 거의 통제되기 때문에 마케팅 수단으로써 여지가 많지 않다. 따라서 병원 마케팅은 수가 이외의 의료비용을 효율적으

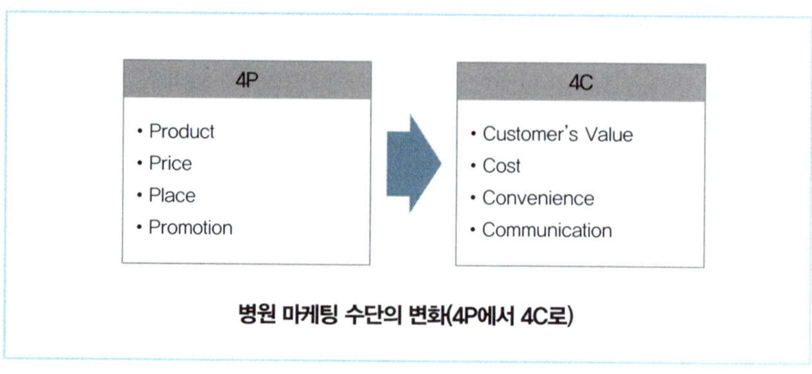

병원 마케팅 수단의 변화(4P에서 4C로)

로 관리하는 것이 관건이다. 또한 병원이 특정 지역에 위치하면 장소 역시 바꾸기 어려운 마케팅 수단이 된다. 수가와 장소가 정해지면 결국 경쟁 수단은 서비스뿐이다. 경쟁 병원과 서비스 경쟁에서 우위를 점하려면 많은 비용이 들어갈 수밖에 없다. 따라서 경쟁력을 확보하기 위해서는 철저한 원가관리로 불필요한 비용을 줄여야 한다.

또한 과거에 환자들은 진료를 최우선시했지만 이제는 진료뿐만 아니라 의료 서비스 과정에서 편의를 중시하는 형태로 변하고 있다. 따라서 변화된 패러다임에서는 병원 마케팅 수단으로 의료 서비스의 편의성을 강조해야 한다.

특히, 의료 서비스의 특성 중 무형성과 비분리성 때문에 환자와의 의사소통을 중요시해야 한다. 의료 서비스가 가시적, 구체적으로 인지되는 것이 아니기 때문에 의사, 간호사, 원무부 직원들이 환자 또는 보호자와 의사소통을 잘함으로써 의료 서비스의 질을 느낄 수 있도록 해주어야 한다.

예컨대, 환자는 서비스를 받기 위해 오랫동안 기다릴 때가 많다. 이때 어떤 방법으로 고객과 의사소통을 하고 어느 정도의 비용을 들여 고객의 대기시간을 편안하게 하느냐에 따라 고객이 느끼는 가치는 큰 차이를 보인다. 따라서 새로운 패러다임에서 마케팅의 시작은 고객의 편의를 생각하는 것이라 할 수 있다.

고객관계 강화

고객관계 강화란 고객이 조직에 몰입할 수 있는 기반을 구축하기 위해 고객관계를 수립하고 유지하며 이를 강화하는 활동이다. 이것을 체계적으로 가능하게 해주는 것이 고객관리(CRM, Customer Relation Management)이다.

CRM이란 고객과 관련된 자료를 분석해 고객 특성에 기초한 마케팅 활동을 계획, 지원, 평가하는 관리체계를 뜻한다.

전통적 마케팅과 관계 마케팅의 차이

특성	거래 중심의 마케팅	관계 마케팅
주요 관심대상	판매에 초점을 둠	고객유지에 초점을 둠
교환수단	마케팅 믹스	관계
관계지속기간	단기적	장기적
지향목표	단기적 이익 보장	장기적 성과 안정
이익창출수단	시장점유율	고객과의 관계 강화
고객관계	한정적, 제한적 고객 접촉	적극적, 포괄적 고객 접촉
서비스 전략	서비스 특성에 주안점	고객 서비스 강조
서비스 품질	생산단계의 품질에 관심	모든 단계의 품질에 관심

CRM은 80년대에 등장한 채널에서의 고객관계 유지를 중시하는 관계 마케팅(Relationship Marketing)과 고객 서비스(CS, Customer Service), 데이터 베이스 마케팅(DBM, Data Base Marketing) 등이 진화한 것이다.

CRM은 기업 가치가 고객으로부터 나온다는 기본적인 인식에서 출발한다. 이는 마케팅 패러다임이 제품판매 중심에서 우수고객을 유지하고 이탈고객을 최소화하는 관계 마케팅으로 이동함으로써 더욱 중요시되고 있다.

관계 마케팅의 대표적인 전략으로는 관계유지, 관계회복, 관계강화 전략이 있다. 관계강화 전략을 실행하기 위해서는 고객접점을 관리하는 것이 중요하다. 반면에 관계회복 전략을 위해서는 병원 현장에서 생기는 문제를 신속하게 해결하는 것, 전화 예약 서비스 등을 강화하는 것이 중요하다. 마지막으로 관계유지 전략에서는 포인트 적립제, 기념일 관리 등과 같은 재무적·사회적 유대가 중요하다. 또한 현장 서비스 제공자에게 적절한 권한을 위임해서 고객과의 유대를 강화하려는 노력을 해야 한다.

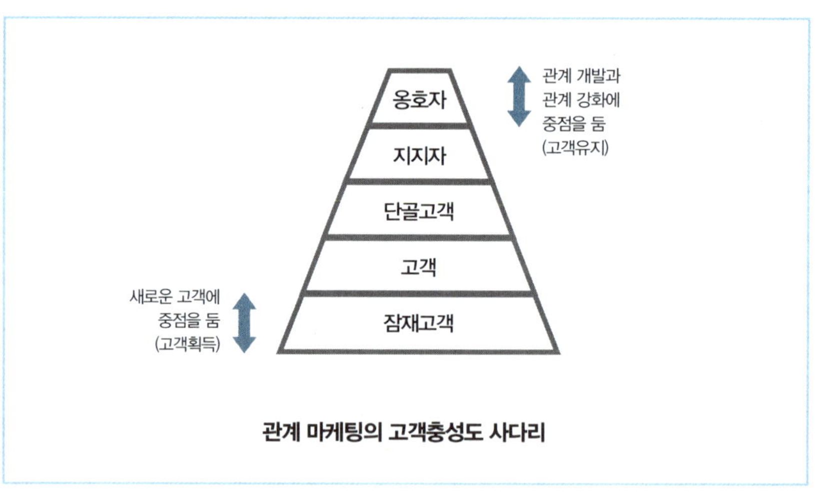

관계 마케팅의 고객충성도 사다리

전통적인 마케팅은 거래 중심이었기 때문에 판매에 초점을 맞춘 단기적 관점의 마케팅 전략을 중요시했다. 그러나 관계 마케팅은 고객과 좋은 관계를 창출하고 이를 유지·강화하는 것을 중시하는 전략이다.

관계 마케팅의 핵심 내용 중에 '마케팅 충성도 사다리'라는 것이 있다. 이는 고객의 충성도를 기준으로 잠재고객, 고객, 단골고객, 지지자, 옹호자로 구분하여 도식화 한 것이다. 이는 현재 고객을 단골, 지지자, 옹호자로 전환시키는 것이 목적이다.

STP 전략

병원이 경쟁전략을 수립하기 위해서는 고객이 의료 서비스를 왜, 언제, 어떻게 구매하고 소비하는가를 포괄적으로 설명해주는 체계가 필요하다. 이를 위해서는 고객의 복잡한 행동을 이해해야 한다.

고객을 이해한다는 것은 지금까지 분석한 실제 시장의 변화요인들을 일반적 시장변화와 경쟁 병원의 변화로 구분해, 고객욕구 차원에서 재분석하는 것이다. 그리고 구체적인 전략 수행방법과 조직 내 문제점 해결방안을 고객의 시각에서 재구축하는 것으로 정의할 수 있다. 즉, 고객에게 소개되어 사용되기까지 의료 서비스가 어떻게 인식되고 있는지 파악하는 것이다.

이러한 것을 체계적으로 가능하게 해주는 것이 STP 전략(Segmentation-Targeting-Positioning)이다. STP의 목적은 고객의 욕구와 필요에 대해 이해하는 것이다. 이를 위해 병원이 고객에게 제공하는 것은 무엇인지, 경쟁 병원은 고객에게 어떠한 서비스를 제공하고 있는지를 명확하게 파악해야한다. 이러한 이해를 바탕으로 병원의 고객층이 어떤 특성을 가지고 있는지 알고 고객이 원하는 서비스를 차별적으로 제공해 목표시장에서 병원의 인지도를 높이려는 것이다.

STP전략의 목적을 달성하기 위해서 고객행동에 대한 이해, 시장 세분화, 목표시장 선정, 포지셔닝, 마케팅 믹스 등 5단계의 전략이 필요하다.

고객행동에 대한 이해

아래 그림은 고객행동을 간단한 그림으로 모형화한 것이다. 이 모형은 기본적으로 '자극-반응' 모형에 기초를 둔 것으로, 고객의 반응은 결국 고객의 구매의사결정에 의해 이루어진다는 사실을 내포하고 있다.

이때 초점을 고객의 구매의사결정 과정과 이에 영향을 미치는 외적 요인들에 맞춘다. 구매의사결정에 영향을 끼치는 외적 요인으로는 고객의 개

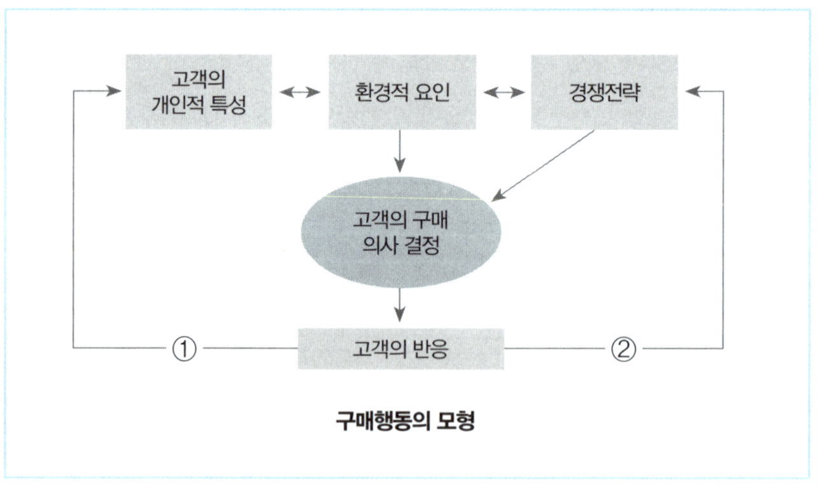

구매행동의 모형

인적 특성, 고객에게 영향을 미치는 환경적 요인 그리고 병원의 경쟁전략 자체가 있다.

한편, 고객의 반응이 병원 내로 전파되는 피드백 과정에는 두 가지 경로가 있다. 하나는 그림의 ①과 같이 의료 서비스 구매 후 그 서비스를 사용한 고객으로부터 직접 받는 피드백이고 다른 하나는 그림의 ②와 같이 경쟁 병원이 특정 의료 서비스에 대한 고객의 피드백을 활용했을 때, 이에 대한 경쟁전략을 수립하는 과정에서 얻는 피드백이다.

이러한 고객의 구매모형을 바탕으로 고객이 어떤 과정과 이유 때문에 서비스를 구매하고 만족하는지, 또 불만사항은 무엇인지 명확하게 밝혀야 한다.

시장의 세분화

시장을 세분화하는 과정에서 가장 중요한 것이자 출발점은 '과연 고객들을 어떤 기준으로 나눌 것인가' 하는 것이다. 시장을 세분화하는 기준은 크게 소비자의 욕구, 성격, 개성, 나이 등과 같이 병원이 제공하는 서비스와 무관한 고객의 특성을 시장의 수요와 연결해 구분하는 경우와 병원의 활동에 대한 반응을 중심으로 구분하는 경우로 나눌 수 있다. 이러한 기준과 변수는 세분시장을 구분하는 기준이 된다.

세분시장은 병원 마케팅 담당자가 현실적으로 접근할 수 있어야 하므로 추상적인 개념보다는 구체적이고 실제 적용 가능한 개념으로 접근해야 한다. 예컨대, 의료 서비스 이용 계기를 기준으로 시장을 세분화했다면, 서비스 이용 계기는 구매동기와 유사한 변수기 때문에 매우 유용하게 쓰일 수 있다. 그러나 이용 계기별 고객집단이 어디에 있는지, 어느 매체를 주로 이용하는지, 어디에 사는지 같은 변수를 모른다면 세분화 기준은 마케팅 전략을 실천할 때 큰 도움이 되지 못한다. 그저 불특정 다수에게 이용 계기를 강조한 광고 전략에서나 한정적으로 활용될 것이다.

세분화 기준으로는 통상 지리적 변수, 인구통계학적 변수, 심리분석적 변수, 행동분석적 변수 등이 있다. 이 중 어느 것을 더 중요하게 활용할 것인가 하는 기준은 병원의 마케팅 수단과 예산 등에 따라 달라진다. 따라서 이러한 요소를 미리 고려해 세분화 기준을 결정해야 한다.

먼저 지리적 세분화는 고객의 욕구와 반응이 지역마다 다르므로 시장을 국가, 시, 도, 군과 같이 지역별로 나누어 살피는 것이다. 다음으로 인구통계학적 세분화는 고객을 나이, 성, 가족 규모, 소득, 직업, 교육 정도, 종교 등으로 나누는 것을 말하는데, 일반적으로 가장 많이 쓰는 세분화 방법이다.

또 심리분석적 세분화는 동일한 인구통계학적 집단에 속하는 사람도 다른 심리적 특성을 가지고 있기 때문에 고객을 사회계층, 생활 스타일, 개성 등 심리적 요인을 기준으로 세분화하는 것을 말한다. 인구통계학적 변수는 기초적인 정보를 수집할 때 주로 쓰이지만, 심리분석적 변수는 구매자의 태도나 생활 스타일을 반영하기 때문에 개성을 중요시하는 고객을 분석할 때 매우 유용하다.

마지막으로, 행동분석적 세분화는 의료 서비스 관련 세분화라고도 하는데 실제 의료 서비스나 의료 서비스의 속성에 대해 고객이 가진 지식, 태도, 용도, 반응 등에 따라 고객을 나누는 것이다.

목표시장 선정

　세분화를 실시한 후에는 각 세분시장 중 목표시장을 선정하고 그 시장에 대한 구체적인 시장조사를 실시한다.

　목표시장에 대한 시장 세분화는 크게 병원의 특성에 따른 세분화, 의료서비스별 특성에 따른 세분화, 구매의사결정 단위에 따른 세분화로 분류할 수 있다.

　실제 세분화 작업을 하면서 종종 부딪치게 되는 문제 중 하나가 어떤 기준을 사용할 것이며 어디까지 세분화할 것인가다. 그러나 여기에 완벽한 정답은 존재하지 않는다. 병원의 목적과 산업의 특성에 따라 기준과 세분화 정도가 달라지기 때문이다. 단지 하나의 가이드 라인이 될 수 있는 것은 세분화 기준들이 각각 쓰임새와 장단점이 다르다는 것이다.

　구체적으로 살펴보면, 병원 특성에 따른 세분화는 분석은 용이하나 정확성은 떨어지는 반면, 구매의사결정 단위에 따른 세분화는 정확성은 높으나 분석의 용이성이 떨어진다. 따라서 각 병원은 목적과 능력에 맞춰 분류 기준을 선택해야 한다.

　고객의 행동을 이해하고 시장 세분화를 통해 고객의 욕구를 파악했다면 이를 경쟁전략과 연결시키기 위해 세분화된 시장의 매력도를 평가할 필요가 있다. 세분시장을 평가할 때는 다음 세 가지 요인을 검토해야 한다.

　첫째, 세분시장의 규모와 성장성을 검토해야 한다. 세분시장의 규모가 시장을 개발하는 데 시간과 노력을 투자해도 될 만큼의 적정 규모를 가지고 있어야 한다. 아무리 세분시장이 매력적이라 하더라도 규모가 지나치게 작거나 시장규모가 커질 가능성이 없다면 굳이 그 세분시장에 참여할 필요가 없다. 이런 의미에서 세분시장의 규모와 성장성을 파악하는 것은 병원이 참가할 세분시장의 경제성을 평가하는 것이라 할 수 있다.

둘째, 세분시장의 구조적 매력도다. 적당한 규모와 성장 전망이 높은 세분시장 중 구조적으로 매력이 있는 시장이 목표시장으로 적합하다. 보통 산업구조 분석틀을 이용해서 세분시장을 평가한다. 경쟁요인이 장기적 수익성에 미치는 영향을 평가함으로써 세분시장의 구조적인 매력도를 평가하는 것이다.

셋째, 병원의 목적과 자원도 평가의 중요한 기준이 된다. 비록 어떤 세분시장이 규모가 적당하고 성장성이 있으며 구조적인 매력도가 있다고 하더라도 그 세분시장에 대응하는 병원의 목적에 적합하지 않거나 병원이 내부분석을 통해 파악한 강점 및 약점과 비교할 때 적합하지 않으면 아무런 소용이 없다. 따라서 자신이 강력한 경쟁우위를 확보할 수 있는 세분시장이 가장 바람직하다.

포지셔닝

포지셔닝은 병원이 세분시장에서 경쟁 병원보다 고객의 마음속에서 비교우위를 차지하기 위한 전략이다. 이것은 의료 서비스와 시장을 매트릭스 형태로 표현하고, 병원이 제공하는 의료 서비스를 어떤 시장에 제공할 것인지 결정하는 일이다.

예를 들어, M이라는 병원이 여러 가지 의료 서비스 중 여성암 치료를 다양한 연령대 중에서 특히 20대 여성에게 제공하는 포지셔닝을 했다고 치자. 이 경우 M 병원은 암 치료라는 시장에서 경쟁 병원보다 우위를 차지하기 위해 20대 여성에게 집중적으로 서비스를 제공한 것이 된다. 따라서 '시장-서비스의 집중화 포지셔닝'을 선택한 것이라 할 수 있다.

여성암 치료를 제공한다는 것은 의료 서비스를 전문화한다는 포지셔닝을 뜻하고 여성암 중에서 20대에서 발생하는 모든 암을 치료하겠다는 것은 여성이라는 시장을 전문화시키려는 포지셔닝으로 해석할 수 있다.

여러 가지 포지셔닝 전략 중 대표적인 것으로 '선택적 전문화'와 '비차별화'가 있다. 선택적 전문화는 병원의 경쟁력 있는 역량을 중심으로 세분시장을 선택하는 것을 말하며, 비차별화는 병원이 가지고 있는 의료 서비스를 전 시장에 제공하는 포지셔닝 전략이다.

포지셔닝 전략을 선택할 때 가장 중요한 것은 각 병원이 자사의 여건과 역량에 맞는 전략을 채택하는 것이다. 이를 위해 포지셔닝을 하기 전에 포

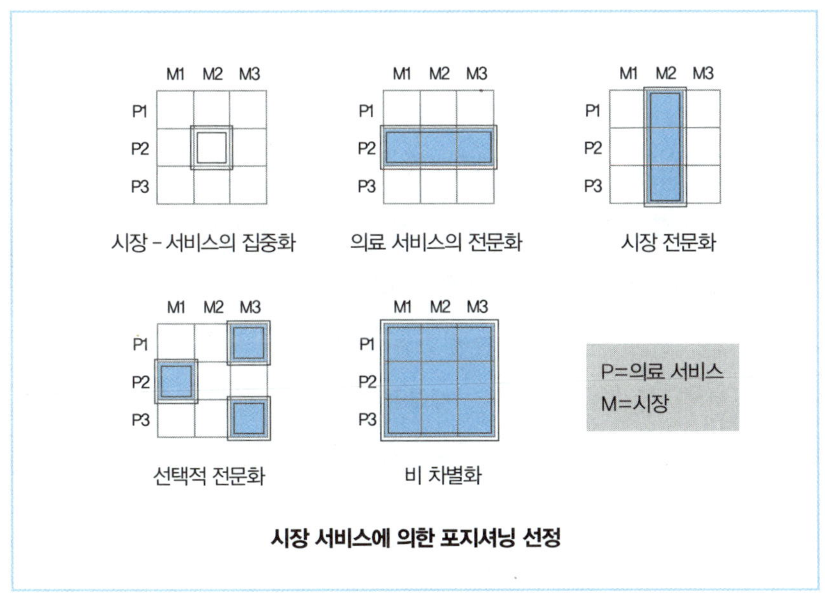

시장 서비스에 의한 포지셔닝 선정

지셔닝 단위 선정, 시장의 주요 속성의 규명, 해당 서비스의 인지도 조사, 포지셔닝 대안 선택 등의 단계를 거쳐야 한다.

이러한 과정은 목표 세분시장과 여기에 적용할 마케팅 믹스를 결정하고, 고객에게 자사의 서비스가 타사에 비해 경쟁우위를 차지할 수 있다는 사실을 명확히 알리는 데 영향을 미치는 주요 속성을 규명해, 최종적으로 획득할 수 있는 인지도를 분석하기 위한 것이다.

세분시장 목표와 목표로부터 얻게 될 인지도에 대한 분석이 끝났으면 포지셔닝 대안을 선택해 행동으로 옮겨야 한다. 포지셔닝 대안이란 실질적으로 포지셔닝을 획득하기 위한 전략이다. 병원은 현재 위치를 강화하는 전략, 새로운 포지션으로 이동하는 전략, 틈새를 노리는 전략 중 어떤 것을 구사할지 결정한다.

마케팅 믹스 개발

목표시장이 결정되면 먼저 구체적인 마케팅 전략을 수립해야 한다. 이 과정의 핵심은 구매동기와 고객욕구를 파악하는 것이다. 이때 자기 병원과 경쟁 병원의 경쟁력 분석을 함께 해야 한다. 경쟁 병원이 시행하는 의료 서비스의 강점과 약점을 자기 병원 의료 서비스의 강점과 약점과 비교해야만 경쟁우위를 갖추기 위한 전략을 발견할 수 있기 때문이다.

의료 서비스를 구매하는 경우, 대부분 고객들은 몇 개의 병원을 동시에 머릿속에 떠올린 뒤 마지막에 하나를 선택한다. 이때 최종 구매 의사결정 순간까지 구매자의 머릿속에서 경쟁하게 되는 병원을 '고려 병원군'이라고 한다. 따라서 고려 병원군에 속하는 병원들이 실제 목표시장의 경쟁 병원이고, 이들의 의료 서비스 특성을 파악하는 것이 목표시장 내 시장조사에서 할 첫 번째 작업이다.

목표시장 내 시장조사의 두 번째 작업은 고객욕구를 파악하는 것이다. 이때 사용하는 방법은 심층면접조사, 관찰법 등이 있다.

먼저 심층면접조사는 병원 내 판매원이나 외부 전문가들과 심층면접을 통해 구매자들이 중요하게 생각하는 요소가 무엇인지 찾아내는 것이다. 그리고 관찰법은 실제 의료 서비스 사용자들의 행동을 쫓아다니며 그들의 구매행동을 관찰해보는 것이다. 이와 같은 방법은 고객의 행동 하나하나를 정교하게 관찰하고 분석할 수 있는 능력이 필요하기 때문에 전문가들로 구성된 조사팀에서 시행해야 한다.

표적시장에 대한 마케팅 믹스를 개발하기 위해서는 시장 중심의 접근전략이 필요하다. 따라서 명확한 표적시장을 선정하기 위해 각각의 세분시장도 면밀히 분석해야 한다.

각 세분시장에 맞는 최적의 마케팅 믹스를 결정한 다음에는 각 세분시장으로부터 획득할 수 있는 순가치를 분석해야 한다. 각 세분시장의 순가치 중 가장 매력 있는 세분시장을 최우선 표적시장으로 선정하고 병원이 가진 인적 재무적 기술적 자원을 최대한 활용할 수 있는 세분시장까지 표적시장으로 선정해야 한다.

이러한 선정방법은 재무적 관점에서 세분시장을 선정할 때 예산의 제한을 두고 투자 우선순위를 정하는 것과 같다.

세분시장과 각 시장에 적용되는 마케팅 믹스의 연결방식에 따라 비차별적 마케팅, 차별적 마케팅, 집중적 마케팅으로 구분할 수 있다.

비차별적 마케팅은 하나의 마케팅 믹스를 시장 전체에 적용하는 것이고, 차별적 마케팅은 각 세분시장마다 최적의 마케팅 믹스를 차별적으로 적용하는 것이다. 마지막으로 집중적 마케팅은 하나의 마케팅 믹스를 하나의 세분시장에만 적용시키는 것을 말한다.

이 세 가지 마케팅 방법은 사전적인 개념이 아니라 사후적인 개념으로 각 세분시장에 맞는 최적의 마케팅 믹스를 찾은 결과라고 할 수 있다.

고객이 인지하고 있는 욕구만 조사해서는 시장에서 경쟁우위를 차지하기 어렵다. 왜냐하면 병원은 현재시장뿐 아니라 잠재된 미래 시장까지도 예상할 수 있어야 하기 때문이다. 따라서 고객이 인지하고 있는 욕구뿐 아니라 고객이 미처 인지하지 못하는 욕구까지도 파악해야 한다.

고객이 인지하지 못하는 욕구를 발견하는 방법으로는 토론, 문제점 조사, 편익구조 분석, 고객만족도 조사 같은 방법이 있다.

토론법은 의료 서비스를 이용한 경험자와 의료 서비스에 관해 토론하는 방법이다. 토론을 통해 고객들의 의료 서비스에 대한 불만과 개선사항 등을 알 수 있다. 병원은 이러한 요인을 수렴해 가장 효율적인 방법으로 의료 서비스에 반영해야 한다.

문제점 조사방법은 우선 의료 서비스가 지닌 잠재적인 문제점 리스트를 작성한 다음, 100~200명의 응답자에게 의뢰해서 문제점의 중요도와 발생빈도 그리고 해결책의 실현가능성과 같은 기준으로 우선순위를 정하는 방법이다.

편익구조 분석법은 사용자들이 원하는 편익을 파악해서 기존 의료 서비스의 만족지수를 조사해 고객의 편익을 충족시키기 위해 어떤 의료 서비스를 제공해야 할 것인지 정하는 방법이다.

고객만족도 조사는 동일 집단에게 정기적으로 질문함으로써 만족도의 변화를 알아내는 방법이다.

마케팅 전략 수립

목표시장을 공략하기 위해 세분시장별 전략을 수립하는 단계다. 병원이 4C 관점에서 고객가치를 창출하기 위한 아이디어를 얻으려면 포지셔닝 전략을 실천하는 과정에서 조사된 세분시장을 가능한 한 많이 이해해야 한다.

이를 위해 4C 관점에서 최적의 마케팅 믹스를 구성해 시장-서비스의 집중화 전략을 구사한다. 예컨대 20대 여성 고객은 직장인이 많으며, 편의성

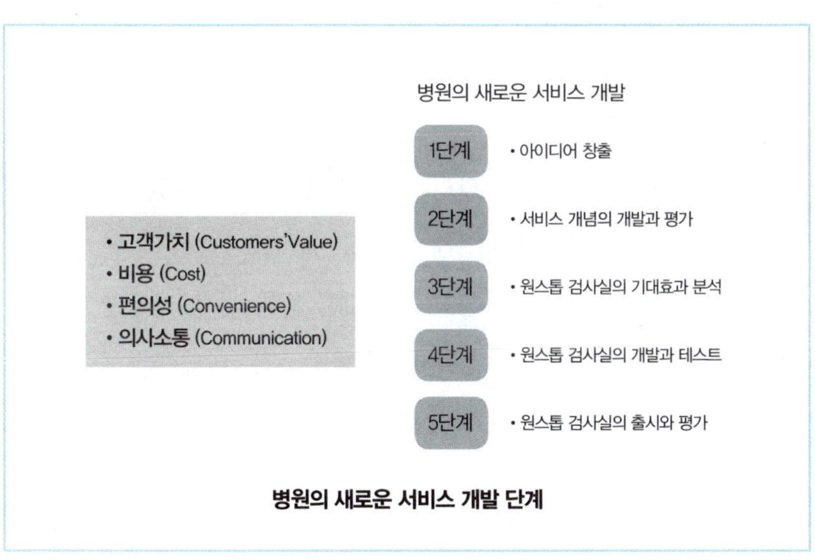

병원의 새로운 서비스 개발 단계

을 매우 중시하고, 삶의 질을 무엇보다 우선시하는 경향이 있다는 결과를 얻었다고 하자. 이러한 고객에게는 시간 절약과 같은 편의성을 강조한 원스톱 검사실이라는 새로운 서비스가 아주 효과적인 마케팅 방법이 될 것이다.

이러한 새로운 서비스의 출시는 아이디어를 내는 것부터 최종 평가까지 5단계에 걸쳐 이루어진다.

병원 홍보

병원 홍보는 병원 마케팅 전략 중에서도 매우 중요한 부분이다. 병원 홍보의 목적은 통상 병원의 새로운 이미지 형성하고, 병원의 경영정책을 홍보하며, 고객 서비스를 극대화하는 것이다. 이를 통해 지역사회의 우수한 병원이라는 인식을 확보하고, 다른 기관과의 차별성을 강조해야 한다. 또한 병원 홍보는 단편적인 홍보가 아닌 중장기적인 의료 서비스 산업과 연계해야 한다. 물론 지속적인 병원 홍보계획에 필요한 예산을 확보하는 것도 중요하다.

의료 서비스는 다른 상품과 달리 제한적인 광고만 할 수 있기 때문에 병원이 진료하는 과정에서 홍보를 해야 한다.

환자가 의사에게 바라는 것은 의술에 대한 신뢰, 친절, 자세한 설명 등이며, 병원에는 편리한 교통, 청결한 병원환경, 짧은 대기시간, 친절한 직원, 응급환자 대처 능력, 현대적 시설과 장비, 편안한 입원시설 등을 바란다. 따라서 병원은 환자와 보호자에게 이 병원에서 병을 고칠 수 있다는 확신을 주어야 하며, 불편사항 없이 진료받을 수 있는 내부 운영체계를 확립해야 한다. 또한 편안하고 청결하며 쾌적한 분위기와 친절한 서비스도 강화해야 한다.

접수창구는 병원의 얼굴이기 때문에 친절한 직원과 간편한 접수절차가 매우 중요하다. 그리고 병원을 안내할 수 있도록 대기공간에 적절히 유도 사인을 설치해서 고객이 이동하는 데 불편이 없어야 한다. 또 질병에 대한 사전정보를 제공함으로써 환자가 의사에게 심층적인 것을 문의하고 상담할 수 있도록 도와주어야 한다. 그뿐 아니라 TV나 서적 등을 비치해 대기시간이 지루하지 않도록 신경써야 한다.

의료진은 진료시간을 엄수해 환자를 기다리게 하지 말아야 하며, 퇴원 전 환자 면담 등으로 입원기간 중 불편함이나 개선점에 관한 정보를 얻어야 한다. 환자와 보호자를 위한 편의시설을 마련해 고객의 불편을 최소화하고, 해피콜 서비스와 같은 전화 상담 서비스를 강화해 병원이 지속적으로 환자에게 관심을 가지고 있다는 것을 알려야 한다.

환자의 대기시간을 줄이기 위해 투약, 검사 등을 묶어 약속처방을 하고, 프로세스를 개선해 검사시간을 단축할 수 있도록 한다.

직장인을 위한 아침 8시 전 채혈 서비스와 내시경 그리고 오후 12시까지 근무시간을 연장해 예약진료 서비스 시간을 늘리는 것 등은 고객의 대기시간을 줄일 수 있는 좋은 방법이다. 또한 병원이 속한 지역사회의 방송, 신문, 잡지 등에 의학정보를 제공함으로써 지속적인 관계를 맺도록 해야 한다.

고객은 병원을 전반적으로 인지해 평가하는 경향이 있기 때문에 병원의 내부 이미지를 통일하는 것도 중요하다. 이를 위해 심벌과 로고를 일관성 있게 디자인해 간호사복 등 직원의 복장에 적용하고 병원 건물의 내·외부를 같은 색상으로 칠한다거나 신분증을 항상 패용하도록 해 이미지뿐만 아니라 고객의 신뢰까지 확보할 수 있도록 한다.

더불어 병원설립 목적, 의료진, 진료과목, 의료장비 등을 소개하고, 특수 전문 클리닉 책자를 제작해 병원이 하는 일과 병원이 가진 실력 등을 함께 알리는 것도 좋은 방법이다.

최근 인터넷은 가장 영향력 있는 홍보수단으로 자리매김하고 있다. 전통적인 마케팅에서는 병원 홍보, 홍보 비디오 또는 텔레비전, 라디오, 신문 같은 표준 매체수단을 많이 사용했다. 하지만 요즘처럼 대다수의 고객이 인터넷을 사용하는 상황에서는 이를 통한 홍보를 강화하는 것이 당연하다.

병원의 홈페이지를 전문가에게 맡겨 병원의 이미지를 정립하고 이를 고객이 체계적이고 이용하기 편리하도록 구축해야 한다. 홈페이지에 예약 기능을 추가해 의료 서비스를 제공할 수도 있으며 고객의 욕구를 파악하는 조사도 할 수 있다. 이렇게 홈페이지의 활용가치는 무궁무진하다.

병원 마케팅의 출발은 고객만족 경영이다

고객만족경영의 필요성

의료 서비스 산업의 패러다임이 바뀌었지만, 그동안 국내 의료계는 공급자 위주의 의료관행을 단기간에 바꾸지 못했다. 그러는 동안 환자의 권리의식은 급성장했는데, 이 때문에 기존 의료 서비스에 만족하지 못하는 환자들이 많아졌다. 그러나 이를 효과적으로 구제할 만한 제도적인 장치가 없어서 소비자의 불만은 더욱 많아지고 있다.

이 같은 현상 때문에 '서비스 품질에 대한 만족도 조사'에서 병원 진료 서비스는 20개 고객 서비스 상품조사 결과 하위 10% 이내에 속하게 되었다.

내원환자들을 직접조사 방식으로 조사한 결과를 살펴보면 입원환자의 경우 '회진 시간이 짧다(30.2%)', '의료진이 불친절하다(7.7%)' 등 환자와 의료진 간에 정보교환이 이루어질 수 없는 여건에 대한 불만이 많았다. 마찬가지 방식으로 외래환자를 조사한 결과 '대기시간이 길다(48.6%)', '진료

시간이 길다(14.9%)', '진료절차가 복잡하다(14.4%)' 등이 불만인 것으로 나타났다.

의료 서비스가 90년대 질병 치료 중심에서 환자 치료와 삶의 질 추구 중심으로 이동하면서 환자들의 병원 선택 기준도 바뀌었다. 최신 의료장비, 우수한 진료진을 기준으로 병원을 선택하던 것에서 편리한 진료나 편의시설, 친절과 같은 기준으로 바뀐 것이다. 따라서 이와 같은 고객의 불만사항을 체계적으로 관리할 경영 시스템의 도입이 필요하게 되었다.

병원이 새로운 패러다임에 적응하기 위해서는 고객접점관리(MOT, Moments Of Truth)가 중요하다. 병원 경영자는 직원과 환자가 직접 만나는 고객접점부와 이를 지원하는 비접점부 사이에 접점을 관리함으로써 병원 내 의사전달의 원활화를 도모해야 할 것이다.

이와 같이 체계적으로 '고객만족사슬(Customer Satisfaction Chain)'을 형성하는 것이 '고객만족경영(CSM, Customer Satisfaction Management)'의 필수 요소다.

서비스 품질의 측정과 고객만족

서비스가 지니고 있는 고유의 특성 때문에 서비스의 품질은 일반 상품의 품질과 다르다. 생산 측면에서 동일한 질의 서비스를 제공할 수 없고 이를 표준화할 수도 없고 고객과 직접 접촉하는 직원 간의 개인적인 관계에서 품질이 결정되는 경우가 많기 때문이다.

그론루스는 서비스 품질은 고객에 의해 주관적으로 인식된다고 주장했다. 즉, 서비스 품질은 고객의 기대와 사후 지각(평가)의 비교와 밀접한 관계가 있다.

고객만족이란 고객의 욕구(특정 서비스에 대한 기대)에 대응하는 병원 활동에 대한 결과(성과평가, 지각)로써 고객이 해당 의료 서비스를 재구매하거나 신뢰가 계속 이어지는 상태라 할 수 있다.

고객만족을 서비스 품질과 비교해보면, 고객만족은 시장에서 제공하는 서비스에 대한 고객의 주관적 평가를 말한다. 반면에 서비스 품질은 서비스에 대한 객관적인 품질평가와 함께 고객이 인식하고 있는 품질, 즉 고객의 주관적인 품질평가를 고려한 포괄적인 개념이다.

따라서 서비스를 제공하는 병원에서 서비스에 대한 고객의 기대와 지각에 영향을 주는 변수를 파악할 수 있다면, 이를 관리·조정함으로써 고객만족에 대한 전략적인 대응은 물론 고객의 만족 수준까지 변화시킬 수 있다.

서비스 품질의 구성요소

그론루스에 의하면, 서비스 품질은 두 가지 차원, 즉 기술적 품질(Technical Quality)과 기능적 품질(Functional Quality)로 구성되어 있다.

기술적 품질은 서비스 생산과정의 기술적인 산출물로써 '서비스 조직이 무엇을(what)을 제공하는가?' 즉, 최종적으로 '고객이 받는 것은 무엇인가?(what the customer gets)'이다. 이것은 서비스 자체의 품질이기 때문에 객관적인 평가가 가능하다.

기능적 품질은 서비스가 고객과 상호작용을 통해 창출되는 특성 때문에 나타나는 것으로, 기술적 품질이 기능적으로 '고객에게 전달되는 방법(How he gets it)'에 따라 달라지는 품질이다.

이것은 주관적인 평가에 따라 달라질 수 있으므로 서비스 차별화의 유력한 수단이 될 수 있다.

차이타믈, 파라슈라만, 베리는 서비스 품질이란 서비스에 대한 고객의 지각과 기대의 차이라고 설명하면서 '품질(quality) = 지각(perception) - 기대(expectation)'로 표시할 수 있다고 했다.

이들은 고객이 서비스 품질을 평가할 때, 서비스 업종에 관계없이 기본적으로 유사한 기준을 적용한다는 것을 밝혀냈다. 그리고 이러한 기준을 10개의 주요 범주로 묶어 '서비스 결정요인'으로 규정하고, 고객이 서비스 품질을 평가하는 기준이 된다고 주장했다.

기대된 서비스와 지각된 서비스에 영향을 미치는 요소

'기대된 서비스'는 일반적으로 병원이 제공해야 한다고 고객이 기대하는 서비스를 말한다. 이에 영향을 미치는 것으로 병원의 약속, 사상, 과거의 경험, 입소문, 개인적인 욕구 등 5가지 요소가 있다.

'지각된 서비스'는 병원이 제공한 서비스에 대해 느끼는 고객의 만족과 판단을 말한다. 영향을 미치는 요소로는 병원의 물리적·기술적 자원(기업이 보유하고 있는 시설, 장비, 도구 그리고 이를 운영하는 지식), 고객 접촉요원, 참여고객 등 3가지 요소가 있다.

고객은 이 3가지 요소로 객관적인 서비스 품질을 지각하기 때문에 고객

접촉요원의 행동이나 태도에 따라 서비스를 다르게 지각할 수 있다. 물론 참여하는 고객의 개인적인 특성에 따라 서비스를 다르게 지각할 수도 있다. 이처럼 서비스 품질은 기대된 서비스 품질과 지각된 서비스 품질의 차이에서 결정된다.

한편, 병원의 입장에서 보면 기대된 서비스 품질과 지각된 서비스 품질에 영향을 주는 요인들은 서로 다른 환경요인이다. 개인적 욕구, 과거의 경험, 전통과 사상, 의사소통 등은 통제 불가능한 요인이지만 병원의 약속, 물리적·기술적 자원, 대고객 접촉요원, 참여고객은 통제가 가능한 요인이기 때문이다.

그러므로 병원은 통제 가능한 지각된 품질관리를 통해 서비스의 수준을 높일 필요가 있다. 이때 고객의 입장에서 서비스 품질을 정확히 파악하는 것을 목표로 해야 한다.

서비스 품질의 측정

서비스 품질을 평가하고 측정하는 방법으로는 갭 이론(Gap Theory)과 이를 반박하는 이론이 주류를 이루고 있다.

갭 이론을 이용한 대표적인 측정 방법으로 'SERVQUAL' 모델이 있으며, 갭 이론을 반박하는 대표적인 측정방법으로 'SERVPERF' 모델이 있다.

SERVQUAL 모델은 차이타믈, 베리, 파라슈라만이 제안한 것으로, 서비스 품질은 일반 제품의 품질과 달리 객관적인 척도에 의한 측정이 어렵기 때문에 고객의 서비스 기대와 서비스 지각을 측정해 그 차이로 서비스 품질을 측정해야 한다는 것이다.

이 모델은 고객의 기대와 고객이 실제로 제공받은 것의 차이, 즉 서비스 조직 내의 4가지 차이에 의해 만들어진다고 가정한다. 이때 4가지 차이란 서비스 기대와 서비스 인식의 차이, 서비스 전달과 경영자 인식을 서비스 품질 명세서로 전환한 것의 차이, 경영자 인식을 서비스 품질 명세서로 전환한 것과 소비자의 기대에 대한 경영자의 인식 차이, 서비스 전달과 소비자에 대한 외부 커뮤니케이션 차이를 말한다.

이 가정은 여러 구성 요소 간의 5가지 품질 차이를 보여주는데, 궁극적인 차이는 서비스 기대와 서비스 인식의 차이며 이것이 4가지 차이에 의해 결정된다는 것이다.

또한 SERVQUAL 모델은 서비스에 대한 고객의 기대는 고객의 구전 커뮤니케이션, 개인적 욕구, 과거 경험과 고객의 외부 커뮤니케이션에 영향을 받는다고 가정하고 있다.

그리고 지각된 서비스는 고객이 여러 가지 의사결정이나 활동에 따라 실제로 경험하는 서비스를 말한다. 이때 서비스 전달과 외부 커뮤니케이션이 영향을 미친다고 가정한다.

한편, 고객에 대한 경영자의 인식은 서비스 품질 명세서를 결정하는 데 영향을 미친다. 마찬가지로 서비스 전달과 외부 커뮤니케이션에 영향을 미친다고 가정한다.

이러한 가정을 전제로 갭 모델은 서비스 품질에서 문제가 될만한 부분이 무엇인지 알려준다. 즉 고객만족이라는 관점에서 서비스에 대한 기대와 지각의 차이를 파악하고, 이것을 줄이기 위해 어떤 노력을 해야 하는지 보여주는 것이다.

결과적으로 이 이론은 병원이 서비스 품질을 개선하기 위해 4가지 차이의 원인을 규명해 그것을 줄일 수 있는 전략을 수립해야 한다는 것을 말해주고 있다. 또한, 그들이 주장한 고객의 서비스 품질평가기준은 능력과 신용도를 제외한 나머지 요소는 모두 다 서비스 품질의 과정과 관련이 있다.

따라서 이 모델이 시사하는 또 다른 전략적인 의미는 품질의 과정, 즉 기능적 품질이 중요하다는 사실이다.

고객만족경영의 도입단계

병원이 고객만족경영(CSM, Customer Satisfaction Management)을 도입하기 위해서는 3단계를 거쳐야 한다.

첫 번째 단계는 고객중심의 비전을 정립하는 것이다. CSM은 모든 병원에 정형화된 틀을 적용하는 것이 아니라 직원들의 사고방식, 프로세스 그리고 제도 등을 고객중심으로 체계화시키는 것이기 때문에 가장 중요한 단계다.

병원 직원들에게 고객중심의 비전을 정립한다는 것은 자신의 일이 아닌 것으로 느껴질 수 있다. 그러나 바뀐 패러다임에서 병원이 생존하기 위해서는 직원부터 철저히 고객중심으로 사고해야 한다. 그러려면 고객중심의 사고가 무엇인지 다각도로 인식하고 함께 고민하는 단계가 필요하다.

비전이 명확할 때, 조직 전체를 변화시킬 수 있는 힘이 생기고 의료경영활동에 필요한 의사결정 기준이 생기며, 직원들이 주체적으로 일할 수 있도록 하는 동기를 제공할 수 있다. 그러므로 반드시 직원들이 참여해 비전을 정립하고 더 많은 관리자와 함께 공유과정을 거쳐야 한다.

두 번째 단계는 고객만족도를 측정하고 결과를 공유하는 것이다. 고객불만을 조사한 결과를 살펴보면, 고객들은 병원 서비스에 불만을 느끼더라도 고작 4%만이 항의한다고 한다. 한 명의 불만이 다른 26명의 불만을 대변하는 것이다. 더욱 중요한 것은 불만을 가지고 있는 고객 중 69~90%는 아무런 불평도 없이 있다가 다른 병원으로 바꾼다는 것이다. 이럴 때 병원은 이유도 모른 채 고객을 잃게 된다. 따라서 고객의 불만과 기대를 파악하는 고객조사 담당자의 역할이 매우 중요하다. 특히 고객만족도 조사(CSI, Customer Satisfaction Index)를 이용해 현재 제공하고 있는 자기 병원 서비스 수준을 명확히 파악할 수 있어야 한다. 병원은 CSI로 고객의 불만사항을 사전에 대비하고 변화하는 고객의 기대구조를 지속적으로 점검해 그 결과를 공유할 수 있는 체계를 반드시 마련해야 한다.

세 번째 단계는 새로운 목표를 설정하는 것이다. 고객만족도 조사에서 나타난 항목 중 고객에게 매우 중요한 것이지만 만족도가 낮은 항목이나, 경쟁 병원 대비 낮은 수준으로 평가를 받은 영역을 중심으로 개선과제를 선정해야 한다. 이렇게 선정된 항목이나 요소는 낮은 평가를 받은 원인이 무엇인지 규명한다.

개선이 필요한 항목의 원인을 찾았으면 구체적으로 달성해야 할 새로운 목표를 설정한다.

목표설정은 직원들에게 동기부여가 되고 병원 내부에서 개선 프로그램을 만드는 근거가 될 수 있다.

고객만족경영의 10대 원칙

고객만족경영체제를 구축하기 위해 병원 경영자는 10가지 원칙을 항상 염두에 두어야 한다. 이 원칙들은 누구나 알 수 있는 것이지만 병원의 다른 정책과 상충될 때 종종 무시되는 경우가 많기 때문이다.

1. 병원은 고객이 원하는 것을 확실히 알아야 한다

서비스의 질과 가치는 언제나 고객이 평가한다. 디즈니나 메리어트와 같은 기업들이 성공할 수 있었던 이유도 고객의 기대를 충족시켰기 때문이다. 고객중심의 회사는 고객이 판단하는 서비스의 질과 가치에 영향을 끼치는 요소가 무엇인지 밝히는 데 많은 시간과 노력을 기울인다. 그리고 알아낸 것을 회사의 경영방침에 중요한 기준으로 반영한다.

예를 들어, 한 의료기관이 고객을 만족시키는 요소를 조사했더니 원활한 의사소통, 친절한 직원, 짧은 대기시간, 편리한 부대시설 등이 결과로 나왔다고 하자. 병원은 이런 요소들을 강화하기 위해 자원과 시간을 어떻게 배분할지, 고객만족을 위해 무엇을 우선순위로 두어야 할지 분명하게 알게 되고 이를 경영에 반영할 수 있다.

실제로 과거 버밍엄 종합병원에서 수술 당일 아침 일찍 환자에게 병원에 올 것을 요구한 적이 있다. 당연히 고객들은 불만을 제기했다. 이러한 문제 요소를 발견한 버밍엄 종합병원에서는 '3 Days Package'라는 상품을 개선책으로 내놓았다. 이 상품은 환자를 수술 전날 입원시켜 호텔과 같은 쾌적한 시설과 음식을 제공하는 것이다. 그뿐만 아니라 비슷한 질환을 가진 사람들끼리 방을 배정해 정보를 공유할 수 있게 했다. 이후 이 병원은 이와 유사한 서비스를 계속 확대해 경쟁 병원보다 우위를 차지할 수 있었다.

2. 고객의 참여를 유도한다

고객참여는 병원 서비스에 질과 가치를 더해준다. 고객이 직접 참여하는 것이기 때문에 다른 기관이나 외부업체를 통해 정책을 시행하는 것보다 비용도 줄일 수 있고 고객만족도도 높일 수 있다.

복부 탈장 전문병원인 숄다이스는 환자의 안락함, 편의 그리고 건강상태를 주요요소로 삼았다. 이를 시행하기 위해 식사는 오직 식당에서만 할 수 있게 했고, 환자의 방에는 일부러 전화나 TV를 두지 않았으며 수술 후 환자의 운동을 장려했다. 또한, 수술을 위한 피부 면도도 환자가 직접 하게끔 했고 수술실에 갈 때도 직접 걸어서 가게 했다.

이러한 체제는 환자의 적극적인 참여를 유도했고 높은 고객만족도도 얻을 수 있었다. 무엇보다도 긍정적인 것은 일반병원보다 낮은 비용으로 더 높은 질의 서비스를 제공하게 됐다는 것이다.

3. 병원은 고객중심의 문화를 발전시켜야 한다

병원 직원들은 고객을 중심으로 모든 서비스를 제공해야 한다는 생각을 항상 가져야 하며 이를 행동으로 옮겨야 한다. 이를 통해 병원 내에 고객중심 문화를 확립해야 한다. 여기서 문화는 다른 기관과 구별되는 독특한 것으로 보통 신념, 가치, 행동하는 방식으로 정의할 수 있다. 문화는 모든 직원들에게 무엇이 중요한지, 어떤 일이 적당한지 그리고 외부와 내부 사람들에게 어떻게 대해야 하는지 등 행동하는 방식을 알려준다.

한 의료기관에서 어떤 노인 환자 한 명이 땅콩버터 밀크셰이크를 먹고 싶어 한다는 것을 간호보조사가 알게 되었다. 그 후 간호보조사는 환자가 먹고 싶어 하는 셰이크를 직접 만들어주었고, 이 얘기를 들은 원장은 그녀에게 고객만족상을 주었다.

그 후 이 병원은 고객중심의 문화를 조금씩 확립해나가기 시작했고 그 결과 병원수익도 크게 신장되었다. 직원 한 명의 행동이 고객중심 문화를 확립하는 데 긍정적이고 아주 중요한 역할을 한 것이다.

특히 최고 경영자의 행동은 다른 어떤 문서나 말보다도 큰 영향력을 행사하기 때문에 문화를 확립하는 데도 중요한 역할을 한다. 따라서 환자에게 경쟁 병원보다 긍정적인 인식을 심어주기 위해서는 병원 경영자들의 생각부터 변해야 한다.

4. 병원은 고객중심 마인드를 가진 사람을 채용하고 이들을 훈련시켜야 한다

병원 경영자가 고객 서비스에 적합한 직원을 채용하고 교육함으로써 지속적으로 서비스 능력을 향상시키는 것은 말처럼 쉬운 일이 아니다. 실제 통계에서 보더라도 필요 인력의 10%만이 이 조건을 만족한다.

의료 서비스 산업에서는 전통적으로 임상능력을 기준으로 직원을 채용하는 경향이 있다. 이는 의술이나 기타 능력이 뛰어난 사람을 채용할 뿐 고객을 만족시킬 수 있는 인재를 뽑지는 않는다. 변화된 패러다임에서 병원이 살아남기 위해서는 고객중심의 마인드를 가진 인재를 뽑는 것이 매우 중요하다.

버지니아에 있는 이노바 병원에서는 응급실 직원(의사, 간호사, 기술자 등)을 대상으로 8시간 고객 서비스 프로그램을 실시했다. 고객 서비스의 원칙, 서비스 산업 벤치마킹, 스트레스 관리, 협상 기술, 적극적인 고객 서비스 그리고 특정 고객 서비스에 대한 교육이 중심이었다.

프로그램 종료 후 고객만족도를 조사했더니 응급실에 대한 환자의 불만은 70% 감소했고 만족도는 100% 향상되었다. 고객 서비스 교육이 병원에 시장경쟁력을 부여한 것이다.

5. 병원은 직원들에게 동기를 부여해야 한다

고객은 서비스 교육을 잘 받고 훌륭한 의사소통 기술을 지닌 직원을 기대한다.

행복한 직원과 행복한 고객의 관계에 대한 연구가 있는데, 이 연구에 의하면 직원이 즐거우면 고객도 즐거워한다고 한다. 즉, 직원이 고객에게 서비스를 제공하는 방식이 유쾌하다면 당연히 고객도 느낀다는 것이다. 따라서 병원은 직원들이 행복할 수 있는 문화를 만들어야 한다. 성과가 우수한 직원들에게 적절한 포상을 하는 것도 '행복한 직원'을 만들기 위해서다. 포상을 함으로써 서비스 정신과 업무능력을 향상시킬 수 있고, 결과적으로 직원의 사기와 고객만족도도 높일 수 있기 때문이다.

전통적으로 병원 경영자는 의료 제공자의 탁월한 의료 능력만을 강조해왔다. 예를 들어, 어느 병원의 심장이식 수술이 평균 이하의 사망률을 기록해서 담당의사에게 포상했다면 이는 의료 제공자의 능력을 중심으로 포상을 한 것이다. 그러나 새로운 패러다임에서는 경영자를 비롯한 전 병원이 고객만족이라는 기준으로 포상을 해야 한다. 이것은 종래의 임상기술의 중요성을 격하하려는 것이 아니라, 새로운 환경에서 적응하기 위한 고객만족도의 중요성을 강조하기 위해서다.

6. 병원은 지속적인 고객 서비스 체제를 만들어야 한다

고객은 지속적인 서비스를 기대한다. 리츠칼튼 호텔의 최고운영책임자인 호스트 슐츠(Horst Schulze)는 '룸서비스 지연'이라는 문제점을 다음과 같이 해결했다.

몇 명의 투숙객들이 룸서비스로 주문한 아침식사와 식어빠진 음식에 불만을 표시했다. 관리인은 무엇 때문에 이런 문제가 생기는지 알아내고자 했다. 조사 결과 침대 시트의 여유분이 부족해 각 층의 침대 시트가 잘못 전달된 것이 원인이었다. 침대 시트를 다시 배정하기 위해 청소부들이 아침 시간에 엘리베이터를 점유했기 때문에, 룸서비스가 늦어질 수밖에 없었던 것이다. 호텔 관리자는 원인을 발견한 후 고객의 편이를 위해 침대 시트 보유량을 늘리고 엘리베이터 공사도 추진했다. 그 결과 더 이상 고객들이 불만을 표시하지 않았고 매출도 증가했다. 이를 계기로 호텔에서 발생하는 문제를 고객 관점에서 하나, 둘 해결해나가기 시작했고 결국 리츠칼튼 호텔은 품질관리 분야 최고의 상 가운데 하나인 '맬컴 볼드릿지 품질상'을 받았다.

의료 서비스 산업도 이와 마찬가지다. 전통적인 패러다임에서 벗어나 고객이 만족할 수 있는 서비스를 제공할 수 있도록 지속적인 개선이 필요하다.

7. 병원은 대기시간을 관리해야 한다

서비스를 받기 위해 기다리는 것은 모든 서비스 영역에서 일반화된 현상이다. 그러나 서비스 시장에서 우위에 서기 위해서는 고객을 기다리게 해서는 안 된다. 뛰어난 서비스 기관은 서비스를 제공하기 위해 투자하는 자본만큼 고객의 대기시간을 중시한다.

대기시간을 효율적으로 관리하기 위해서는 반면 심리학적·양적 접근이 필요하다. 양적 접근은 병원 시설, 서비스 프로세스 등 외적인 측면을 개선해 실질적으로 대기시간을 줄일 수 있다는 장점이 있다. 반면에 심리학적 접근은 대기고객의 불편사항을 직접 조사하고 이를 개선해 환자들이 대기시간을 실제보다 짧게 느낄 수 있도록 하는 것이다.

요컨대, 양적 접근으로 대기시간을 가능한 한 짧게 하고 심리학적 접근으로 환자들이 대기하는 동안 음악이나 오락 기구 등을 동원함으로써 환자의 편의를 보장해야 한다는 것이다.

병원은 대기환자를 배려하지 않고 오직 직원들의 편의성만을 생각하는 것으로 악명이 높다. 모든 환자는 검사나 진료를 위해 오랫동안 기다려야 한다는 의식이 팽배해 있다. 이를 근본적으로 해결하기 위해 심리학적·양적 접근을 해야 한다.

8. 매력적인 서비스 환경을 만든다

병원은 환자가 기대하는 환경을 만들어야 한다. 성공적인 고객 서비스를 제공하는 기관은 인테리어 장식, 고객 서비스 등 다양한 전략을 통해 고객을 만족시킨다.

예를 들어, 디즈니랜드는 테마 별로 나뉜 놀이동산에서 고객이 자신이 있는 곳의 위치와 특성을 한눈에 알 수 있도록 각 테마의 특성에 맞는 인테리어와 직원 복장을 갖추었다. 이로써 고객의 불안감과 혼란 그리고 스트레스를 최소화할 수 있었다. 이렇게 디즈니는 고객이 원하는 서비스 환경을 만들어서 고객만족도를 높이고 있다.

병원도 마찬가지다. 환자가 원하는 환경을 알아냄으로써 그들이 원하는 의료의 질과 가치를 인식할 수 있는 것이다.

조사에 의하면 소리, 냄새, 색깔 등 환경은 환자에게 여러 가지 영향을 끼친다고 한다. 예를 들어 같은 환자라도 병실에서 나는 소독약 냄새와 수술실에서 나는 소독약 냄새에 대한 반응이 다르다고 한다. 또한 침대의 조명등도 어떤 환자에게는 편안함을 느끼게 하지만, 어떤 환자에게는 우울증을 유발할 수 있다고 한다.

미국 앨라배마 주의 브룩우드 병원은 산과 병동에 소파와 조명을 배치해 집과 같은 환경으로 배치해 친근한 분위기를 유도했다. 그 결과 환자와 보호자들에게 긍정적인 평가를 얻어 병원수익도 높아졌다.

이처럼 병원이 환자의 특성을 고려해 회복실을 조성한다면 환자의 회복이 빨라지도록 할 수 있을 것이다. 또한 가족 대기실을 따뜻한 분위기로 꾸며 수술이 끝나기를 기다리는 가족들의 마음을 편안하게 만들 수도 있다.

9. 병원은 서비스에 해당하는 모든 면을 평가해야 한다

정확한 조사자료는 고객이 느끼는 서비스의 질과 가치를 평가하고 이해하는 데 매우 중요하다. 서비스 산업에서 이러한 자료를 바탕으로 한 평가가 필요한 이유는 다음과 같다.

첫째, 서비스는 생산되는 순간에 즉각적으로 소비되는 것으로 눈에 보이지 않는다.

둘째, 서비스는 고객이 평가하는 것이므로 객관적인 자료가 필요하다.

셋째, 고객에게 무엇이 중요한지를 알고 관리하는 것은 서비스 산업의 존립에 중요한 영향을 끼친다.

대형 병원들은 각 부서마다 기본적인 고객만족을 위한 기준을 정해놓고 지속적인 조사를 시행하고 있다. 예를 들어, 외래 암 전문기관인 샐링크는 아주 세세하게 환자의 경과를 기록해 이것을 토대로 다양한 치료법을 개발하고 있다. 그 결과 더 나은 임상 결과와 환자의 만족 그리고 비용을 절감할 수 있었다.

10. 병원은 모든 서비스를 계속 향상시켜야 한다

병원은 일정한 서비스로 환자에게 좋은 반응을 얻었다고 해서 거기에 머무르면 안 된다. 고객의 기대를 충족하거나 더 나은 서비스를 지향하는 것은 결코 정지된 목표가 아니기 때문이다.

병원이 고객에게 항상 좋은 서비스를 제공하는 곳이라는 이미지를 인식시키기 위해서는 서비스의 질과 가치를 계속 향상시켜나가야 한다.

예컨대 경쟁 병원은 넓은 주차 공간에다가 주차대행 서비스까지 제공하고 있다는 사실에 안주하고 서비스 향상을 등한시한다면 고객의 만족을 충분히 이끌어 내기 어려울 것이다. 따라서 모든 병원들은 고객이 기대하는 특징, 서비스 그리고 가치를 지속적으로 알아내고 이것을 제공해야 한다.

환자중심 진료 센터의 도입

환자중심의 진료 센터는 기존의 여러 영역을 대상으로 하는 진료과 단위의 수직적인 조직체계를 벗어나 특정 질환이나 장기, 진료대상을 중심으로 전문성 높은 진료를 제공한다. 환자중심 진료 센터가 등장하게 된 배경은 다음과 같다.

- 기존 진료과별, 기능별 조직체계의 문제점을 해결할 필요성 대두
- 직렬형 진료체계로 인한 진료과정 단축이 어려움
- 복잡한 절차, 잦은 이동과 긴 대기시간
- 부서 간 조정과 통합의 어려움
- 중복투자 등 낭비요소 발생
- 부분적이고 제한적인 문제해결 때문에 고객만족경영을 실현하기 어려움
- 특정 분야의 집중 육성과 경쟁력 강화
- 한정된 자원의 효율적 이용(선택과 집중)
- 대표 분야 육성과 동반효과 기대
- 전문성 제고와 진료수준 향상의 필요성 증대
- 복잡한 질병구조와 기술발달로 진료법의 복잡성 증가
- 하나의 질병이나 문제해결을 위해서도 많은 기술과 인력 필요
- 평균수명 연장과 노령인구의 증가로 여러 가지 질병과 문제를 동시에 갖고 있는 환자 증가
- 환자중심 진료의 필요성

- 편의성, 접근성, 지속성 등 고객만족의 중요성 대두

그러나 이 같은 필요성 때문에 등장하게 된 환자중심의 진료 센터도 시간적 요인, 제공자 중심의 진료조직 등 여러 방해요소가 있다.

시간적인 요소로는 환자당 할애하는 시간이 제한적이라는 점이 있다. 한 명의 의사가 여러 명의 환자를 담당하다보니 이러한 현상이 발생하는데 한 의사는 진료뿐만 아니라 연구와 강의 등 다른 업무가 많아 환자에게 충분한 시간을 할애하기 어렵다.

그리고 대부분 병원은 전통적으로 의료 제공자인 의사중심의 조직이었기 때문에 병원의 시설과 구조 등 조직구조가 제공자 중심이었다.

그뿐만 아니라 제도적인 측면에서도 환자의 욕구파악과 고객의 소리를 듣기 위한 프로세스나 제도적 장치가 미흡한 경우가 많다. 그러다보니 환자의 욕구를 통합, 조정, 응대하는 시스템이 미비해지는 것이다.

이 같은 제공자 중심의 진료조직은 특히 의료진의 인식 부족 때문에 개선되기 어려운 경우가 많다. 또한 전문성이 높은 의사중심의 조직이다 보니 인간관계 관리가 약하다는 문제점도 있다.

이러한 전반적이고 구조적인 문제점을 일시에 해결할 수는 없겠지만, 해결의 실마리를 찾고 한 걸음씩 앞으로 나아갈 수 있는 구조는 만들어야 한다. 그 출발점이 고객중심의 사고방식이다.

진료과정에 환자가 참여할 수 있는 기회를 늘리고 환자의 역할과 기능을 확대해야 한다. 그리고 진료내용과 방법의 결정에 있어서 환자의 의사결정권과 선택권을 확대할 필요가 있다. 이를 위해서는 환자에게 충분한 의료

정보와 지식을 제공해야 한다.

환자의 욕구를 파악하기 위해서는 개개인에게 관심과 세심한 노력을 기울여야 한다. 또한 대기시간을 단축하고 편안하고 안락한 환경을 조성하는 등 고객에 대한 대응이 구체적이어야 한다. 이러한 노력이 선행되어야만 환자의 개별 욕구에 맞춘 서비스를 제공하는 실마리를 찾을 수 있을 것이다.

전문진료 센터의 장점과 구축 시 방해요소

전문진료 센터는 환자를 중심으로 진료하기가 수월하다. 병원이 의료진의 전문영역 중심에서 환자의 편의와 질병 중심으로 전환하는 것을 의미하기 때문에 협진이 증가하고 진료 효과가 높아질 수 있다.

그리고 환자의 문제해결을 위해 모든 전문가들이 다각도로 활동하므로 의사중심으로 기능별 기술이나 지식이 집적되는 것이 아니라 환자의 문제해결을 중심으로 전문기술과 지식을 모으기 쉽다. 또한 관련 전문인력을 집중배치할 수 있으며 전문화를 추구할 수 있다. 그 결과 의료진 간 커뮤니케이션이 개선되어 공동연구와 다부문 연계연구도 활성화할 수 있다.

병원관리의 측면에서도 단위조직의 책임소재가 명확해진다. 상호의존도와 관련성이 높은 과와 부서를 한데 묶음으로써 성과평가와 통제가 쉬운 조직단위를 설정하는 것이 좋다.

또한 효율적인 진료가 가능한 병렬형 조직구조이기 때문에 협진, 팀 접근 등으로 의사결정 과정과 절차를 단축시킬 수 있다. 또한 이 절차와 동시에 실행되는 과정이 증가할 수도 있다. 그리고 조직 내·외 의사소통이 개선되어 조직을 활성화할 수 있다.

이러한 전문진료 센터를 구축하기 위해서는 몇 가지 방해요소들을 극복해야 한다.

기존의 고착화된 기능별 단위, 진료과별 조직문화와 조직체계는 전문진료 센터를 건립하는 데 걸림돌이 된다. 또한 기존 교육 시스템이 과별 전문인력 육성 시스템으로 구성된 것 또한 극복해야 할 대상이다. 이러한 문제점 때문에 진료과 사이의 갈등문제가 발생하고 부서 간 공동 진료, 협진에 대한 노출부족과 거부감이 생기기 때문이다.

전문진료 센터를 경영하기 위해서는 센터 단위의 성과 평가체계가 정립되어야 한다. 그러나 대체로 평가체계가 준비되지 않은 경우가 많다. 평가체계가 가동되기 위해서는 센터장에게 인사, 예산 등 권한과 책임을 부여해야 하는데, 그렇지 못한 경우가 많기 때문이다. 또한 인사, 예산, 평가 등 센터경영에 필요한 정보가 부족한 것도 장애요인이다. 따라서 통합 정보시스템 등과 같이 조정과 통합을 지원하는 시스템을 갖추어야 한다.

병원 고객만족 문제 해결 사례

A 병원은 치료시간 단축으로 환자만족도를 높이고자 했다. 자체 조사 결과 정확한 환자 치료자세 재현, 진료 대기시간 단축 등을 통해 환자의 만족도를 높이고 정확한 치료자세를 확인하는 데 필요한 사진촬영의 재촬영률을 낮춰 필름 소모량을 줄여야 했다.

환자의 정확한 치료자세를 재현하기 위해 고정 보조기구 사용하고, 환자들이 내원 약속시간을 준수하도록 약속시간 통지와 안내를 강화했다. 그 결과, 평균적으로 유방암 18분, 뇌종양 18분, 직장암 22분, 기타 20분 가량 치료시간을 단축시키는 효과를 거두었다.

B 병원은 진료시작 시간 준수율을 높인다는 목표를 세웠다. 이를 위해 진료과 스텝 회의를 통해 진료시작 시간 준수를 공지했고, 1분 전에 외래 직원이 담당의사에게 진료시작을 알려주었다. 그리고 전월 진료시작 시간 준수율 통계를 진료과에 알려주기로 했다.

그 결과, 진료시작 시간 준수율이 40.7%에서 95.3%로 높아졌다. 통계 결과 시작 시간이 지연되었던 이유는 주로 회진, 중환, 회의, 개인사유 등이 많았다.

C 병원은 진료 대기시간을 평균 20~30분 이하로 하는 것을 목표로 설정했다. 이 목표를 달성하기 위해 진료 시 예약시간 준수를 공지하였고, 시간당 적정 환자 수를 재조정했다. 진료 예약일 1일 전에 예약 리스트를 외래에서 확인해 시간당 적정 환자 수를 넘은 경우 진료시간을 연장해 재조정한 뒤 예약실에서 예약을 변경했다.

예약시간 미준수 환자가 예약시간 중간에 진료를 받으러 와서 진료시간이 지연되는 경우가 많았기 때문에 '늦게 오신 분' 용지를 진료실 앞 전광판에 부착해 해당 환자명을 기입하고, 상황에 맞는 새 번호를 부여해서 진료 지연을 줄였다.

진료실 1실 증설로 특정 의사의 두 방 진료를 시행하고 미리 입실 환자의 진료 전 준비를 마쳐 진료실 안에서 드는 불필요한 시간을 줄였다.

또한 체감 대기시간을 줄이기 위한 조치를 시작했다. 이를 줄이기 위해 놀이방 시설을 개선하고, 수유실에 전자레인지와 라디오를 설치했으며, 빈도가 높은 질환 안내문, 부모 역할 소책자, 격주 월요일 풍선아트 자원봉사 활동 등을 제공해, 고객의 체감 대기시간을 단축하고자 했다.

시간당 적정 환자를 조정한 결과, 대기시간이 조금씩 줄어들었다. 외래에서 체류하는 환자 수가 감소해 늦게 온 환자가 진료를 독촉하는 일도 줄어들어 조용하고 쾌적한 진료환경을 제공할 수 있었다.

전략적 성과관리의 기반을 마련하라

급변하는 의료환경의 비책, 성과관리

의료기관들은 전통적으로 고객과 재무목표 달성에 초점을 맞추어 성과관리를 했다. 하지만 이러한 접근방법은 실행력이 부족해서 성과로 이어지지 않았고, 효과적이지 못했다. 또한 최근 의료산업의 패러다임이 바뀌면서 상대적으로 관심이 적었던 병원의 브랜드, 진료와 지원 프로세스의 개선, 지적자산의 확보와 활용, 우수 인재의 확보 등이 의료경영의 핵심으로 부각되고 있다. 따라서 의료기관은 더 이상 단기적인 목표 혹은 단순한 고객만족도나 재무적 성과만으로는 조직목표를 달성하기가 어렵다. 균형 잡힌 목표수립과 실행을 위한 메커니즘의 구축이 절실한 시점이다.

전략적 성과관리는 바로 균형 잡힌 목표수립과 실행력 강화를 위한 경영관리 기법이다. 전략적 성과관리에 대해 구체적으로 살펴보기에 앞서, 왜 필요하며 근본적인 목적이 무엇인지 이해해야 한다.

성과관리의 올바른 이해

많은 의료기관에서 성과관리라고 하면 부하직원의 서열화 또는 차등화를 위한 평가도구로 오해하는 경우가 많다. 그러나 이것은 성과관리의 지엽적인 측면이 지나치게 강조된 것이다.

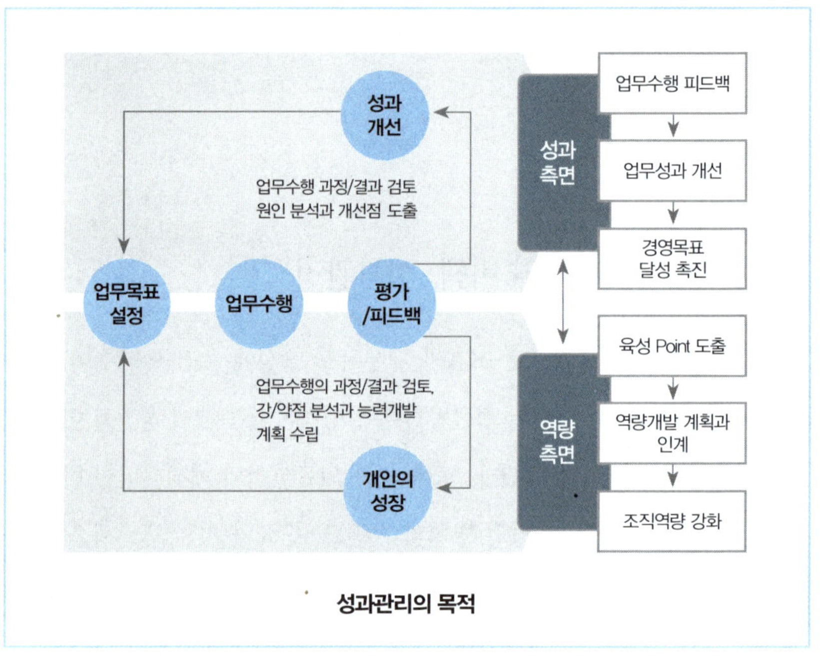

성과관리의 목적

성과관리란 개인을 평가하는 것뿐 아니라, 조직의 목표를 달성하고 개인의 성과를 촉진하기 위해 역량을 개발하는 것이다. 결국 조직의 전체 역량을 키우는 것이 성과관리의 핵심이다.

성과관리는 업무목표 설정, 업무수행, 평가와 피드백의 단계로 이루어진다. 먼저 업무수행 과정과 결과에 대한 피드백을 거치면서 개선점을 도출하고 문제를 해결한다. 다음으로 지속적인 피드백과 문제해결 과정을 통해 업무성과를 개선하며, 동시에 평가결과에서 나타난 강·약점 분석을 토대로 구성원의 역량개발과 성장의 기회를 제공한다.

따라서 성과관리는 '구성원들에게 비전과 전략을 달성하기 위한 역할을 명확히 인식시키고, 이를 달성하도록 구체적인 목표를 설정하며, 지속적으로 성과를 높이기 위해 적극적으로 동기를 부여하고 목표달성 수준을 공정하게 평가하며, 그 결과를 피드백하는 일련의 제도와 활동'이라고 할 수 있다. 따라서 개인과 기업이 함께 성장하고 발전할 수 있도록 개인의 능력계발과 기업 비전달성의 연결고리를 제공하는 것이 성과관리의 목적이다.

성과관리는 조직의 목표를 달성하는 데 일차적인 초점을 맞추고 있다. 조직원들이 상위의 조직목표를 효과적으로 달성하기 위해, 자신이 속한 조직이나 자신이 달성해야 할 목표를 수립하도록 지원하고 그에 따른 활동을 전개하도록 지원하는 것이다. 따라서 성과관리는 조직의 전략목표를 전사적으로 공유하기 위한 커뮤니케이션 도구이며, 조직의 지속적인 변화를 이끌어내고 관리할 수 있는 변화관리(Change Management)의 도구라 할 수 있다.

한 연구조사 결과를 보면, 조직 구성원의 절반 이상이 조직의 전략적 목표가 무엇인지 제대로 이해하지 못하고 있다고 한다. 또한, 조직의 전략적 목표와 자신이 하고 있는 일의 가치를 인식하지 못하기 때문에 조직의 목표와 별개의 활동을 하는 것으로 나타났다. 결국 성과관리가 제대로 되지 않는 것은 조직의 전략적 목표관리가 제대로 이루어지지 않는다는 뜻으로 해석할 수 있다.

또한 성과관리를 단순히 평가와 보상을 위한 평가지표 개발도구로 인식하지 말아야 한다. 성과관리를 평가지표 관리와 동일시하는 조직은 성과관리의 과정에서 자신들에게 유리한 방향으로 지표를 개발하고 평가하려는 경향이 있기 때문이다. 이러한 조직에서는 조직 구성원들 간의 합의나 생산적인 활동이 어렵고 불신과 긴장감만 팽배하게 된다.

성과관리는 의료기관들이 시행하는 많은 제도나 시스템의 일부 모듈(module)이 아니며, 기관의 전략을 관리하기 위한 상위의 전략적 체계라는 것을 인식해야 한다. 무엇보다 성과관리는 전략에서 출발하며 전략을 달성하기 위한 의료기관의 자원을 효과적으로 배분하기 위한 방법이다.

전략적 성과관리의 중요성

현재 우리나라는 연봉제와 성과중심의 보상제도가 더욱 확대되고 있다. 이러한 경영환경에서 효과적인 전략의 실행과 자원배분을 위해 성과관리의 중요성이 더욱 커지고 있다.

한국노동연구원에서 100인 이상 사업장 6,170개 중 층화표본추출로 1,334개 사업체를 선정해 실시한 '연봉제 및 성과중심의 보상제도 실태 조사'에 따르면 2007년 7월까지 연봉제를 도입한 기업은 전체의 52.5% 700개, 성과중심의 보상제도 도입은 30.8% 411개였다. 연봉제를 도입한 사업장은 2007년까지 꾸준히 증가했으며, 성과중심의 보상제도를 도입한 사업장은 2005년을 정점으로 30%대로 일정한 수준을 유지했다. 연봉제는 국가정책으로 강조되고 있어 공공기관과 국가기관에서 적극적으로 활용하고 있으며, 특히 최근에는 무늬만 연봉제가 아닌 개인의 성과에 따른 공정한 보상을 강조하고 있다. 해당 조사는 성과중심의 보상제도와 연봉제의 주요 효과로 임금관리의 용이성(54.9%)과 직원 태도 변화(45.3%)를 들었다. 또한 성과중심의 보상제도의 효과로 생산성 향상(70.5%)과 협력적 노사관계(55.0%)를 제시했다.

이처럼 많은 기업들이 성과중심의 보상제도와 연봉제를 도입해 긍정적인 효과를 얻고 있다. 그러나 더욱 효과적인 정책이 되기 위해서 보완해야할 과제도 많다.

먼저 성과분배의 공정성을 확보해야 한다. 공정한 평가가 전제되지 않은 연봉제와 성과급제도의 도입은 그 효과가 무색해질 수밖에 없기 때문이다. 또한 성과 향상이라는 목적에 부합하고 조직원들에게 공정한 혜택이 돌아가기 위해서라도 반드시 공정성이 담보되어야 한다.

성과관리는 인재를 육성하는 데도 중요한 역할을 한다. 성과관리의 결과를 분석하여 개인의 장단점을 파악하고 능력개발 계획을 수립할 수 있기 때문이다. 특히 그해 실적을 평가해서 구체적인 개선 포인트를 찾아 중장기적인 발전계획을 수립함으로써, 효과적인 인재육성 계획을 설정하고 다양한 프로그램을 운영할 수 있다.

또한 많은 병원들이 근무연수보다는 능력과 업적을 중심으로 한 승진제도를 도입하고 있기 때문에 중요한 인사고과의 기준으로 활용된다.

마지막으로 성과평과의 결과는 경력개발을 위한 기초자료로 활용된다. 예를 들어 개인이 경력개발을 위해 전환배치를 신청할 때 우선순위를 선정하거나, 적합한 전환배치 직무를 선정할 때 성과관리 결과를 활용할 수 있다. 개인의 성과와 역량을 종합적으로 분석해 가장 적합한 업무가 무엇인지 알 수 있고, 업무별로 요구되는 역량을 제시하기 때문에 개인의 경력개발 계획의 기준이 된다.

전략적 성과관리의 필요성

의료기관의 경영진들을 만나보면 병원의 전략을 수립하는 데 많은 공을 들이지만, 정작 수립된 전략은 조직원들에게 공유되지 못하고 제대로 실행되지도 않는다고 걱정한다. 도대체 그 이유는 무엇일까?

문제는 경영진이 전략을 논의할 수 있는 실질적인 시간이 부족하고 구성원들의 상당수가 전략을 제대로 이해하지 못하기 때문이다. 한 연구조사에 따르면 조사대상 기업의 85%에 해당하는 경영진이 한 달에 한 시간 미만을 전략을 논의하는 데 사용하며, 직원들의 60% 이상이 전략을 올바르게 이해하지 못한 채 업무를 수행한다고 한다. 또한, 전략목표에 따라 성과를 달성하더라도 결과에 대한 제도적인 보상이 부족하다. 또 다른 연구결과를 살펴보면 성과관리 결과와 보상체계가 제대로 연계되어 있는 조직이 전체의 25% 미만이고, 60%는 아예 전략을 실행하기 위한 예산을 따로 편성하고 있지 않다고 한다. 따라서 전략을 수립한다 해도 직원들에게 동기부여가 되지 못하고, 이행과제, 예산 등과 연계되지 않아 실행하기 어렵다. 전략을 수립하고 계획하는 데 효과적인 관리체계가 필요한 시점이다.

BSC

비행기 조종석을 살펴보면 수많은 계기판들로 가득하다. 정교하게 각각의 부품들을 컨트롤할 뿐 아니라 비행과 관련된 외부요소를 정확하게 측정하기 위해서다. 반면 오토바이는 어떤가? 오토바이의 계기판은 유량계와 속도계 두 개로 구성되어 있다. 이 두 가지만으로도 오토바이를 운행하는 데 큰 어려움이 없기 때문이다.

성과관리도 동일한 접근이 가능하다. 과거에 단순한 조직을 운영할 때에는 단순한 측정도구들이 필요했지만, 오늘날처럼 복잡한 성과관리제도가 필요한 경영환경에서는 그에 맞는 정교한 측정도구들이 필요하다.

1992년 하버드 대학의 로버트 캐플란(Robert Kaplan) 교수와 데이비드 노튼(David Norton) 박사에 의해 창안된 BSC(Balanced Scorecard, 균형성과관리)는 이후 10여년 간 〈포춘〉지 선정 1,000대 기업 가운데 45%가 도입하는 등 전 세계적으로 널리 사용되고 있는 성과관리제도다. 〈하버드 비지니스 리뷰〉는 "BSC는 과거 75년 동안 경영학 역사상 가장 혁신적인 경영관리 도구다."라고 평가하기도 했다. BSC는 조직의 비전과 전략을 균형적인 관점으로 도출하고 성과를 관리하는 체계다. 전략적 성과관리의 대명사로 평가받고 있으며, 비전과 전략이 연계된 성과관리가 이루어진다는 점과 균형적인 관점에서 성과를 관리할 수 있다는 특징이 있다.

'비전과 전략이 연계된 전략적 성과관리'란 전략체계도를 통해 전략을 구체화하고 전략적 목표 간의 인과관계를 정의한다. 그리고 구체적인 전략 목표별로 핵심성과지표들을 도출하고, 성과지표별로 분명한 목표를 설정함으로써 병원의 비전과 전략을 산하 조직이 잘 반영되도록 하는 것이다. 또한 '균형적인 관점의 전략적 성과관리'란 재무지표와 비재무지표, 장기지표와 단기지표, 선행지표와 후행지표, 내부지표와 외부지표의 균형이 이루어진다는 것이다. 또한 4가지 관점(재무, 고객, 내부 프로세스, 학습과 성장)의 개념적 틀을 통해 지표를 도출해 성과가 어느 한 분야로 치우치지 않도록 한다.

4가지 관점을 살펴보면 먼저 재무관점은 '재무적인 성공 수준이 병원의 고객가치와 어떻게 상충되고 유지되는가?'라는 관점으로 '수익성, 성장률, 주주가치' 등을 목표로 설정할 수 있다. 다음으로 고객관점은 '비전을 달성하기 위해 병원은 환자에게 어떻게 다가가야 하는가?'라는 관점으로 '기관 브랜드, 서비스, 고객유지' 등을 목표로 설정할 수 있다.

프로세스 관점은 '환자를 만족시키기 위해 특히 중점을 두어야 하는 프

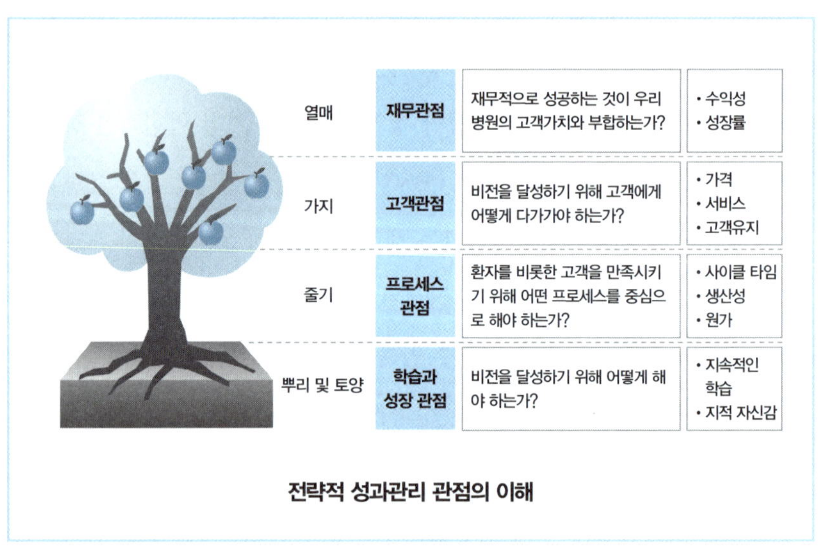

전략적 성과관리 관점의 이해

로세스는 무엇인가?' 하는 관점으로 '사이클 타임(Cycle Time), 생산성, 원가' 등이 대표적인 지표로 사용된다. 마지막으로 학습과 성장 관점은 '비전을 달성하기 위해 병원은 어떻게 학습하고 개선해야 하는가?' 하는 관점으로 '지속적인 학습, 지적자산' 등을 목표로 설정할 수 있다.

전략적 성과관리는 크게 전략주제, 관점, 전략목표, 성과지표, 목표치, 이행과제 등을 수립하는 과정으로 설계된다. 전략주제는 의료기관의 비즈니스 이슈나 전략적 목표를 관통하는 포괄적인 시각을 뜻한다.

전략목표는 각 관점별로 구성되어야 하고 각각의 전략적 목표에 맞게 성과지표, 목표치를 수립해야 하며 이것을 바탕으로 세부적으로 관리할 이행과제를 정한다.

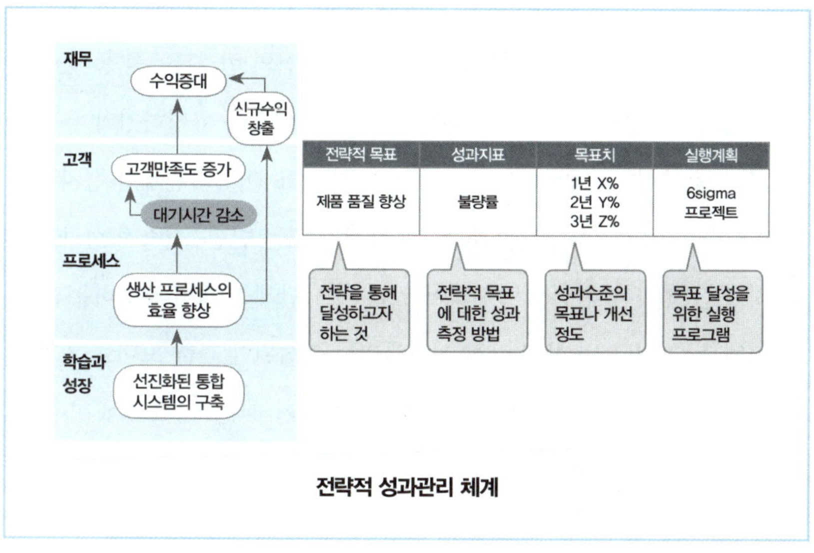

전략적 성과관리 체계

전략적 성과관리의 특징

전략적 성과관리는 과거에 일반적으로 사용되던 성과관리 체계인 목표관리(MBO, Management By Objective)와는 몇 가지 차이점이 있다. 먼저 MBO에서는 평가부서가 '상향식(Bottom-Up)'으로 진행하지만 전략적 성과관리는 현업부서들의 참여와 토론을 통한 '하향식(Top-Down)'으로 목표를 정한다. 이는 전략적 성과관리의 중요한 특징으로 현업부서의 참여로 실질적인 목표를 수립함과 동시에 조직의 전략을 달성하기 위한 유기적인 목표를 수립할 수 있다.

또 다른 차이점은 지표체계의 차이다. MBO는 단기적이고 과거 업적을 중심으로 평가 지표를 설정하기 때문에 지표 간 연관성을 규명하기 어렵다. 그에 반해 전략적 성과관리에서는 4가지 관점의 인과관계를 통해 균형적인 지표를 도출할 수 있기 때문에 지표 간 연관성을 규명하기가 용이하다. 결과를 분석하는 방식도 다르다. MBO가 지표 간 인과관계가 정의되어 있지 않아 실적의 원인을 분석하는 데 한계가 있는 반면, 전략적 성과관리는 지표 간 인과관계가 잘 설정되어 있어 어느 단계를 개선해야 하는지 쉽게 이해할 수 있다. 또한 전략적 성과관리는 분석된 결과를 토대로 의료기관의 경영계획, 전략 등과 연계해 활용할 수 있기 때문에 MBO에 비해 사후관리가 훨씬 용이하다.

전략적 성과관리의 운영방법

전략적 성과관리를 운영의 측면에서 보면 목표수립, 업무수행 관리, 평가, 피드백과 같이 4단계로 구분할 수 있다. 목표수립 과정에서 평가자는 병원과 평가자가 속한 팀의 성과목표를 검토하고 피평가자의 업무를 확인해 피평가자가 자신의 목표를 바르게 수립했는지 판단해야 한다. 피평가자는 팀 업무를 확인하고 자신의 업무 중 팀의 업무와 관련된 것을 분류한 다음, 연계된 목표를 설정해서 역량평가 항목에 합당한 목표를 수립한다. 이때 평가자와 피평가자는 팀과 개인의 목표에 대해 적극적으로 커뮤니케이션함으로써 팀의 목표에 부합하고 개인의 주요 업무를 포함하는 목표를 설정한다.

인사팀은 성과관리의 기본지침을 제시하고 면담과정을 점검한다. 이때 평가자는 병원의 목표와 개인의 목표를 잘 수행하는지 점검하고 피평가자가 지원 요청을 했을 때 즉각적인 피드백과 성과향상을 위한 지원을 해야 한다. 피평가자는 업적과 역량에 대한 성과 기록을 충실하게 하고 문제가 발생했을 때 즉시 지원을 요청해 문제를 해결해야 한다. 인사팀은 중간점검 실시 여부를 확인하여 통보하고 필요 시 피평가자의 지원 요청이 적절히 처리되고 있는지 모니터링해야 한다.

평가과정에서 평가자는 업적평가와 역량평가를 실시하고 피평가자는 평가면담을 준비한다. 인사팀은 평가과정을 점검하며 평가점수에 대한 조정절차를 진행한다. 피드백 단계에서 평가자는 당초 목표에서 초과 달성한 부분과 달성하지 못한 부분에 대한 원인을 공유하고 초과역량과 부족역량을 검토한다. 이때 피평가자는 본인의 업적과 역량 수준을 확인하고 최대한 객관적인 자세로 면담에 임해야 한다. 인사팀은 원활한 피드백이 이루어질 수 있도록 지원하고 면담역량개발 교육을 제공한다.

전략적 성과관리의 내용

성과관리의 평가내용은 업적성과와 역량성과로 구분할 수 있다. 업적성과는 다시 조직의 성과와 개인의 업무성과로 나뉘며, 역량성과는 공통역량, 리더십역량, 직무역량으로 구분할 수 있다. 조직성과는 해당 조직이 재무, 고객, 프로세스 등의 분야에서 그해 수립한 목표 대비 실적을 관리하는 것이다. 또한 개인 업무성과는 병원의 목표와 관련된 개인의 업무와 개인 직무 고유의 업무 실적을 관리하는 것을 뜻한다.

조직역량은 그 정의가 다양하기 때문에 측정하기가 매우 어렵다. 조직역량의 정의를 살펴보면 평가하는 관점에 따라 다르지만 일반적으로 조직역량은 개인역량의 총합으로 볼 수 있다. 공통역량이란 조직가치와 비전을 실현하기 위해 직급과 직무에 관계없이 전 구성원이 공통으로 갖추어야 할 역량이다. 의료기관은 환자의 생명을 다룬다는 소명의식이 요구되는 산업이기 때문에 공통역량을 선정하는 것이 매우 중요하다.

리더십역량은 직원이 동기부여를 할 수 있도록 하고 회사의 비전과 전략목표 달성하기 위해 리더가 갖추어야 할 역량이다.

직무역량은 직무 유사성이 높은 직무 그룹을 기준으로 차별적으로 적용할 수 있는 역량을 뜻한다. 병원의 업무는 전반적으로 표준화가 잘되어 있기 때문에 직무역량을 효과적으로 수립하는 것이 중요하다.

전략적 성과관리의 4가지 관점은 업적관리와 역량관리 모두를 포함하지만 주로 업적관리로 이해하는 것이 훨씬 수월하다. 물론 역량관리도 목표를 수립하고 그 과정을 관리하며, 달성 여부를 평가하고, 그 결과를 피드백하는 절차를 거친다. 하지만 전략적 성과관리 수준이 높지 않을 경우에는 업적평가에 비해 역량평가의 항목들이 구체적이지 못하고 개념적이어서 관리하는 데 어려움이 많기 때문이다.

전략적 성과관리의 시작

효과적인 목표설정의 핵심은 '커뮤니케이션'이다. 달리 표현하면 목표설정에서 하향식(Top down) 접근과 상향식(Bottom Up) 접근이 병행되어야 한다. 하향식 접근이란 상위 부서의 목표가 먼저 설정되고 이에 부합하는 하위 부서 전체의 목표를 설정하여 상위 관리자가 하위 관리자에게 통보하는 방식이다. 하향식 접근이 먼저 진행되는 이유는 의료기관 전체의 목표를 조직 구성원에게 충분히 공유시키기 위해서다. 과거의 성과관리제도들이 개인의 목표에서 출발하였다면 전략적 성과관리에서는 상위 부서의 전략에 하위부서와 개인의 목표를 부합시킴으로써 모든 구성원들이 동일한 전략 달성을 위해 노력하기 때문에 실행력을 높일 수 있다.

하향식 접근의 중요성은 스티븐 코비(Stephen R. Covey)의 《성공하는 사람의 7가지 습관》에 나오는 나침반의 비유를 통해서도 쉽게 이해할 수 있다. 스티븐 코비는 열심히 달려가는 것보다 더욱 중요한 것이 먼저 나침반을 보고 인생의 방향을 결정하는 것이라고 했다. 잘못된 방향으로 열심히 달려가면 갈수록 오히려 돌아오는 길만 더욱 멀어진다는 것이다. 조금 덜 가더라도 올바른 방향으로 나아갈 때, 인생의 가치를 더욱 높일 수 있다고 말한다. 병원에서도 나침반의 역할은 매우 중요하다. 많은 사람들이 잘못된 방향으로 나아갔을 때 수정하는 것은 개인을 수정하는 것보다 몇 배는 힘들기 때문이다. 따라서 병원의 나침반과도 같은 전략을 정확하게 반영하고 이를 하위 조직과 개인에게 올바르게 전파하고 실행할 수 있는 전략적 성과관리 체계를 구축할 때 의료기관의 성과를 극대화할 수 있다.

성과관리의 관점

전략적 성과관리의 4가지 관점은 목표의 연계 내용에 따라 재구성해 성과목표라는 관점으로도 볼 수 있다. 전략적 성과관리의 관점이 지표의 내용에 따라 구분한 관점이라면, 성과목표의 관점은 전략과제, 고유업무, 자기계발 등 지표의 도출 형태와 내용에 따라 구분한 더욱 실무적인 관점이라 할 수 있다.

전략과제란 팀의 목표가 곧 개인의 목표가 되는 '개인 전략 목표'와 팀의 목표가 구성원 전체 또는 일부의 공동 목표로 전체 중 일부를 할당받는 '개인 할당 목표'를 뜻하는 성과목표 관점이다. 전략과제라는 의미가 내포하고 있듯이 팀의 목표 중에 개인이 전체 또는 부분으로 연계되어 선정되는 목표 관점이라고 할 수 있다.

다음으로 고유업무 관점은 그해 팀의 목표로 선정되지는 않았지만, 개인의 성과를 측정하는 데 중요한 목표라고 생각되는 업무의 목표를 뜻한다. 개인의 핵심업무 중에서 선정하기 때문에 매년 변경해야 하는 것은 아니지만, 지나치게 오랫동안 동일한 목표를 유지할 경우 주변의 업무들이 경시될 가능성이 크다. 따라서 시기에 맞게 적절히 새로운 지표로 변경해야 한다.

마지막으로 자기계발 관점은 전략적 성장 관점과 동일한 의미다. 조직의 전략과 개인의 고유업무만을 중심으로 성과를 측정하면 개인과 조직의 장기적인 성장이 어렵기 때문에 이를 보완하기 위해 추가한 관점이다.

성과목표 관점은 조직 단위에는 특별한 변경 없이 적용할 수 있지만 구성원 개인에게는 적용하기 어려운 점이 많다. 그러나 이론적으로 확립된 관점이라고 하기보다 실무에 쉽게 활용할 수 있는 관점이기 때문에 산업과 조직의 특성에 따라 변경해 사용할 수 있다.

성과관리지표

병원이 성과관리에 적용할 수 있는 지표에는 조직 전체의 기관지표, 부서/팀 단위지표 그리고 개인지표가 있다. 기관지표는 기관의 성과달성과 개인의 업무목표를 연계해서 개인의 조직에 대한 공헌도를 측정하기 위한 지표다. 이는 개인의 업무가 팀 중심으로 이루어지는 병원의 특성을 반영한 것이다. 일반 기업은 재무성과지표를 기관지표로 사용하기도 하지만 병원의 경우 재무성과지표가 일부 제한된 부서에만 해당되고, 다른 외부적인 요소가 많기 때문에 기관지표로 설정하기 어렵다. 따라서 고객만족도를 기관지표로 삼을 수 있다.

공유지표는 두 가지로 나눌 수 있다. 첫 번째는 팀의 구성원으로서 소속된 팀의 목표달성을 위해 조직 차원의 업무혁신, 업무표준화, 조직활성화 등 업무목표 중 일부를 개인의 목표로 설정하는 것이다.

그리고 두 번째 공유지표는 개인의 교육 참여, 환자나 보호자에 대한 교육 실시, 연구활동 등과 같은 업무목표 중 일부를 개인의 평가목표로 정의하는 것이다.

병원은 타 기관에 비해 협업이 중요하고 지속적인 교육이 필요하기 때문에 공유지표의 중요성이 더욱 강조된다.

그리고 기본업무지표는 개인의 고유한 기본업무 활동을 평가지표로 정의하는 것이다. 일반 기업의 전략적 성과관리와 달리, 병원에서는 기본업무를 잘 수행하는 것이 혁신적인 것을 수행하는 것보다 중요하기 때문에 각 구성원들이 자신의 기본 업무에 더욱 충실할 수 있도록 관리하는 성과지표다.

이와 같이 지표 간 연계에 따라 성과지표를 구분하면 구성원들이 팀 목표와 개인목표 간의 연계를 명확히 이해하고 팀 구성원으로서의 역할과 직무 수행자로서의 역할을 분명히 이해할 수 있기 때문에 전략적 실행력을 높일 수 있다.

성과지표의 유형

지표를 설정하는 일은 목표를 측정하는 것과 직결되기 때문에 균형 있는 목표를 수립하는 것만큼 중요한 일이다. 이러한 지표를 살펴보기 전에 각 지표의 성격과 유형을 알아보도록 한다.

먼저 성과지표는 프로세스 형태를 기준으로 투입지표, 과정지표, 산출지표, 결과지표로 나뉜다. 투입지표(input)란 예산, 인력 등 투입물의 양을 나타내는 지표로서 예산 집행과 사업 진행과정에서 나타나는 문제점을 발견하는 데 도움이 된다. 설문 응답률, 예산 집행률, 회의 개최 실적 등이 여기에 해당한다. 다음으로 과정지표는 사업 진행 과정에서 나타나는 산출물의 양을 나타낸다. 사업의 달성 정도를 표시하며 사업 진도 등 사업의 진행 정도를 중간점검하는 데 쓰인다. 프로젝트 진행률, 작업 공정률, 계획 대비 집행실적 등이 대표적인 예다. 산출지표(output)는 사업 완료 후 나타나는 1차 결과나 산출물을 나타낸다. 투입대비 목표 산출량의 달성 정도를 평가하는 데 쓰인다. 대표적인 산출지표로는 프로젝트 기한 준수, 보급률, 장애인 고용률 등이 있다. 마지막으로 결과지표(outcome)는 1차 결과물을 통해 나타나는 궁극적인 사업 효과를 나타낸다. 최종 결과의 달성치를 측정하는 데 쓰이며 대표적인 예로는 내부고객만족도, 매출액, 감소율, 생산성 증가율 등이 있다.

투입지표, 과정지표, 산출지표, 결과지표는 모두 일반적인 성과지표를 선정할 때 사용할 수 있다. 그러나 목표 달성이 기업의 성과라는 결과이기 때문에 가급적 결과지표를 활용하는 것이 바람직하다.

성과지표는 정성목표와 정량목표로 구분할 수도 있다. 정량목표는 계량적으로 표현하여 측정할 수 있는 지표를 뜻하며, 정성지표는 수치화하기 어렵지만 평가의 구분을 위해 사용할 수 있는 개념적인 지표다. 일반적으로 많이 사용되는 정성지표로는 기여도, 완결성, 우수성, 완벽성, 혁신성, 효과성, 효율성, 신뢰성, 만족도 등이 있다. 측정 가능성이 높아야 한다는 지표 선정의 원칙에 더욱 부합하는 정량지표는 금액, 개수/건수, 점수, 순위, 비율, 비용절감액, 예산집행 적절성, 소요시간, 적시성, 신속성 등을 일반적으로 사용한다.

또한 성과지표는 결과의 순서에 따라 선행지표와 후행지표로 구분한다. 하나의 지표가 다른 지표에 앞서 나타나고 그 결과지표가 자연스럽게 다음 지표에 영향을 미치는 경우, 앞의 지표를 선행지표라 하고, 다음 지표를 후행지표라고 한다.

선행지표와 후행지표의 선정 과정은 다음과 같다. 먼저 선행지표는 해당 성과지표의 선정 원인을 파악하여 그 내용을 나열한다. 예를 들어 보안강화라는 목표에 대한 핵심성과지표(KPI, Key Performance Indicator)를 선정하고자 한다면 평소 보안의식 결여, 사내정보 유출 우려, 담당자의 의식수준 저하, 지속적인 관리 감독 부족 등의 내용을 나열할 수 있다. 그런 다음 선행지표 중에서 기초자료가 확인되는 정량지표를 파악한다. 보안의식에 대해서는 보안교육 건수를, 담당자 의식수준에 대해서는 담당자 보안의식 평가 건수를, 지속적인 관리 감독을 위해서는 지속적인 관리 건수를, 마지막으로 사내정보 유출 우려에 대해서는 사내정보 유출 건수를 후보 핵심성과지표로 선정할 수 있다. 후보 핵심성과지표가 파악되면 마지막으로 정성지표와의 인과관계를 최우선으로 고려해 대체할 수 있는 핵심성과지표를 선정한다.

다음으로 후행지표의 선정 과정을 살펴보도록 하자. 먼저 해당 정성지표의 달성여부에 따라 변하는 후행지표를 나열한다. 예를 들면 위에서 선정한 선행지표에 따라 보안의식 강화, 정보수집 능력 배양, 정보유출 증가나 감소 등의 내용이 올 수 있다. 다음으로 정성지표의 결과 중 자료의 원천이 확인되는 정량지표를 파악한다. 보안의식 확대율, 정보유출 건수 등이 후보 핵심성과지표가 된다. 마지막으로 후보 핵심성과지표가 도출되면 선행지표를 선정할 때와 동일하게 정성지표와의 인과관계를 최우선적으로 고려하여 대체 핵심성과지표를 선정한다.

SMART 원칙

많은 기업이나 조직이 바람직한 목표를 설정하기 위해 노력하지만 특별한 기준이나 원칙을 알지 못해 어려워한다. 이렇게 별다른 기준 없이 목표를 설정하다보면 부적합한 목표를 정하는 오류를 범하기 쉽다. 일반적으로 범하기 쉬운 부적합한 목표를 유형별로 분류해보면 다음과 같다. 차별성이 없는 업무목표, 매년 주기적이고 반복적으로 수행하는 일상 업무목표, 본인이 직접적으로 통제할 수 없는 목표, 측정이 불가능한 목표, 개선 수준이 과거보다 낮은 목표, 달성 불가능한 목표, 회사 규정 또는 법률에 위배되는 목표, 달성 기한이 명확하지 않은 목표 등이다.

반면에 적합한 목표는 개선 가능성이 높은 목표, 프로젝트성 목표, 업무 개선 목표와 본인이 업무의 대부분을 자기책임하에 통제할 수 있는 목표, 정성적, 정량적 측정이 가능한 목표, 지속적 개선을 기대할 수 있는 목표, 도전적인 목표, 내규/윤리규정/법률 범위 내에서 달성할 수 있는 목표, 추진 계획이 명확한 목표 등이다. 이러한 바람직한 목표를 설정하기 위한 기준으로 가장 널리 알려진 방법이 바로 SMART 원칙이다.

SMART 원칙이란 Specific, Measurable, Achievable, Realistic, Time-Bounde의 첫 글자를 따서 만든 것으로 기업이나 조직의 목표설정에 많이 활용된다. 이 장에서는 SMART 원칙을 바탕으로 목표설정의 과정을 알아보고자 한다.

Specific 구체적인가?

먼저 구체적인 목표를 세워야 한다. 이때 목표달성 방법, 전략, 세부 실천계획 등이 분명하게 나타나 있어야 하며 하위 조직의 목표는 상위 조직의 목표를 더욱 세분화해서 수립해야 한다.

Measurable 측정 가능한가?

측정 가능한 목표를 세워야 한다. 성과의 달성 정도를 계량적 지표로 측정할 수 있어야 개선의 정도를 구체적으로 확인할 수 있기 때문이다. 물론 이런 방식으로 접근하기 어려운 목표가 있지만, 가급적이면 계량적인 지표를 선정하는 것이 목표를 관리하는 데 유리하다.

Achievable 달성 가능한가?

달성가능한 목표여야 한다. 목표 달성을 위해서 수행해야 할 활동을 분명하게 정리한 다음 목표를 설정해야 한다는 말이다. 효과적으로 목표를 달성하기 위해서는 주체가 통제할 수 있는 지표를 설정해야 하기 때문이다. 지나치게 의욕적으로 지표를 설정하여 달성 불가능한 목표를 수립하는 것은 무의미하다.

Realistic 합리적이고 현실적인가?

합리적이고 현실적인 목표를 수립해야 한다. 조직의 현재 상황과 환경적인 요인에 영향을 받지 않는 목표를 수립하고 부득이 하게 환경의 영향을 받을 수밖에 없는 상황이라면 현실적으로 달성할 수 있는 목표를 수립해야 한다는 것이다.

Time-Bounded 달성기한을 맞출 수 있는가?

마지막으로 달성기한이 명시된 목표를 설정해야 한다. 목표 달성에 소요되는 기한 즉, 달성 시기는 중요한 지표가 된다. 그 뿐만 아니라 평가기간 내에 측정할 수 없는 지표를 선정할 때에는 매우 신중해야 하기 때문에 달성기한을 반드시 명시해야 한다.

평가등급 구간의 설정

평가자들이 가장 어려워하는 요소 중 하나인 평가등급 구간을 설정하는 내용에 대해서 살펴보자. 평가등급 구간을 설정하는 것이 어려운 이유는 업무의 상황에 따라 그 목표치와 구간의 설정이 다르기 때문이다.

지금부터 살피고자 하는 방법 역시 등급 선정의 가이드라인일 뿐 절대적인 기준이 될 수는 없다. 하지만 절대적인 기준이 없다고 해서 전혀 방법이 없는 것은 아니다. 지금부터 평가등급의 배분방식에 대해 살펴보자.

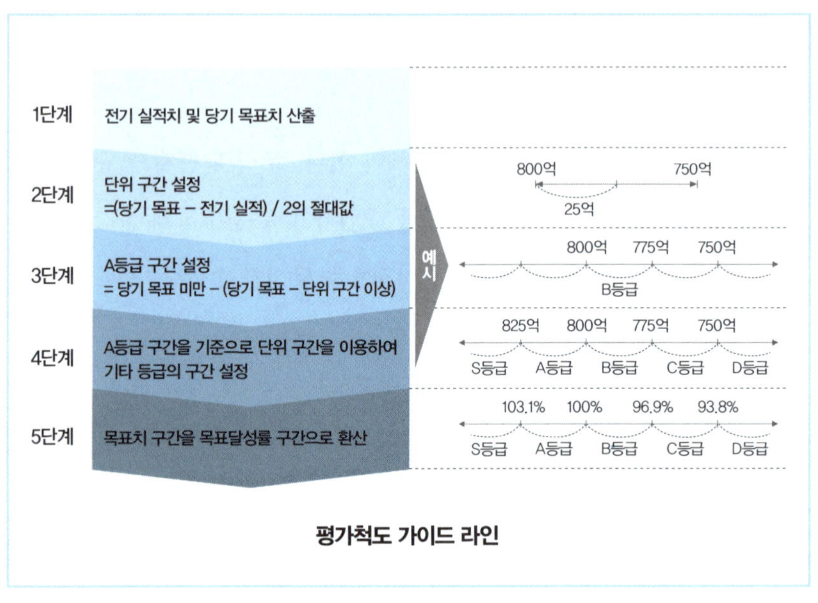

평가척도 가이드 라인

첫 단계로 전기 실적치와 당기 목표치를 산출한다. 당해년도 목표치를 수립하여 당기목표와 전기목표를 하나의 범위로 설정하는 것이다. 다음 단계는 당기 목표와 전기 실적의 차이를 2등분하여 단위 구간을 설정한다. 그리고 나서 목표치-1단위 구간을 위 그림에 있는 B등급으로 설정할 수 있다. 다음 단계로는 동일한 1단위 구간을 목표치 이상과 이하로 구분해 각 단위마다 등급을 부여한다. 마지막으로 필요하다면 해당 단위 구간의 비율을 산정해 활용한다.

주의할 점은 당해년도 목표치를 도전적으로 설정할 때는 위와 같은 B등급 구간을 계산하는 것이 바람직하며, 목표수준이 도전적이지 않다면 등급을 낮추어 적용해야 한다.

지금까지 살펴본 것과 같이 목표설정은 어렵지만 올바른 전략적 성과관리를 위한 첫 단추라고 할 수 있다. 이러한 첫 단추를 잘 꿰기 위해서는 다음과 같은 사항을 고려해야 한다.

무엇보다 기관의 목표와 개인의 목표가 긴밀하게 연계되어야 한다. 이를 위해 팀장은 상위 부서의 목표를 잘 반영해 팀의 목표를 수립하고, 팀원은 목표설정을 위해 상위 조직의 목표와 팀 목표를 파악해야 한다. 이때 팀 목표와 관련된 목표를 개인목표(팀 KPI)로 설정하고, 개인 고유 직무와 관련하여 관리해야 할 목표를 개인목표(직무 KPI)로 설정하면 지표 간 연계 여부를 명확히 구분할 수 있다.

다음으로 분명한 목표수립이 필요하다. 이를 위해 첫째, 팀장은 목표의 난이도를 적절히 조정해야 한다. 팀원들 목표의 개인차가 평가결과에 영향을 미치는 것을 최소화하기 위해서다. 둘째로, 도전적인 목표(Stretch Goal)를 설정해야 한다. 팀원들이 지나치게 어렵거나 쉬운 목표를 설정하지 않도록 관리하는 것이다. 셋째, 기대 수준을 명확하게 해야 한다. 팀원들에게 정성목표나 역량의 평가기준을 분명히 전달해야 팀원들이 목표를 설정하는 데 혼란을 느끼지 않기 때문이다.

마지막으로, 팀원들의 참여가 반드시 필요하다. 팀장은 팀원들의 참여도와 결과 수용도를 높이기 위해 팀원이 주도적으로 목표를 정할 수 있게끔 유도해야 한다. 이때 팀의 목표와 팀원의 목표가 일치할 수 있도록 상호 협의하는 과정을 거쳐야 한다.

가중치의 설정

핵심성과지표는 전략의 우선순위에 따라 중요성이 다르므로 가중치를 차등 적용해 평가에 반영해야 한다. 이를 통해 상대적으로 중요한 전략의 실행과 결과를 관리할 수 있다. 가중치를 설정하는 방법으로는 크게 요소평가법, 순위법, 쌍대비교법이 있다.

요소평가법은 전략적 중요도를 기준으로 각 핵심성과지표의 상대적 중요도의 합계가 100이 되도록 평가하는 것이다. 핵심성과지표 간 중요도 차이를 반영하는 데는 용이하지만, 가중치 할당 과정이 복잡하기 때문에 많은 노력이 필요하다.

순위법은 해당 조직의 핵심성과지표에 대해 전략적 중요도의 측면에서 우선순위를 부여하는 방법이다. 각 핵심성과지표의 역으로 환산된 우선순위가 전체 핵심성과지표의 우선순위 합계에서 차지하는 비율로 가중치를 결정한다. 순위법은 실시 과정이 매우 단순하고 시간이 적게 소요되지만, 동일한 순위라도 중요도의 차이가 다르기 때문에 이를 반영하기가 어렵다는 단점이 있다.

마지막으로 쌍대비교법은 해당 조직의 핵심성과지표를 2개씩 번갈아 짝지어 전략적 중요도 측면에서 우열을 판단하는 쌍대비교를 실시해 가중치를 산출하는 방법이다. 모든 비교가 끝난 다음 각 핵심성과지표별 점수 합계가 총 점수의 합계에서 차지하는 비율로 가중치를 결정한다. 쌍대비교법은 한 쌍의 핵심성과지표 중에서 1개만 선택하면 되므로 판단과정이 용이하지만 핵심성과지표가 많아지면 쌍대비교의 수가 기하급수적으로 증가하기 때문에 사용하기 어렵다. 예를 들어 핵심성과지표가 5개면 10회의 쌍대비교를 실시하면 되지만, 핵심성과지표의 개수가 10개로 증가하면 45회의 쌍대비교를 실시해야 가중치를 산출할 수 있다는 것이다.

목표설정 단계에서 평가자와 피평가자의 역할

목표설정 단계는 목표설정 준비 단계, 목표설정 단계, 목표확정 단계 순으로 진행된다. 목표설정 준비 단계는 목표설정을 위해 기초자료를 준비하는 단계다. 이 단계에서 평가자는 의료기관의 경영방침과 상위 조직의 목표를 이해하고, 팀원들의 역할을 분담해야 하며 업무분장 현황을 파악한다. 피평가자는 의료기관 경영방침과 상위 부서의 목표를 이해하고 팀 성과목표와 핵심성과지표를 파악해야 한다. 또한 본인의 직무 핵심성과지표를 확인해야 한다.

목표설정 단계는 목표를 수립하고 협의하는 단계다. 평가자는 팀 목표 중 개인 업무와 관련된 목표를 배분하고 팀원의 목표가 적정한지 검토한다. 또한 팀 목표 수준과 개인 목표 수준 간의 차이를 확인하고 이를 조정한다. 이때 피평가자는 자신의 업무 성과지표를 선정해야 하는데 업무 책임이 있는 팀 핵심성과지표를 배분받고 추가로 직무 고유 핵심성과지표를 설정한다. 특히 지표별 가중치, 목표수준, 평가방법 등을 세부적으로 수립해야 하는데, 목표수준을 세부적으로 수립할수록 효과적인 성과관리의 첫 단추가 훌륭히 꿰어졌다고 할 수 있다. 이때 가장 중요한 것은 평가자와 피평가자 간의 협의다. 평가자와 피평가자가 원활하게 그리고 적극적으로 의견을 제시하고 협의하지 않고, 일방의 의견만을 관철할 경우 평가 전체의 신뢰도가 훼손될 우려가 크다.

이러한 현상은 많은 조직에서 나타난다. 권위주의적인 평가자가 피평가자를 이해하지 못하거나, 지나치게 개인주의적인 피평자가 조직 전체를 생각하지 못하기 때문에 생겨난다. 따라서 평가자와 피평가자 간의 원활한 커뮤니케이션이 반드시 필요하다.

마지막으로 목표확정 단계는 협의된 지표를 다시 한 번 검토하고 최종 확인하는 단계다. 피평가자는 최종지표를 전략적 성과관리 시스템이나 전략적 성과관리 양식지에 기입하고 평가자는 이를 최종 확인한다.

전략적 성과관리의 실행

인사관리를 비롯한 모든 경영관리의 요소들이 그러하겠지만, 성과관리에서는 특별히 공정성이 강조된다. 과정관리가 중요한 이유도 이러한 공정성을 확보할 수 있기 때문이다. 공정성을 확보해야 성과관리의 결과에 대한 수용도가 높아진다.

공정성은 일반적으로 분배공정성(Distributive Justice)과 절차공정성(Procedural Justice)으로 나누어 생각해볼 수 있다. 분배공정성은 구성원이 자신의 투입과 비교하여 직무와 보상에서 주어지거나 획득한 결과에 대해 적절한 보상이 주어졌다고 지각하는 정도를 뜻한다. 반면 절차공정성은 조직에서 시행되는 어떤 일정한 원칙을 가지는 분배절차에 대해 구성원이 개인적인 신념에 의해 공정하고 적절하다고 지각하는 정도를 말한다.

보상과 관련한 분배의 공정성이 중요하다는 것은 두말할 나위가 없다. 개인이 투입한 노력과 성과가 남보다 뛰어날 때 더 높은 보상을 하는 것을 너무나도 당연한 일이기 때문이다. 최근에는 이러한 분배공정성을 전제로 한 절차공정성의 중요성이 강조되고 있다. 이러한 현상은 보상 분배와 성과관리 과정에서의 공정성을 확보해서 피평가자의 평가 수용도를 높이고자 하는 노력에서 출발했다.

많은 연구결과에 따르면 절차의 공정성이 확보되었을 때 피평가자의 평가결과에 대한 수용성은 그렇지 않을 때에 비해 월등히 높다고 한다. 피평가자는 인사고과에 대한 결정권은 없지만, 성과관리 과정에서의 참여와 의견은 제시할 수 있고 목표설정, 과정관리, 성과관리 등의 과정에서 적극적으로 참여해 공정성을 확보할 수 있다.

이는 코칭이라는 제도가 정착되면서 코칭을 받는 팀원들의 변화된 자세와 팀장들의 노력에 따른 결과라고 판단된다.

등급을 받는 충분한 근거를 제시하고, 피평가자의 강약점을 객관적으로 설명하는 육성형 면담 등을 시행하여 실질적인 과정관리가 이루어졌기 때문이다.

과정관리에서 평가자와 피평가자의 역할

성과관리에서 절차공정성을 확보하기 위해서는 과정관리를 철저하게 해야 한다. 이것은 공정성을 확보하는 동시에 성과를 관리하여 그 결과를 향상시키는 것으로, 성과관리의 핵심이라고 할 수 있다. 하지만 아쉽게도 많은 병원이나 조직들에서는 평가결과에만 관심이 있을 뿐 그 과정을 관리하는 데에는 소홀한 경우가 많다.

과정관리는 활동 내역과 중간점검 준비 단계, 중간점검 면담 단계, 개선 단계로 등 3가지로 구분할 수 있다.

먼저 활동 내역과 중간점검 준비 단계에서 평가자는 팀원별로 중간점검 일정을 약속하고 팀원들의 활동 내역을 토대로 목표 수행 현황을 검토한다. 그리고 각 목표에 대한 중간 실적을 집계해 목표 대비 달성 수준(또는 달성률)을 검토한다. 이때 피평가자는 자신이 해당 기간 동안 수행한 업적에 대해 팀장에게 설명할 자료를 준비하고 활동 내역을 토대로 진행 결과 자료와 팀장의 지시사항 이행 여부를 자료로 준비한다.

다음으로 중간점검 단계에서 평가자는 매 분기 1회 이상 필수점검과 면담을 실시하고 기존 목표와 진행 상황을 점검한다. 또한 개선점을 논의해 필요 시 목표를 상향(또는 하향) 수정할지를 논의한다. 이때 피평가자는 팀장에게 목표 수행 과정에 대해 보고하고 지원요청 사항을 협의하며 다음 분기 목표를 논의한다.

마지막으로 개선 단계에서 평가자는 중간점검 과정에서 확인된 요청/지시 사항 등과 면담 내용을 시스템에 입력하거나 문서로 기록하고 중간점검 과정에서 확인된 주요 문제(목표수정 등)에 대한 조치를 이행한다. 피평가자는 중간점검 과정에서 지시받은 사항에 대한 개선 방안을 수립한다.

과정관리의 중요성

과정관리가 올바르게 진행되지 않는 가장 큰 이유는 그 중요성과 올바른 방법을 이해하지 못해서 과정관리 자체가 어렵다고 생각하기 때문이다. 또한 과정관리를 성과 진도표 체크 정도로만 인식하고 있는 병원들이 많은 것도 현실이다.

그렇다면 과정관리의 정확한 역할이 무엇인지 알아보자. 간단히 말해 과정관리란 목표설정, 현상확인, 대안파악, 실행의지를 검토하는 것이다. 신규 목표에 대해서 무엇을 하고자 하는가를 분명하게 파악하고, 목표의 진행상황과 문제점 등을 확인한 다음 대안을 수립하고 해결방안을 찾는 노력이다.

과정관리의 효과

과정관리는 그 중요성만큼이나 여러 가지 효과를 얻을 수 있다.

먼저 평가자의 입장에서는 리더의 변화에 대한 욕구를 자극할 수 있다. 그전에도 뭔가를 하고 싶었던 팀장들에게 활동의 장을 열어줌으로써 그들이 마음껏 성과를 향상시킬 수 있는 기회를 제공하는 것이다. 또한 과정관리는 진정한 관리자의 역할을 이해할 수 있도록 도와준다. 팀장의 역할과 평가라는 것이 무엇인지 스스로 깨닫게 할 수 있는 것이다. 또한 실질적인 코칭이 활성화된다. 말로만 하는 코칭은 생명력이 짧다. 팀원들의 진정한 변화를 유도할 수 있는 코칭을 하기 위해 팀장은 스스로 준비하게 된다. 또한 리더의 관리 능력이 향상된다. 효과적인 과정관리를 위해서는 팀원과 적극적으로 커뮤니케이션할 수밖에 없다. 그러다보면 자연스럽게 팀원들의 얘기를 들을 수밖에 없고, 리더의 관리능력 향상으로 이어진다. 마지막으로 관리자의 자기계발 욕구를 촉진한다. 팀장은 팀의 목표에 대한 과정관리를 통해 자신을 돌아보고 부족한 점을 채우는 계기가 될 수 있다.

또한 피평가자에게는 역할 모델이 생기기 때문에 학습효과를 기대할 수 있다. 훌륭한 팀장들을 역할 모델로 이해하게 되고 그렇지 못한 평가자들을 반면교사로 삼는다. 그리고 피평가자들도 팀장의 입장을 이해할 수 있게 되기 때문에 불만을 가지기 보다는 같은 목표를 공유하는 동료로 여기게 되어 성과관리에 대한 수용도가 훨씬 높아진다. 마지막으로 피평가자들이 평가에 능동적으로 참여하게 된다. 스스로도 수동적 입장에서 능동적인 리더로, 평가의 한 주체로 생각하게 되는 것이다.

병원의 입장에서도 위와 같은 훌륭한 평가자와 피평가자를 획득하게 되며, 진정한 열린 커뮤니케이션 문화를 형성할 수 있다.

전략적 성과관리의 마무리

올바른 평가를 위해서는 누구도 100% 사실에 근거하여 객관적 판단을 할 수는 없으며, 동일한 상황에 대해서도 각 개인의 특성에 따라 다른 판단을 한다는 사실을 인지해야 한다. 따라서 본인의 판단이 완전한 것이 아니라 과거 경험, 가치관, 이해관계 때문에 편향적인 사고를 할 수 있다는 것을 인정해야 한다.

다음의 상황을 살펴보자.

한 장군과 부관인 젊은 중위가 기차를 탔다. 맞은편에는 할머니와 아름다운 여인이 타고 있었다. 기차가 긴 터널을 지나게 되어 약 10초 동안 기차 안은 완전히 암흑이었다. 순간, 키스 소리와 함께 뺨을 때리는 소리가 났다. 터널을 벗어나자, 사람들은 각자 추리를 하기 시작했다.

젊은 여인: 젊은 중위가 내게 키스한 건 좋았는데, 할머니가 왜 그의 뺨을 치셨지?

할머니: 감히 내 손녀에게 키스를 하다니, 무례한 놈 같으니라고. 그래도 그의 뺨을 치다니, 내가 손녀 하나는 잘 뒀어!

장군: 아니 키스는 내 옆에 있는 중위가 했는데, 왜 내 뺨을 때려?

이 사건의 결론은 다음과 같다.

기차 안에서 무슨 일이 일어났는지를 아는 사람은 오직 중위뿐이었다. 그는 그 짧은 순간, 아름다운 여인에게 키스도 하고, 장군의 뺨을 때린 것이다.

이처럼 사람들은 동일한 사건이지만, 처한 상황이나 개인의 특성에 따라 다른 판단을 하게 된다. 따라서 평가자에게 영향을 미치는 평가요인을 이해하는 것은 상황을 올바르게 평가할 수 있는 출발점이 된다.

평가에 영향을 미치는 요소

평가자에게 영향을 미치는 요인은 평가자의 특성, 피평가자의 특성, 평가환경의 특성으로 나눌 수 있다. 평가자 특성은 과거의 경험, 가치관, 성격, 이해관계, 피평가자와의 관계에 따라 다르게 나타나는 것을 뜻한다. 또한 피평가자에게 영향을 미치는 요인은 행동상의 특성과 의사소통 방식 그리고 배경 등이다. 마지막으로 평가환경 특성은 평가제도의 특성, 평가 시기, 조직문화, 보상과의 연계 강도 등이 평가에 영향을 미치는 것을 의미한다.

평가에 미치는 영향은 주체별 특징이 아닌 내용상의 특징으로 구분할 수 있다. 먼저 행동 선택의 요인이 평가에 영향을 미친다. 이것은 어떠한 행동을 평가대상으로 취급할 것인가의 문제다. 예를 들어, 보수적인 평가자는 규율과 성실성을 중요하게 평가할 것이고 진취적인 평가자는 창의성을 중요하게 평가한다.

또한 평가요소를 선택하는 것도 평가에 영향을 미친다. 이것은 어떠한 행동을 평가대상으로 하는 데 있어 그것을 어떠한 요소로 취급할 것인가의 문제를 말한다. 예를 들어 피평가자가 엉뚱한 행동을 했다면 보수적인 평가자는 팀워크나 성실성의 항목에 부정적인 평가를 하는 반면, 진취적인 평가자는 창의성과 유연성 항목에 긍정적인 평가를 할 것이다.

마지막으로 수준 선택의 요인이 평가에 영향을 미친다. 같은 행동에 있어서 어느 정도 수준이 A이고 어느 정도 수준이 B인가를 평가하는 데 발생하는 개인차를 인정한다는 것이다. 예를 들어 기대수준이 높은 평가자는 동일한 행동에 대해 기대수준이 낮은 평가자에 비해 낮은 평가를 할 것이다.

평가에 영향을 미치는 수많은 요인들 때문에 다음과 같은 다양한 평가 오류가 발생한다.

먼저 후광효과(Halo Effect)를 들 수 있다. 후광효과는 한 분야의 성과가 좋은 경우 다른 분야도 잘 한다고 인식하여 평가하는 것이다. "A과는 수술 준비를 철저히 해서 차질 없는 일정을 잘 수행하고 있으니, 교육도 잘하고 있을 거야."라고 평가하는 것이 대표적인 사례이다.

다음으로 고정관념이 있다. 사람들을 유형별로 구분해, 집단적으로 부정적이거나 긍정적으로 평가하는 것으로 "큰 병원에서 있던 사람이라 역시 업무 능력이 우수해."라는 생각 등이 여기에 해당한다.

대표적인 평가오류 중 하나로 관대화 경향(Leniency Tendency)이라는 것이 있다. 관대화 경향은 갈등을 피하기 위해 평가자가 피평가자들을 실제 성과보다 과대평가하는 것으로 "OO씨는 저번에도 승진에서 누락되었는데 이번에도 승진을 못 하면 시끄러워질 테니 좋게 평가해야지"라고 평가하는 것을 예로 들 수 있다.

중심화 경향(Central Tendency) 역시 빈번히 발생하는 평가오류 중 하나다. 평가자가 평가방법 이해 부족 또는 평가능력 부족으로 적당히 중간척도에 평가하는 것이며, "다들 오랫동안 같이 일한 팀원들인데 누구는 점수를 잘 주고 누구는 못 줄 수는 없지"라는 생각으로 평가하는 오류다.

거울 이미지 효과(Mirror Image Effect)는 평가자 자신과 비슷하게 생각하고 행동하는 사람에게 무조건 높은 점수를 부여하는 것이다. "나처럼 아침에 일찍 나오고 저녁에 늦게 퇴근하는 사람들이 성과가 좋아"라고 생각하고 판단하는 오류다.

마지막으로 근접오류(Proximity Error)는 평가양식에 근접한 평가요소를 평가결과나 평가시간 내 달성 정도를 평가하는 것에 반영하는 경향이다. "업적 목표 달성도가 우수하니 역량도 우수하다고 봐야지"라고 생각하는 오류다.

이상의 오류가 과정관리에서 자주 나올 수 있는 오류다. 평가를 할 때, 위와 같은 오류 때문에 결과가 왜곡될 수 있으므로 조직차원에서 평가결과의 분석과 조정, 평가자 교육 등으로 오류를 줄이는 노력을 해야 한다.

평가오류의 극복

평가오류를 극복하고자 하는 의료기관 차원의 노력은 크게 운영 측면과 제도 측면으로 구분하여 살펴볼 수 있다.

먼저 운영 측면에서는 평가자 교육과 평가요소를 명확하게 정의해서 수시로 성과를 기록하는 방법이 대표적이다. 평가자 교육은 평가의 근본 목적, 평가자의 역할, 평가오류 유형과 대응방안 등에 대한 이해도를 제고시켜 평가역량을 높이는 것이다. 다음으로 평가요소를 명확하게 정의한다는 것은 평가척도에 따른 구체적인 정의, 비계량 항목 평가요소의 명확화, 평가 시 근거 제시 등의 방법으로 평가자 간 평가행동, 요소, 수준의 일관성을 확보하는 것이다. 이때 수시로 기록함으로써 균형적인 평가의 근거를 확보할 수 있다.

다음으로 제도적인 측면에서 평가오류를 극복하는 대표적인 방법에는 다면평가, 분포제한, 통계적 조정 등이 있다. 다면평가는 평가자의 성향에 따른 편향을 방지하기 위해 복수의 평가자를 설정하는 것이다. 분포제한은 평가결과의 관대화, 중심화, 엄격화 등을 방지하기 위해 평가 등급의 분포를 사전에 할당하는 것이다. 마지막으로 통계적 조정은 평가자의 성향에 따른 편향을 보완하기 위해 평가자 간 평균, 편차 등을 일관성 있게 조정하는 것을 말한다.

운영적, 제도적으로 노력을 했다고 해서 완벽하게 오류를 극복할 수 있는 것은 아니다. 다양한 요소들을 종합적으로 사용해 평가오류를 줄여나간다는 생각으로 접근해야 한다.

성과면담

효과적인 성과관리를 위해 평가오류를 줄이려는 노력만큼이나 중요한 것이 바로 성과관리 이후에 피드백을 주는 성과면담이다.

성과면담은 피평가자의 업적 달성도와 역량개발 수준에 합의하고, 개선이 필요한 업적과 역량 부분을 확인하기 위한 과정이다. 또한 피평가자의 강점과 개선할 점을 모색하고 개선이 필요한 부분에 대한 향후 향상계획을 논의해야 한다.

이러한 성과면담을 효과적으로 진행하기 위해서는 다음과 같은 준비를 해야 한다.

목표를 설정할 때 합의한 사항들을 확인하고, 중간점검할 때 토의했던 내용을 숙지하며, 피평가자에 대한 평가근거(정량 데이터, 행동사례 등)를 마련한다. 또한 피평가자에 대한 정보를 재검토하고 고객이나 동료들의 피드백과 의견을 수집한다. 또한 전년도 평가결과를 참고하고, 성과문제에 대한 가설과 개선방향에 대한 의견을 정리해서 준비하면 더욱 효과적인 성과면담을 시행할 수 있다.

성과면담은 면담 준비, 면담 실시, 면담 정리 등 3단계로 나누어 진행된다.

먼저 면담 준비 단계에서 평가자는 합리적인 업무지시와 수행으로 피평가자로부터 신뢰를 확보해야 한다. 피평가자의 잘잘못을 평가하기보다는 조언과 능력개발을 위한 면담이라는 것을 분명히 인식시켜야 한다. 또한 피평가자에게 사전에 면담 일정, 면담 목적 등에 대해 알려주고, 자유롭게 대화할 수 있는 면담 장소를 마련해야 한다.

면담 실시 단계에서 평가자는 면담 초기에는 가벼운 주제로 시작(날씨, 취미, 뉴스 등)한다. 평소 평가면담의 의미를 전달한 바와 같이 피평가자에게 도움이 되는 시간이라는 느낌이 들 수 있도록 지도와 육성 중심으로 진행한다. 피평가자의 활동내역, 성과목표 달성수준과 미달 사유, 자기평가결과 등에 대한 의견을 적극적으로 청취해야 한다.

마지막으로 면담 정리 단계에서 피평가자의 전반적인 소감을 들은 다음, 평가자의 소감으로 간단하게 면담을 정리한다. 준비된 자료와 평가면담 결과를 토대로 평가를 실시하고 종합의견을 작성한다.

평가자의 효과적인 성과면담을 위해 다음과 같은 양식을 활용할 수 있다. 다음의 예는 수납팀의 예를 가상으로 작성해본 것이다.

평가자 일정표

구분	전략목표	전략과제	KPI	연간목표	평가등급	중간점검	면담일정	면담내용
김과장	민원 발생 관리	강력 민원 발생 감소	강력 민원 발생 횟수	50회	S : 60회 이상 A : 55회 이상 B : 50회 이상 C : 45회 이상 D : 45회 이하		11월 29일 오후 2시	민원 발생 대응 매뉴얼 작성 독려
	…	…	…	…	…	…	…	…
이대리	수납 대기시간 개선	수납 대기시간 감소	수납 대기시간	10%	S : 12% 이상 A : 11% 이상 B : 10% 이상 C : 8% 이상 D : 8% 이하	신종 플루 때문에 수납인원이 급격하게 증가해서 수납 대기 시간이 길어짐	11월 28일 오후 3시	비상 인력 지원요청
	…	…	…	…	…	…	…	…
박사원	무인 수납기 활성화	무인 수납 건수 향상	무인 수납 건수	20% 향상	S : 30% 이상 A : 25% 이상 B : 20% 이상 C : 15% 이상 D : 15% 이하	무인 수납기가 자주 고장 나고 조작이 어려워 문제가 자주 발생함	1월 28일 오전 10시	고장 시간을 조사해 목표 수준에서 수정하고 무인 수납기 제조 업체에 점검 요청
	…	…	…	…	…	…	…	…

전략적 성과관리 문화 구축

전략적 성과관리를 도입하기 위해서는 평가제도, 프로세스, 평가역량, 이 세 가지 측면에서 다양한 요소들을 고려해야 한다. 먼저, 평가제도는 명확한 핵심성과지표를 바탕으로 직군/직급/직무/직책 별 특성을 반영하는 인사고과 제도를 수립해야 한다. 또한 성과관리제도의 목적을 임금과 성과 보상제도, 능력과 성과 중심, 인력개발과 직무능력 향상 등의 목적 가운데 어느 것에 더욱 집중할 것인지 분명히 해야 한다. 마지막으로 효율적인 인사고과 빈도와 합리적 인사고과 단계를 설정해야 한다.

다음으로, 프로세스 측면에서는 참여와 합의에 의한 목표설정 과정을 거쳐야 한다. 또한 과정관리 중심의 성과 모니터링을 실시해야 하며, 성과 모니터링을 위한 시스템을 구축해 성과관리제도 전반을 지원해야 한다. 성과관리 결과가 피드백 과정을 통해 잘 전달되어야 하고, 과정관리 중심의 운영 프로세스도 설계해야 효과적으로 전략적 성과관리를 운영할 수 있다.

평가역량의 측면에서는 평가자와 피평가자가 인사고과 제도와 인사고과 요소에 대해 구체적으로 이해해야 한다. 또한 다면평가자를 선정하는 것 역시 중요한 요소다. 자신이 평가하기 어려운 사람이 평가대상으로 선정되는 것만큼 성과관리의 목적에 위배되는 일도 없기 때문이다. 또한 평가자의 평가역량이 개발되어야 하고, 피고과자의 특성과 피고과자의 업무를 상세히 파악해야 한다.

이러한 평가제도, 프로세스, 평가역량을 갖추는 것과 동시에 전략적 성과관리 문화를 구축하는 것이 전략적 성과관리를 성공적으로 도입하고 정착시키는 것의 핵심이다. 전략적 성과관리 문화란 평가제도, 프로세스, 평가역량이 종합된 결정체로 모든 구성원들이 전략적 성과관리의 중요성을 이해하고, 이것을 업무 수행의 한 부분으로 인식해야 하는 것을 말한다. 이를 통해 조직의 성과가 향상되고 개인은 올바른 평가를 받고 역량을 개발할 수 있는 기초를 형성할 수 있게 된다.

전략적 성과관리는 어느 누구 하나가 잘한다고 해서 효과적으로 운영되는 것이 아니다. 모든 부속품들이 제 기능을 할 때 돌아가는 톱니바퀴와 같다.

100점짜리 전략적 성과관리는 존재하지 않는다. 축구를 예로 들어보자. 전 세계 어디에도 100점짜리 축구팀은 없다. 단지 100점짜리 팀이 되기 위해서 노력하는 팀만 있을 뿐이다. 어차피 100점짜리 축구팀이 존재하지 않기 때문에 축구팀을 만들지 말자고 주장하는 것이 어리석듯이 불완전한 전략적 성과관리를 보완해나가는 과정 또한 필요하다.

병원,
리더십이 답이다

병원의 리더십

리더십은 조직을 합리적으로 관리하기 위해 경영자와 관리자가 갖추어야 할 가장 중요한 역량이다. 또한 리더십 역량은 경영자와 관리자뿐 아니라 모든 구성원들이 갖추어야 할 중요한 역량이기도 하다.

프렌치와 레이븐은 다른 사람에게 영향력을 발휘할 수 있는 힘을 직위권력(Position Power)과 개인권력(Personal Power)으로 구분해 설명했다. 직위권력이란 개인이 조직으로부터 공식적인 역할을 부여받음으로써 생기는 권력이다. 개인권력이란 개인이 조직에 소속되어 있다 하더라도 현재의 공식적인 역할에 관계없이 가질 수 있는 힘을 의미하며, 조직에 소속되어 있지 않더라도 가질 수 있는 힘을 뜻한다.

병원에서 공식적인 역할(과장, 팀장, 파트장 등)을 맡고 있는 사람은 역할에 맞는 직위권력과 개인권력을 적절하게 사용할 수 있어야 한다. 직위권력은 역할을 갖고 있을 때는 팀원을 바람직한 행동으로 이끄는 데 영향을 미칠 수 있으나, 그렇지 않을 때는 영향을 미치지 못하기 때문이다.

리더십은 현재 수행하고 있는 직위에서 발휘되는 리더십과 개인 특성에 따라 발휘할 수 있는 리더십으로 구분한다. 전자를 '직위권력에 의한 리더십'이라 하고, 후자를 '개인권력에 의한 리더십'이라 한다. 먼저 직위권력에 의한 리더십의 유형부터 알아보기로 하자.

합법적 권력(Legitimate Power)은 조직에서 공식적으로 부여받은 권한을 뜻한다. 즉 업무를 지시하는 권한, 팀원을 평가하는 권한, 담당자로서 업무를 수행하는 권한 등 현재의 직장 또는 직위에서 발휘되는 것이다. 이것은 조직에서 가장 일상적으로 활용하는 권한 유형이다.

강압적 권력(Coercive Power)은 현재 역할에서 부여받은 권한으로 팀원을 강제하거나 징벌하는 권한이다. 강압적 권력의 적용시기, 적용대상, 적용범위, 적용강도 등을 정할 때는 매우 심사숙고해야 한다. 과용은 구성원의 반발을 일으키며, 완전 배제는 조직 기강을 무너뜨릴 수 있기 때문이다.

보상적 권력(Reward Power)은 직위를 가진 범위 안에서 팀원들에게 금전적, 비금전적 보상을 하는 권한이다. 리더는 팀 내의 사기진작과 동기부여를 위해 팀원에게 적절한 보상을 할 수 있어야 한다.

다음으로 개인권력에 의한 리더십의 유형을 살펴보자.

준거적 권력(Referent Power)은 팀원들이 조직의 리더를 바라보는 존경심, 외경심에서 비롯되는 권한이다. 이것은 조직의 리더가 갖춘 인격의 성숙도에서 찾을 수 있다. 팀원들이 리더의 직위권력 때문에 움직이는 것만은 아니기 때문에 조직 내에서 직책이 있든 없든, 직위가 높든 낮든 관계 없다.

전문적 권력(Expert Power)은 다른 사람들이 개인의 전문성을 얻고자 할 때 발휘되는 권한이다. 이것은 전문성을 가진 개인이 직책이 있든 없든, 직위가 높든 낮든 관계없이 발휘된다. 따라서 직위가 낮더라도 특정 분야에서 직책을 가진 팀장이나 조직의 리더보다 전문성이 높다면 전문적 권력에 의한 영향력을 행사할 수 있다. 따라서 조직의 리더는 이러한 전문성을 얻기 위해 팀원을 존중하고 따를 것이다.

이처럼 직위권력은 직책과 직위의 유한성에 따라 소멸되거나 약화될 수 있는 권력이다. 반면에 개인권력은 직책과 직위의 유한성과는 반대로 개인이 인격성과 전문성을 가지고 있다면 무한하다는 특성이 있다. 병원 조직의 리더는 병원 내 동료 의료진, 직원, 환자와 가족에게 존경 받는 리더로서의 역할을 수행하기 위해서 직위권력뿐만 아니라 개인권력을 발휘할 수 있어야 한다. 그러려면 전문성과 인격을 겸비하는 것이 기본이다. 따라서 병원 조직의 리더는 직위권력에만 의존해서는 안 되며, 개인권력의 요소를 갖추기 위해 끊임없이 노력해야 한다.

리더십 역량

관리자는 리더의 자질을 갖추어야 한다. 일반적으로 관리자와 리더를 구분할 때, 관리자는 조직으로부터 부여받은 자신의 역할을 성실하지만 수동적으로 수행하는 존재를 의미한다. 합리성을 기준으로 조직에서 부여받은 권한으로 문제를 해결하고, 현재의 상황에서 큰 혼란 없이 안정적으로 조직을 운영한다.

관리자의 의미와 구별되는 리더는 팀원들에게 비전을 제시할 수 있어야 한다. 팀원에게 미래의 발전된 모습을 제시하고, 유연하고 창의적으로 사고할 수 있도록 상상력을 심어주어야 한다. 또한 반복적인 업무수행 패턴의 문제점을 공유하고 한층 혁신적인 방법으로 개선할 수 있도록 변화를 주도할 줄 알아야 한다. 또한 리더는 권력으로 팀원들에게 긍정적인 자극(영향력)을 주고 개인에게 비전을 가질 수 있게 하며 그것을 달성할 수 있도록 동기를 부여하는 사람이어야 한다.

리더십 유형 – 부하의 성숙도와 리더십

전통적 리더십 연구에서는 바람직한 리더십 유형이 존재하는 것을 전제로 연구를 진행했다. 이러한 관점을 중심으로 한 이론을 '리더십 행동이론'이라고 한다. 리더십 행동이론은 많은 학자들이 연구했는데, 이들이 제시하고 있는 리더십 유형은 크게 '관계지향형 리더'와 '업무지향형 리더'로 구분할 수 있다.

관계지향형 리더는 사람에 대한 관심이 높은 유형이다. 이러한 타입의 리더는 대인관계에서 타인에 대한 인간적인 배려가 많다. 반면에 업무지향형 리더는 사람에 대한 관심보다는 일에 대한 관심이 높은 유형으로 생산성, 비용절감, 업무성과 향상 등에 강점을 보인다.

행동이론 유형의 리더십은 사람에 대한 관심의 높음/낮음, 일에 대한 관심의 높음/낮음을 축으로 크게 4가지 유형으로 나뉜다. 이러한 리더십 유형은 항상 이상적인 리더가 존재한다는 것을 전제로 한다. 그러나 고객의 관점에서 볼 때, 고객을 위한 리더십은 차별화가 필요하다. 따라서 리더의 행동은 리더 자신의 특성(personality, 유형), 수행하는 업무의 특성(업무의 복잡도나 구조화 수준), 부하의 특성(부하의 성숙도, 리더에 대한 부하의 호감도), 업무의 긴박함(신속한 추진 필요성), 업무수행 결과의 영향력(내·외부 이해 관계자의 합의성) 등 다양한 요소에 따라 달라야 한다.

쉽게 말해 아직 업무에 익숙하지 않고 준비가 되어 있지 않은 팀원에게는 업무를 자상하게 지도하는 리더가 필요하고, 반면에 업무에 대한 이해도가 높고 혼자 할 수 있는 준비가 되어 있는 팀원에게는 믿고 맡기는 리더가 필요하다는 것이다.

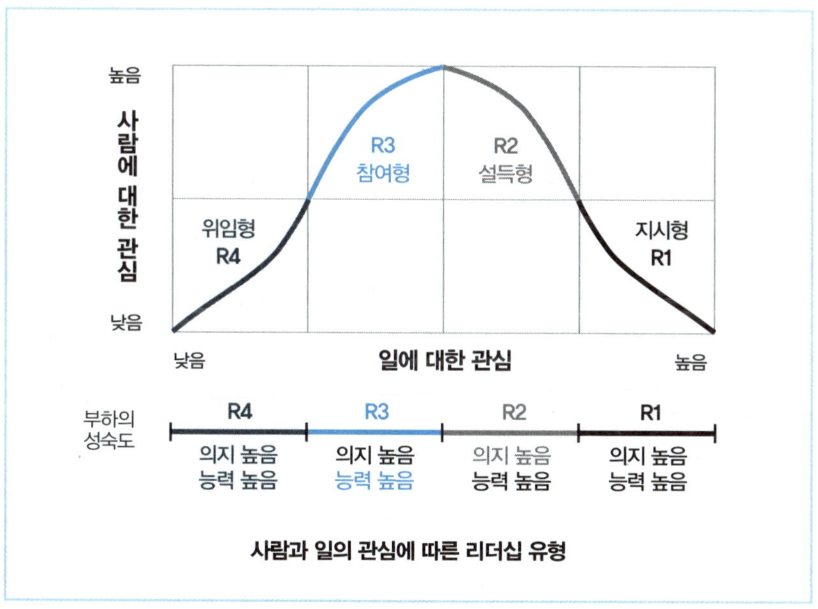

사람과 일의 관심에 따른 리더십 유형

이상에서 언급한 다양한 리더십 상황요인에 대한 설명은 생략하기로 하고, 부하의 성숙도 유형을 중심으로 설명하기로 한다.

허시와 블랜차드(Hershey & Blanchard)의 리더십 이론은 리더의 일과 사람에 대한 지향성 정도가 부하의 성숙도에 따라 달라져야 한다는 의미로 리더십 유형을 나누었다. 각 리더십별로 살펴보면 다음과 같다.

1. 지시형 리더십(Telling Leadership)

지시형 리더십은 부하의 성숙도가 가장 낮은 1단계에 적합한 유형이다. 성숙도 1단계는 업무수행 능력과 업무수행 의지가 모두 낮은 수준을 의미한다. 이 단계에서는 업무파악이 되어 있지 않으므로 업무내용을 부하에게 자세히 설명해야 한다. 또한 업무추진 의지가 약하므로 시작부터 마무리까지 지속적으로 점검하며 모든 영역을 가이드해야 한다.

2. 설득형 리더십(Selling Leadership)

설득형 리더십은 부하의 성숙도가 조금 낮은 2단계에 적합한 유형이다. 성숙도 2단계는 업무수행 능력은 여전히 낮지만 업무수행 의지가 1단계보다 높은 수준이다. 2단계에서는 업무 지도를 하는 업무중심적 리더 특성을 유지하면서 동시에 개인적인 배려와 관심으로 팀원의 업무 능력 향상에 힘써야 한다.

3. 참여형 리더십(Participating Leadership)

참여형 리더십은 부하의 성숙도가 조금 높은 3단계에 적합한 유형이다.

성숙도 3단계는 업무수행 능력은 4단계에 비해 낮은 수준이나, 업무수행 의지는 2단계보다 높아진 수준을 의미한다. 3단계에서는 업무수행에 대해 지속적으로 간섭하거나 통제할 경우 부작용을 낳을 수 있으므로 최소화하는 것이 바람직하다. 리더는 팀원 스스로 자기책임 하에 수행할 수 있도록 지원해야 하며 자율적인 분위기를 만들어야 한다.

4. 위임형 리더십(Delegating Leadership)

위임형 리더십은 부하의 성숙도가 가장 높은 4단계에 적합한 유형이다. 성숙도 4단계는 업무수행 능력과 업무수행 의지 모두 높은 수준이다. 리더는 부하의 높은 성숙도를 인정해야 하며, 이 수준에서는 업무에 대한 지시와 간섭, 관심을 최소화하는 것이 좋다.

전통적인 관점에서 이상적인 리더 모델을 찾기 위한 시도는 리더십 개발에 매우 제한적인 기여를 했다. 따라서 현실적인 관점에서 리더십 개발을 고려한다면, 리더는 팀원 등 여러 요인을 고려해 상황에 적합한 리더십 스타일을 발휘할 수 있는 능력이 있어야 한다. 이때 가장 중요한 것은 리더가 자기중심적인 사고에서 벗어나 타인을 이해하고 전체적인 상황을 고려하는 일이다.

리더십 유형 – 단계 5의 리더십

짐 콜린스는 《좋은 기업을 넘어 위대한 기업으로》에서 '단계 5의 리더십(Level 5 Leadership)'을 강조하면서 리더십을 다음과 같이 5단계로 구분했다.

1단계(능력이 뛰어난 개인): 재능과 지식, 기술, 좋은 작업 습관으로 생산적인 기여를 한다.

2단계(합심하는 팀원): 집단 목표 달성을 위해 헌신하며, 집단적으로 작업하는 상황에서 다른 사람들과 함께 효과적으로 일한다.

3단계(유능한 관리자): 이미 결정된 목표를 효과적이고 효율적으로 달성할 수 있도록 자원을 조직화한다.

4단계(효과적인 리더): 명확하고 확고한 비전을 열정적으로 추구하며, 팀원들을 비전에 몰입할 수 있게 하여 높은 성과를 달성하도록 자극한다.

5단계(단계 5의 경영자): 개인적 겸양과 직업적 의지를 역설적으로 융합해 지속적으로 위대함을 창출한다.

리더십은 이처럼 낮은 수준의 행동특성을 보이는 리더부터 높은 수준의 행동특성을 보이는 리더까지 다양하다. 그러나 여기서 '단계 5'의 뜻이 경영자들이 1단계부터 4단계까지 반드시 단계적으로 발전한다는 뜻이 아니다. 성숙한 리더는 단계 5에 해당하는 특성을 보이는 동시에 1단계부터 4단계까지 행동특성을 모두 가지기도 한다.

짐 콜린스는 기업을 성공적으로 이끈 경영자들(단계 5의 경영자)의 특성을 분석해 다음과 같은 몇 가지 특징을 확인했다.

첫째, 단계 5의 리더들은 '창문'과 '거울'을 매우 잘 이용한다. 이들은 일의 결과가 좋을 때는 창문에 보이는 것부터 보고, 일이 잘 풀리지 않을 때는 거울을 들여다보면서 그 원인을 찾으려 한다.

좋은 결과를 얻었을 때 '창문을 들여다본다'는 것은 자신의 기여도가 높았다고 자화자찬하기 보다는 참여한 다른 사람들 또는 외부 여건이 좋았기 때문이라고 공을 외부로 돌리는 것을 말한다. 반면에 좋지 않은 결과를 얻었을 때 '거울을 본다'는 것은 다른 사람들 또는 외부 여건을 탓하기보다 거울에 보이는 것, 즉 자신으로부터 문제의 원인을 찾으려고 노력한다는 뜻이다.

둘째, 단계 5의 리더들은 '개인적 겸양'과 '직업적 의지'가 강하다. 겸양을 지닌 단계 5의 리더는 오랜 재임기간 동안 조직을 탁월한 수준으로 도약시키고 지속적으로 발전할 수 있는 토대를 만들었음에도 매우 겸손한 모습을 보이면서 대중 앞에 나서기를 꺼리는 특성이 있다. 그러나 직업에 대한 의지는 불굴에 가깝다는 표현이 알맞을 정도로 대단하다. 이들은 초일류의 성과를 추구하고, 영속하는 위대한 회사를 세우기 위해 매우 높은 기준을 정하고 행동한다. 개인적 겸양을 지닌 리더가 직업적 의지라는 얼핏 보기에 어울리지 않아 보이는 두 요소를 동시에 갖추었다는 점에서 '역설적'이라고 할 만하다.

셋째, 단계 5의 리더들은 다른 구성원들보다 앞장서서 솔선수범하는 모습을 보인다. 다른 사람들에게 지시만 하고 그 결과만을 기다리는 사람이 아니라는 뜻이다. 이들은 다른 사람들이 큰 성공을 거둘 수 있도록 기틀을 마련하는 데 힘쓴다. 그러므로 단계 5의 리더는 부하 직원에게 일을 시키기에 앞서 부하 직원의 미래를 먼저 생각하는 리더라고 할 수 있다.

리더의 자기이해와 타인이해

대부분의 사람들은 다른 사람이 자신을 어떻게 보는지에 대해 별로 관심을 기울이지 않는다. 오로지 자신이 다른 사람을 보고 판단하는 것에만 집중하는 경향이 있다. 그러나 존경받는 리더가 되려면 다른 사람이 자신을 어떻게 보고 있는지 알아야 한다.

일반인은 자존적 편견(Self-Serving Bias)에 빠져 있을 때가 많다. 예를 들어, 다른 사람들은 그다지 좋은 평가를 하지 않고 있음에도 불구하고 스스로는 자신이 다른 사람들로 부터 좋은 평가를 받고 있다고 인식하는 경향이 바로 자존적 편견이다. 자아존중감(Self-Esteem)이 개인의 성장 발전에 긍정적인 결과를 가져다주는 것은 사실이다. 하지만 자아존중감이 지나쳐 자존적 편견 수준으로 악화된다면 타인에게 인정받기 어려울 뿐 아니라, 스스로 성장하는 데도 저해 요소가 된다.

자존적 편견에 빠지는 오류를 방지할 수 있는 방안은 다양하다. 타인의 의견과 다른 문화에 대한 수용성을 높일 수 있도록 개인의 개방성을 키우는 것도 한 예가 될 수 있다.

리더가 자신을 정확하게 이해할 수 있는 가장 직접적인 방법은 이해 관계자로부터 정확한 피드백을 받는 것이다. 동료, 팀원, 고객으로부터의 피드백은 매우 직접적이고 강력한 효과를 발휘할 수 있다. 일반적으로 많은 조직에서 활용되고 있는 다면평가(또는 360도 피드백)가 여기에 해당한다. 인사고과의 관점에서 접근하면 다면평가를 방어적 관점에서 받아들이고 판단하는 경향이 강하지만, 발전적 피드백 관점으로 받아들인다면 모두에게 긍정적 결과를 가져다줄 수 있다.

효과적인 리더십을 발휘하는 리더의 유형에는 여러 가지가 있다. 그 중 대표적인 유형이 부하의 성숙 단계에 따라 리더십을 발휘하는 리더라고 앞서 말한 바 있다. 이와 유사한 관점에서 부하의 개인 성향(persnality)을 한층 잘 이해할 수 있다면 상황에 적합한 바람직한 리더십을 발휘할 수 있다.

또 다른 관점에서 리더는 팀원들의 관심사가 무엇인지 알 필요가 있다. 일반 경영자(또는 관리자)들은 직원이 임금과 복리후생, 승진 등 가시적인 요인에만 관심이 집중되어 있다고 생각하는 경향이 강하다. 따라서 직원들을 관리하고 동기부여 하기 위해서는 직원들의 금전적 보상에 대한 무한한 욕심 때문에 많은 비용이 든다고 생각한다.

따라서 경영자들은 직원들의 기대에 부응해 회사가 해줄 수 있는 능력에는 한계가 있으므로 서로의 기대를 완벽하게 채워줄 수 없다고 믿거나, 직원들의 마인드가 변해야 한다고 생각한다. 또한 직원들이 임금 등 금전적 보상에만 관심이 있다고 생각한다. 그러나 금전적 보상 이외에 직원들을 동기부여를 할 수 있는 방안이 없는 것은 아니다.

직원들은 금전적 보상을 기대하면서도 한편으로는 비금전적 보상에 대해서도 많은 관심을 가지고 있다. 이미 많은 학자들이 금전적 보상(외재적 동기부여 요인)과 비금전적 보상 (내재적 동기부여 요인)도 개인에게 동기부여 할 수 있다고 주장한다. 더 나아가 보다 실질적으로 동기부여를 할 수 있는 요인은 비금전적인 보상이라는 것을 증명했다.

따라서 경영자는 직원들이 조직에서 기대하는 비금전적 보상인 성취감,

책임감, 주변의 인정, 보람, 자아실현 등의 속성을 강화할 수 있는 관리방안을 마련해야 한다.

리더십 역량 – 계층별 역량

당연한 이야기지만 리더는 리더십을 위한 역량을 갖추어야 한다. 리더십을 위한 역량에는 몇 가지 종류가 있다. 가장 보편적으로 구분하는 역량은 개념화 역량(Conceptual Skill), 관리 역량(Human Skill), 기술적 역량(Technical Skill)이다. '개념화 역량'은 추상적이고 비정형적인 현상이 미래에 발생할 것을 예측하고, 구체적이면서도 정형적인 패턴으로 구조화하는 능력이다. 개념화 역량은 전략 수립에 필요한 능력이며, 전략적 의사결정 능력을 필요로 한다.

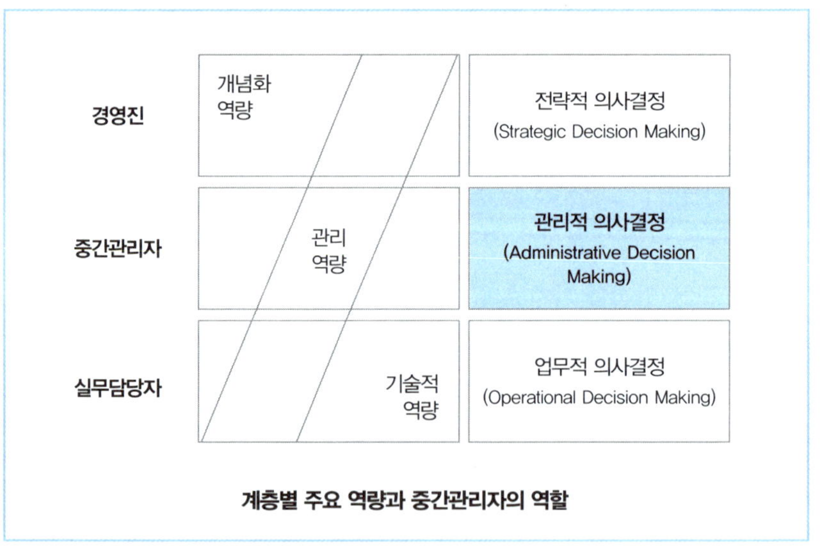

계층별 주요 역량과 중간관리자의 역할

‘관리 역량’은 리더가 조직(사람)을 관리하고 업무를 관리하는 능력을 말한다. 경영층의 의지를 팀원들에게 전달하고 단위조직에서 추진하고 달성해야 할 업무를 관리하는 역할을 수행하는 중간관리자에게 필요한 능력이다. 중간관리자 역할을 하기 위해서 조직을 관리하고 업무를 관리하는 과정에서 지속적으로 필요한 것이 ‘관리적 의사결정 능력’이다.

기술적 역량은 업무 담당자가 고유 업무를 성공적으로 수행하기 위해 필요한 능력을 말한다. 예를 들어 간호사는 간호 관련 능력을, 의료기사는 의료기기 작동법을 알아야 한다. 업무 담당자는 업무수행 내용, 방법, 절차에 관해 스스로 결정하고 실행해야 하는데 이때 필요한 것을 업무적 의사결정이다.

리더십 역량 – 조직문화와 리더십 역량

리더가 갖추어야 할 역량은 매우 다양하다. 퀸은 리더십 역량을 진단하는 틀을 제시하면서 4가지 문화 유형에 적합한 리더의 역할과 역량을 제시했다.

‘관계지향 문화’의 리더는 직원들을 육성하고 개발하는 멘토 역할과 협력을 유도하고 갈등을 관리하는 퍼실리테이터(facilitator)의 역할을 수행하기 위한 역량이 필요하다. ‘혁신지향 문화’의 리더는 변화와 적응을 촉진하는 이노베이터와 조직 외부의 인정이나 자원 확보와 같은 브로커의 역할을 수행하기 위한 역량이 필요하다. 그리고 ‘시장지향 문화’의 리더는 업무성과 창출을 유도하는 성과 창출자와 목표를 설정하고 의사를 결정하는 지휘자 역할을 수행하기 위한 역량이 필요하다. 마지막으로 '위계지향 문화'의 리더는 진행상황을 점검하고 관리하는 모니터와 업무의 흐름을 조정하고 통제하는 조정자의 역할을 할 수 있는 역량이 필요하다.

이러한 리더 역할 수행을 위해서는 12가지 분야에서 리더십 역량을 갖추어야 한다. 관계지향 문화의 리더는 팀 중심의 조직관리, 대인관계 관리, 팀원들의 능력을 개발하고 육성하는 데 많은 관심을 기울여야 한다. 또한 혁신지향 문화의 리더는 새로운 시도를 통한 혁신 추진관리, 미래를 위한 정보 탐색과 예측에 의한 대응관리, 현재에 안주하지 않는 지속적 개선활동에 관심을 기울여야 한다.

또한 시장지향 문화의 리더는 경쟁우위 확보를 위한 핵심 성공요인 탐색과 관리, 팀원에 대한 성과의식 활성화, 고객 니즈를 정확히 파악하고 대응하는 능력을 키워야 한다. 마지막으로 위계지향 리더는 팀원간의 관계와 업무에 대한 갈등을 최소화하고 조정하는 능력, 주어진 절차와 규정을 준수할 수 있도록 감독하는 능력, 구성원들의 조직 내 조기 사회화를 통한 문화 적응력을 강화시킬 수 있는 능력을 키워야 한다.

리더십 역량 – 기업 사례

이러한 리더십 역량을 일반 기업에서 구체적이고 직접적으로 관리하고 있는 사례를 보면 다음과 같다.

A사는 비전공유, 변화추진, 역량개발, 솔선수범을 강조하고 있으며, B사는 주도성, 변화지향 및 관리, 전략적 사고, 팀 리더십, 타인육성을 강조

하고 있다. C사는 전략적 방향제시, 성과지향, 변화관리, 팀원육성, 자기계발 역량을 관리하고 있으며, D사는 전략적 사고, 혁신/변화 주도, 경쟁 역량 주도, 국제감각, 신뢰창출, 인재육성 역량을 관리하고 있다.

이상의 사례에서 리더에게 요구하는 공통적인 사항을 정리하면 다음과 같다. 첫째, 구성원들에게 비전을 갖게 하고 조직의 전략을 이해시킬 수 있는 역량을 강조한다(비전공유, 전략적 사고, 전략적 방향제시 등). 둘째, 조직에 대해 혁신과 변화를 선도하는 역할을 하도록 한다(변화추진, 변화지향과 관리, 변화관리, 혁신 등). 셋째, 조직과 팀원의 성장과 발전을 위해 인재육성에 관심을 기울이도록 한다(역량개발, 타인육성, 팀원육성, 인재육성 등).

이상과 같은 공통 요인 이외에도 성과지향, 경쟁역량 주도 등의 요인에서 볼 수 있듯이 효과적인 조직관리를 통한 성과관리의 중요성을 강조하고 있다.

마지막으로 효과적인 리더가 되기 위해서는 고유 업무 분야에 대한 관리능력과 전문성뿐만 아니라, 인사관리 역량을 강화해야 한다. 인사관리 지식과 역량에 대해서는 뒤에 다시 이야기하기로 한다.

리더십 만족과 불만족의 결과

어느 리더십 진단 조사에서 우리나라 근로자들은 리더에 대한 만족도가 44.1점(외국계 기업 평균 55.1점)이라고 발표한 바 있다. 이는 매우 실망스러운 수준이다.

리더십의 중요성을 분석하기 위해 리더십 만족도가 높은 집단(상위 25%)

과 낮은 집단(하위 25%)을 구분해 비교한 결과, 리더십 만족도가 높은 집단의 직장만족과 몰입도는 70.7점인 반면, 리더십 만족도가 낮은 집단의 직장만족과 몰입도는 38.4점으로 매우 큰 편차가 있었다.

또한 리더십 만족도가 높은 집단은 팀이 회사 성과에 기여한다는 긍정적인 응답이 70.7%인 반면, 리더십 만족도가 낮은 집단은 팀이 회사 성과에 기여한다는 긍정적인 응답은 31.9%에 머물렀다.

또한 리더십 만족도가 높은 집단은 지난 1년 사이 이직을 고려한 적이 '없

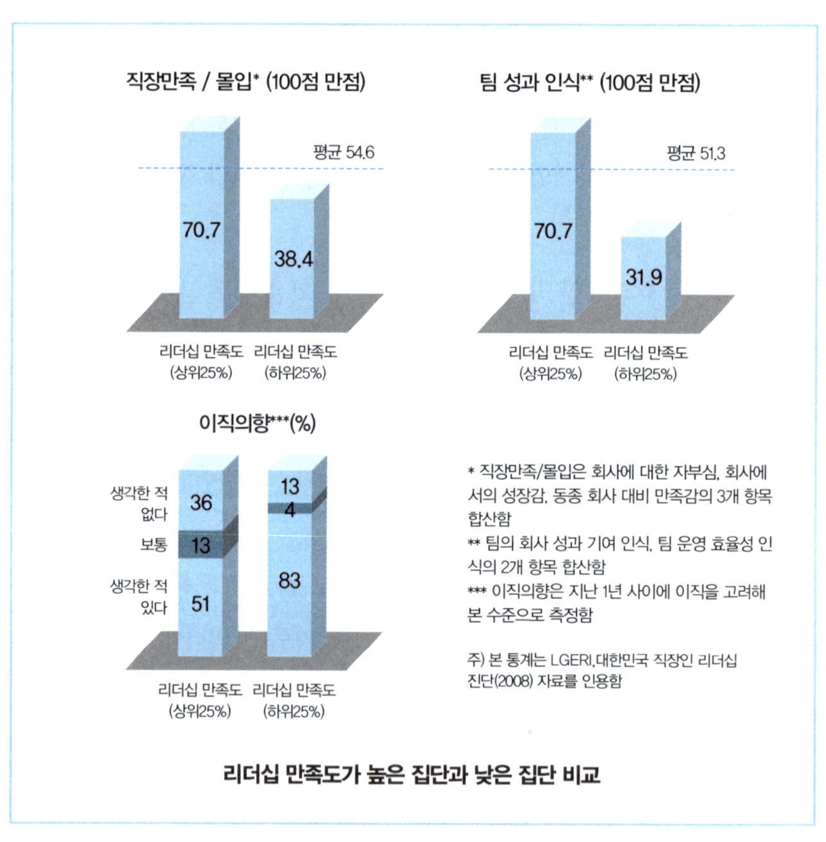

리더십 만족도가 높은 집단과 낮은 집단 비교

다'라고 응답한 사람의 비율이 36%이고, '있다'라고 응답한 사람의 비율이 51%였다. 반면에 리더십 만족도가 낮은 집단은 '없다'라고 응답한 사람들의 비율이 13%에 머무른 데 비해 '있다'라고 응답한 사람의 비율은 무려 83%에 이르렀다.

이처럼 직원들의 회사 몰입과 그 영향요인을 분석한 연구에서도 알 수 있 듯이 리더십은 회사의 내부역량에 중요한 영향력을 미친다.

이와 같은 조사결과로 볼 때, 리더십은 팀원의 동기부여 수준과 이직 의 도에 지배적인 영향을 미치는 것으로 판단할 수 있다. 따라서 병원은 효과 적인 조직관리를 위해 리더의 역량을 개발하는 노력을 해야 한다.

병원인력의 특수성을 이해한다

타인에 대한 이해 – 필요성

조직에서 사람을 이해하는 것은 아무리 강조해도 지나치지 않을 것이다. 따라서 제한된 수준이기는 하나 여러 기업에서 사람을 이해하려는 노력을 해왔고 앞으로도 계속될 것이다. 이 장에서는 사람들의 생각을 연구한 대표적인 이론들을 살펴봄으로써 타인을 이해하는 데 필요한 다양한 방법을 알아보고자 한다.

사람들을 이해하는 대표적인 방법으로 퍼스낼리티(personality)유형을 분석하는 방법이 있다. 퍼스낼리티란 유전, 환경 요인에 의해 결정되는 개인의 독특한 성향이다. 이러한 퍼스낼리티를 진단하는 도구로는 마이어스(Isabel B. Myers)와 브릭스(Katharine C. Briggs)가 개발한 MBTI(Myers-Briggs Type Indicators)가 있다.

각자가 독특한 퍼스낼리티를 가진 사람들이라 하더라도 조직에 속한 사람들은 조직의 가치기준, 규칙이나 규정, 제도, 상사, 동료, 일 등에 대해 일정한 태도를 가지게 된다. 사람들은 사물 또는 사람에 대해 일정한 태도를 가지고 행동으로 표출하는 패턴을 보인다는 것이다. 따라서 우리는 개인의 태도를 이해함으로써 행동(behavior)을 예측할 수 있다. 효과적인 조직관리를 위해서는 이러한 예측으로 개인이 가진 생각을 관찰하고 대응해서 더욱 긍정적인 행동으로 유도해야 한다.

개인의 태도와 행동은 원인과 결과로 구분할 수 있다. 우리는 개인의 행동이라는 결과를 한층 바람직한 수준으로 얻기 위해 관리를 해야 한다.

구체적인 행동이 확인되기 전에 개인의 생각과 믿음을 바람직한 방향으로 관리하기 위해 나온 개념이 직무만족(Job Satisfaction) 또는 조직몰입(commitment)이다. 효과적인 관리를 위해서는 직무만족 또는 조직몰입을 높일 수 있는 동기부여 요인들이 무엇인지 관심을 기울여야 한다.

다음에서는 퍼스낼리티에 대한 이해(유형의 특징, 적합한 분야 등), 직무만족 또는 조직몰입의 개념과 영향요인(동기부여 이론 중심)에 대해 살펴보자.

타인에 대한 이해 – Personality

퍼스낼리티 유형은 매우 다양한 형태로 분류되므로 대표적인 몇 가지 유형에 대해서만 언급하기로 한다.

첫째, 통제 위치(Locus of Control)에 따른 분류가 있다. 통제 위치란 다른 사람들에게 영향을 미치는 것을 스스로 통제할 수 있는지, 없는지로 퍼스낼리티를 구분하며 내재론자(internals)와 외재론자(externals)로 나눈다.

　내재론자는 자신의 삶에서 발생하는 많은 일과 그 결과를 스스로 통제할 수 있다고 믿는 사람들이다. 일반적으로 '운명개척론자'라고 부르는 유형이라고 할 수 있다. 내재론자들은 새로운 일을 개척하며 도전정신이 강하고 성과지향적인 특성이 있다. 반면에 외재론자는 자신의 삶에서 발생하는 일과 그 결과는 대부분 다른 사람 또는 외부 환경에 의해 결정되기 때문에 스스로 통제하고 개선할 수 있는 여지가 많지 않다고 믿는 사람이다. 이러한 외재론자들은 정형적이고 반복적인 일을 원활하게 수행하는 특성이 있다.

　한 조사에 의하면 내부통제가 강한 팀원일수록 리더십 만족도가 높았으며, 외부통제가 강한 팀원일수록 상대적으로 리더십 만족도가 낮았다고 한다. 따라서 내재론자인 사람들은 리더와의 관계에서 발생하는 문제를 리더의 문제라기보다는 본인의 문제라고 판단하는 반면, 외재론자는 리더와의 관계에서 생기는 문제를 리더 때문이라고 판단하는 경향이 있는 것으로 볼 수 있다.

　둘째, A/B 형에 의한 분류가 있다. A형 퍼스낼리티 소유자는 성격이 급한 편이다. 동시에 여러 가지 일을 수행하며 성공에 대한 욕구가 강하다. 이들은 도전적이고 창의적인 일을 할 때 만족도가 높고 좋은 성과도 기대할 수 있다. 다른 사람보다 발전이 빠르다는 측면에서는 긍정적이지만, 대체로 포용력이 약한 특징을 보이기도 한다.

　반면에 B형 퍼스낼리티 소유자는 상대적으로 느긋한 성격으로 일을 한 가지씩 순서대로 꼼꼼하게 진행한다는 특성이 있다. 이들에게는 시간적으로 여유가 있고 반복적인 업무가 적합하며, 많은 사람들과 공동으로 일하기보다는 개인 단위 업무를 수행하는 유형에 적합하다.

마지막으로 개인의 특성을 이해하는 데 가장 보편적으로 쓰이는 MBTI를 살펴보자. MBTI는 사람마다 정보를 수집하고 이를 근거로 결정을 내리는 데 차이가 있으며, 이러한 차이는 불규칙한 것이 아니라 일정한 유형에 따라 구분할 수 있는 패턴이 있다는 이론적인 배경에서 출발했다.

MBTI는 퍼스낼리티를 에너지의 방향, 인식기능과 정보 수집, 판단기능과 결정·선택, 생활양식 등 4가지 영역으로 구분하고 있다. 각 영역은 특성에 따라 다시 나뉘는데, 에너지의 방향은 외향성(extroversion)과 내향성(introversion)으로, 인식기능과 정보수집은 감각형(sensing)과 직관형(intuition)으로 나눌 수 있다. 또한 판단기능과 결정·선택은 사고형(thinking)과 감정형(feeling), 생활양식은 판단형(judging)과 인식형(perceiving)으로 나뉜다.

MBTI는 퍼스낼리티를 16가지 유형으로 구분한다. 이때 각 퍼스낼리티 유형은 성향의 차이를 나타낼 뿐이기 때문에 옳고 그름으로 판단해서는 안 된다. 리더는 MBTI를 적절히 활용해 개인의 퍼스낼리티 특성을 파악함으로써 그 특성에 맞는 업무를 부여하고 성과를 극대화할 수 있다. 또한 팀원에 대한 이해를 바탕으로 출발한 커뮤니케이션을 함으로써 갈등 요인을 사전에 제거할 수 있다.

타인에 대한 이해 – 행동 예측

타인의 행동을 이해하기 위한 방법으로 그 사람의 생각과 믿음을 확인하는 방법이 있다.

개인의 생각과 믿음을 '태도(attitudes)'로 정의하며 이것은 '행동(behaviors)'과 구별된다. 또한 태도는 크게 인지적 태도, 감정적 태도, 행동의도로 다시 나눌 수 있다.

인지적 태도(Cognitive Attitude)란 사람 또는 사물의 존재 여부를 인식하는 태도를 말한다. 감정적 태도(Affective Attitude)란 인지한 사람 또는 사물에 대해서 호불호를 판단하는 태도를 뜻한다. 마지막으로 행동의도(Behavioral Intention)란 인지한 사물에 대한 호불호 판단을 내린 후, 행동으로 옮기기 직전의 생각이나 믿음을 말한다. 행동의도가 실제 행동과 반드시 일치하는 것은 아니지만, 행동을 예측하는 데 중요한 기준이 될 수는 있다. 따라서 조직 내에서 팀원들이 어떤 성과를 낼 수 있을 것인가는 그들의 일에 대한 생각, 동료나 상사에 대한 생각, 회사에 대한 생각을 확인하는 것으로 예측할 수 있다. 일, 동료나 상사, 회사에 대한 불만요소를 해소하는 활동으로 팀원들의 성과 향상을 기대할 수 있다는 말이다.

팀원들의 태도와 행동을 예측하고 관리하는 지표는 매우 다양한 요인을 들 수 있으나, 가장 보편적으로 활용하는 개념은 직무만족과 조직몰입이다.

직무만족은 개인이 직장생활에서 상호작용하는 모든 요인에 대해 가지는 생각(태도)을 말한다. 직무만족에 영향을 미치는 요인으로는 급여, 승진, 감독, 업무, 동료 등이 있다.

그리고 조직몰입은 조직이 추구하는 공유 가치(Shared Value)를 자신의 가치관과 동일시하는 상태나 행동의지를 뜻한다. 조직몰입을 구성하는 개념에는 크게 3가지가 있다.

첫 번째는 조직에 대한 애착과 충성심이다. 이는 자신이 소속해 있는 조직 가치를 자신의 가치와 동일시함으로써 최고의 직장이라는 자부심과 긍지를 가지고 있는 상태를 말한다.

두 번째는 노력의지다. 자부심과 긍지를 가진 상태에서 자신이 맡고 있는 업무를 성실히 수행하고 열심히 노력해 좋은 성과로 조직에 기여하려는 강한 의지를 가진 상태라 할 수 있다.

셋째, 잔류의지다. 최고의 직장이라는 자부심과 열심히 일하고자 하는 의지를 모두 가졌기 때문에 회사에 계속 근무하고자 하는 의지를 가진 상태이다. 따라서 이직 의도가 매우 적은 상태라 할 수 있다.

경영자(또는 관리자)는 팀원들이 직무만족도가 높고 조직몰입도가 높은 수준을 계속 유지할 수 있도록 관리해야 한다. 무엇보다 중요한 것은 직무만족 또는 조직몰입 수준을 지속적으로 확인하고, 이를 높이기 위해서 어떤 요인을 개선하고 관리해야 하는지 분석하는 것을 체계화해야 한다.

동기부여 요인

동기부여(motivation)는 '사람의 마음을 움직이는 것'으로 정의할 수 있다. 그동안 동기부여와 관련해 많은 연구가 이루어졌는데 주로 무엇이 사람들을 동기부여시키는가 하는 내용(what) 중심의 연구와 어떻게 사람들을 동기부여시킬 것인가 하는 과정(how) 중심의 연구가 진행되었다.

다양한 이론들이 있으나 이 책에서는 각 연구의 대표적인 이론을 중심으로 다루고자 한다. 내용 중심의 연구에서는 '욕구계층 이론'과 '2 요인 이론'

등을 알아보고 과정 중심의 연구에서는 '기대 이론', '공정성 이론' 등을 살펴보고자 한다.

먼저 욕구계층 이론은 인간은 점진적으로 상위 욕구를 충족하기 위해 노력한다는 것을 전제로 인간의 욕구계층을 생리적 욕구, 안전 욕구, 사회적 욕구, 존경 욕구, 자아실현 욕구 등 5단계로 나눈다. 조직에서 활동하는 개인에 대입해보면 다음과 같다.

개인은 자신의 생존을 위해 더 많은 임금을 원하고 안정된 생활을 영위하기 위해 정규직을 바란다. 또한 사회적으로 인정받기 위해서 대기업을 선호하는 경향이 있고, 자신의 위치를 더욱 높이고자 하는 욕구 때문에 승진을 바란다. 마지막으로 자아를 실현할 수 있는 보람 있는 일을 바라는데, 개인은 이러한 욕구가 충족될 때 동기를 가지고 의욕적으로 일할 수 있다는 것이다.

욕구계층 이론에서는 욕구를 충족시키는 요인은 개인에게 특정한 시기까지는 동기부여 요인으로 작용하다가 욕구가 충족된 이후에는 더 이상 동기부여하지 못한다고 한다. 이러한 설명은 한편으로는 타당하나 이것은 상황이나 개인에 따라서 다르게 나타날 수 있다. 어떤 사람은 이미 존경 욕구 또는 자아실현 욕구를 충족시키고 있으면서도 금전적 보상을 선호할 수 있다는 것이다. 따라서 경영자(또는 관리자)는 상황에 따라 개인의 욕구를 충족시킬 수 있는 관리 요인을 정확하게 파악하고 제공하려는 노력을 해야 한다.

미국의 심리학자 허즈버그(Frederick Herzberg)는 개인의 동기부여 요인을 새로운 관점에서 접근하고 해석했다. 그는 불만족과 만족을 서로 다른 차원이라고 설명했다. 즉, 불만족 상태에 있는 요인을 충족시킴으로써 불만족 상태를 제거할 수는 있으나, 이것이 만족 수준을 높이며 동기부여시키는 것은 아니라고 규정했다. 이는 만족 수준을 높여서 동기부여하기 위해서는 불만족 상태에 있는 것을 충족시키려는 노력뿐만 아니라, 만족 수준이 매우 낮은 요인을 찾아 이를 적극적으로 충족시키는 노력이 필요하다는 것이다.

허즈버그는 불만족 요인을 '위생 요인(Hygiene Factors)'으로 지칭하고 이에 해당하는 것으로 임금, 승진, 작업 환경, 회사 정책, 동료, 상사 등을 제시했다. 이러한 요인들은 개인의 외적인 요인이므로 이를 '외재적 동기부여 요인(Extrinsic Motivators)'이라고 표현했다.

또한 만족 요인을 '동기 요인(motivators)'으로 지칭하고 이에 해당하는 것으로 성취감, 책임감, 보람, 인정감 등의 요인을 제시하고 있다. 이러한 요인들은 개인의 심리적·정신적 만족이 강하게 작용하는 내적인 요인이므로 이를 '내재적 동기부여 요인(Intrinsic Motivators)' 이라고 표현했다.

그는 동기부여에 대해 다음과 같은 결론을 내렸다.

"궁극적으로 개인(individuals)을 동기부여시키는 방법으로 금전적 보상에 의존하는 것은 단기적 효과를 얻을 수는 있으나, 중장기적 관점에서는 큰 효과를 거두기 어렵다. 따라서 개인의 내재적 동기요인을 자극시키는 관리가 뒷받침되어야 한다."

허즈버그는 이를 실현하기 위한 방법으로 '직무충실화(Job Enrichment)' 방안을 제시했다.

직무충실화는 개인이 담당하는 일에 의미와 가치를 더 많이 포함시키는 것이다. 경영자(또는 관리자)는 팀원에게 보다 많은 권한을 부여하고 자기책임하에 업무를 수행할 수 있는 기회를 부여해야 한다. 이를 위해 다음의 5가지 방법을 일에 반영한다면 동기부여 효과를 높일 수 있을 것이다.

첫째, 다양한 지식과 기술을 사용할 수 있게 일의 수준을 높이는 방법이다. 단순하고 반복적인 일을 지속적으로 하게 하면 동기부여 효과가 떨어지기 때문에 '지식과 기술의 다양성'으로 팀원들의 관심을 유발하는 것이 필요하다는 의미다.

둘째, 개인에게 중요한 역할을 부여하거나 업무의 중요성을 이해시키는 방법이다. 조직에서 누군가는 팀장 역할을 수행해야 하고 누군가는 신입사원 역할을 해야 한다. 단순하고 수준 낮은 일을 하는 사람은 자칫 본인이 조직에서 중요한 존재가 아니라는 인식을 할 수도 있다. 이러한 사람에게는 당연히 동기부여가 덜 될 수밖에 없다. 따라서 이러한 인식을 불식시키고 작은 일이지만 조직에서 중요한 일을 한다는 사명감을 부각시킬 수 있을 때, 동기부여 효과를 높일 수 있다.

셋째, 개인에게 담당 업무뿐 아니라 조직 전체의 업무를 이해할 수 있도록 커뮤니케이션하는 방법이다. 대부분 개인은 본인에게 주어진 일에는 최선을 다하지만, 그 결과가 조직의 다른 일과 어떻게 연계되는지 그리고 자신이 맡은 일을 어떻게 추진하는 것이 다른 일과 시너지 효과를 낼 수 있는지에는 관심을 기울이지 않는다. 따라서 일의 시작 단계에서부터 진행 단계와 종료 단계가 어떻게 연계되는지 그리고 자신의 일이 다른 사람의 일에 어떤 영향을 미치는지에 대해 서로 이해하려는 노력이 필요하다. 이와 같이 업무 전체를 이해하는 것을 '과업 정체성(Task Identity)'에 대한 이해라고 한다.

넷째, 개인에게 권한과 책임을 부여해 '자율성(autonomy)'을 보장하는 방법이다. 자율성을 보장한다는 것은 업무수행 과정에서 경영자(또는 관리자)의 감독과 통제를 최소화하고 담당자 스스로 업무수행 목표, 절차, 방법, 성과 달성 등을 책임진다는 의미다. 이때 경영자(또는 관리자)는 관리 역할을 하지 않는 것이 아니라, 업무 담당자가 성공적으로 업무를 수행할 수 있도록 지도하고 지원하는 역할을 해야 한다. 따라서 경영자(또는 관리자)는 감독과 통제 역할보다 팀원의 업무에 대한 상담, 코칭, 컨설팅 역할을 수행할 수 있어야 하므로 전문 역량을 개발해야 한다.

다섯째, 업무 담당자에게 적절한 피드백을 하는 방법이다. 피드백을 할 때는 상호 커뮤니케이션 방식에 유의해야 한다. 피드백을 받는 것을 긍정적으로 받아들이는 사람이 있는가 하면, 지적받는다는 느낌 때문에 부정적으로 받아들이는 사람이 있기 때문이다. 피드백 방법에는 여러 가지가 있겠지만 비판하는 피드백, 즉 문제점만 지적하는 피드백은 지양해야 한다. 문제를 제기한 것에 대해 반드시 해결방안이나 개선방향을 함께 제시할 수 있는 건설적인 피드백이 이루어져야 한다.

이상과 같은 5가지 요소를 각 개인에게 적절히 적용한다면 동기부여 효과를 높일 수 있다. 그러나 이 방법이 모두에게 긍정적인 결과를 가져다주고, 동기부여 효과를 높일 수 있는 것은 아니다. 충분한 효과를 거두기 위해서는 다음과 같은 요건이 충족되어야 한다.

첫째, 이상의 다섯 가지 요인을 적용시키기 위해서는 업무 담당자의 수준을 판단해야 한다. 아직 직무를 충분히 이해하고 있지 않은 상태에서 많은 권한과 책임을 부여하는 것은 시기상조이기 때문이다. 또한 업무 담당자가 성취 지향적인 성향이 아닌데 복잡한 업무를 맡기면 오히려 부담을 느껴서 잘할 수 있는 업무도 수행하지 못하는 부정적인 결과를 낳을 수 있다. 따라서 팀원의 '성장 욕구'를 정확하게 파악하고 수준에 맞는 역할을 부여하는 유연성과 개인의 성장 욕구를 개발하는 지속적인 관리가 필요하다.

둘째, 직무 충실화 방법으로 동기부여 효과를 극대화하기 위해서는 경영자(또는 관리자)의 역량개발이 뒷받침되어야 한다. 따라서 관리자들도 팀원들에게 적재적소에 권한을 위임하는 역량, 코칭하고 컨설팅할 수 있는 역량, 적절히 지도하거나 지원할 수 있는 역량, 팀원과 효과적으로 커뮤니케이션할 수 있는 역량 등을 개발해야 한다.

동기부여 방법을 설명하는 또 하나의 이론으로 브룸(Victor Vroom)의 '기대 이론(Expectancy theory)'이 있다. 기대 이론은 개인의 노력, 성과, 보상의 과정에서 어떻게 동기부여되는지 설명한다. 주요 내용을 살펴보면 다음과 같다.

첫째, 개인은 자신이 노력하면 일정 수준의 성과를 달성할 수 있을 것이라 믿을 때 동기부여 효과가 높아진다. 자신이 아무리 열심히 노력하더라도 성과 수준을 변화시킬 수 있는 가능성이 매우 낮다면 그 일을 하려는 의지가 강하지 않다는 것이다. 따라서 경영자(또는 관리자)는 팀원에게 역할을 부여하는 과정에서 개인이 극복할 수 있는 수준의 목표를 제시하고, 개인의 전문성에 적합한 분야의 업무를 맡기는 방법 등을 강구해야 한다.

둘째, 개인은 주어진 목표(성과)를 달성하면, 적절한 보상을 받을 수 있다는 믿음이 확실할 때 일하려는 의지가 더욱 강해진다. 자신이 성과를 낸 일에 대해 의미 있는 보상이 주어지지 않는다면 일하려는 의지는 약해질 수밖에 없다. 특히, 성과에 대한 보상을 약속받았지만 그것이 지켜지지 않았던 경험이 있는 사람이라면, 보상에 대한 믿음이 약하므로 일하려는 의지도 약하게 나타날 수밖에 없다. 따라서 경영자(또는 관리자)는 팀원들에게 약속한 내용을 철저하게 지켜야 한다. 경영자는 금전적 보상을 하는 성과보상 제도를 확립하고 비금전적 보상의 기준과 프로그램을 마련해서 공정하고 일관성 있는 보상정책을 시행해야 한다.

셋째, 개인은 자신에게 주어지는 보상이 매력 있는 보상이라고 느낄 때 일하려는 의지가 더욱 강해진다. 가치기준에 따라 동기를 느낄 수 있는 보상의 정도가 개인마다 다르다는 말이다. 따라서 경영자(또는 관리자)는 팀원의 성향을 고려한 다양한 보상 프로그램을 마련해야 한다.

사람 관리에서 공정성은 빼놓을 수 없는 중요한 기준이다. 공정성에 관한 이론적 틀에는 아담스(J. Stacy Adams)의 '공정성 이론(Equity Theory)'이 있다.

공정성 이론에서는 사람들은 자신의 투입대비 산출과 타인의 투입대비 산출비율이 균형을 이룰 때 만족하고, 그렇지 않을 때 불만이 생긴다고 설명한다. 즉, 만족과 불만족의 중요한 기준이 다른 사람과의 형평성이라는 것이다.

여기에서 투입 요소는 교육 수준, 연봉 수준, 경험, 직무수행 역량, 기여도 등 보상을 받는 데 도움이 되는 모든 요소를 말한다. 또한 산출 요소는 급여와 복리후생, 승진, 권한과 책임, 상사로부터의 인정 등 개인이 조직으로부터 보상으로 받고 있다고 느끼는 모든 외재적 보상뿐 아니라 내재적 보상까지 포함한다.

사람들이 불공정하다고 느끼는 상황은 크게 2가지로 나눌 수 있다.

첫째, 본인의 산출/투입 비율이 타인의 산출/투입 비율보다 낮을 때 생기는 불공정성이다. 이때 개인은 타인에 비해 적게 보상받고 있다는 '과소보상'을 지각하게 되고 이 때문에 불만족이 발생한다.

둘째, 본인의 산출/투입 비율이 타인의 산출/투입 비율보다 높을 때 나타나는 불공정성이다. 이 경우 개인은 타인에 비해 더 많이 보상받고 있다고 느끼는 '과다보상'을 지각하게 되고 이 때문에 부담감을 가지게 된다.

이러한 불공정성이 발생하면 개인은 불공정성을 해소하기 위한 행동을 하게 되는데, 이때 사용하는 방법은 다음과 같다.

먼저 과소보상이라고 느꼈을 때 첫 번째 행동은 투입이나 산출을 변경하는 것이다. 자신이 업무를 수행할 때 투입할 수 있는 노력과 기여도를 줄이기 위해 최선을 다하지 않는다는 것이다. 또한 자신이 생각하는 노력과 기여도를 기준으로 더 많은 보상을 요구하기도 한다.

두 번째는 자신이 가지고 있는 강점을 평가절하하거나 왜곡해서 실제로 받고 있는 보상보다 큰 의미를 부여하는 행동이다. 그러나 이 방법은 불균형을 경험하고 있지만 다른 대안이 없을 때 사용하는 방법이기 때문에 다른 대안이 생길 경우, 예를 들어 이직 기회가 생기면 이직할 가능성이 높다.

세 번째 방법은 준거 인물을 변경하는 것이다. 즉 자신의 노력과 기여도를 비교하는 대상을 자신이 합리화할 수 있는 수준의 다른 인물로 변경한다는 것이다. 준거 인물 자체가 잘못 설정되었거나, 자신의 투입 또는 산출을 왜곡하기 위한 방편으로 쓰일 수 있다.

네 번째 방법은 조직 이탈이다. 불공정성 때문에 개인의 불만이 가장 심하게 표출되는 형태인데, 조직 이탈은 직장을 그만두거나 다른 부서 또는 업무로 이동을 희망하는 형태로 나타난다.

과다보상을 지각했을 때는 과소보상보다 상대적으로 불만족을 심각하게 느끼지 않는 경우가 많다. 오히려 긍정적 효과를 얻는 경우가 더 많다. 과다보상을 지각한 경우 균형을 회복하기 위해서 다음과 같은 행동을 한다.

첫째, 투입증가를 예상할 수 있다. 이는 조직이 기대하는 가장 바람직한 행동 유형이다. 대부분의 개인은 조직으로부터 기대 이상의 보상을 받으면 다른 사람과 비교해 부담감을 느끼는 경향이 강하다. 따라서 자신의 과다보상을 합리화하기 위해 더욱 많은 노력을 기울인다. 이러한 이유로 과다보상을 받은 경우 과소보상 또는 적정보상을 받은 사람들에 비해 높은 성과를 내는 것으로 나타났다.

둘째, 투입이나 산출을 왜곡하는 현상이다. 자신이 받은 보상은 당연히 받아야 할 수준의 보상이라고 생각하는 것이다. 이런 경우 자신에게는 보상받을 만한 투입 요소가 있다고 보고 스스로 자신의 업무능력을 실제보다 높이 평가한다. 또한 자신이 받은 보상은 생각하는 것만큼 큰 보상이 아니라고 생각하기도 한다. 마지막으로, 비교 대상을 변경하는 행동을 보일 수 있다. 이 경우 회사 내부의 핵심 인재 또는 다른 회사에서 비교 대상을 찾아 비교함으로써 과다보상을 적정보상으로 합리화하는 행동으로 나타난다.

이러한 이론적 검토를 통해 개인이 공정성을 지각하기 위해서는 공정한 분배가 이루어져야한다는 것을 알 수 있다. 개인에게 주어지는 업무량과 업무에 대한 권한/책임 부여 수준, 업무수행 결과에 대한 공정한 평가와 보상, 성장 발전을 위한 경력개발 기회와 승진 등에서 공정한 분배는 중요한 문제임에 틀림없다.

그러나 제한된 자원(또는 직위)으로 모든 사람을 만족시키기는 어렵다. 다른 사람에 비해 상대적으로 낮은 평가나 보상을 원하는 사람은 없기 때문이다. 또한 조직에서는 공정한 분배가 이루어졌다고 생각해도 분배하는 주체의 입장일 뿐, 받는 사람의 입장에서는 전혀 공정하지 않다고 생각할 수 있다. 따라서 이들의 반발과 불만을 해소할 수 있는 대안이 필요하다.

절차공정성을 확보해 조직을 관리하는 방법은 분배 때문에 일어나는 불만과 반발을 해소할 수 있는 대안이 된다. 분배공정성과 다른 점이라면 분배공정성은 결과 중심의 접근인 반면에 절차공정성은 과정 중심의 접근이라는 점이다.

많은 사람들이 조직의 제한된 자원이나 직위를 인정하고 이해한다. 누군가는 지시하고 또 누군가는 직접 일을 수행해야 한다는 사실을 잘 알고 있다. 또한 성과중심의 보상방식에서 예산이 제한되어 있기 때문에 누군가는 더 많이 받을 수 있고, 누군가는 더 적게 받아야만 한다는 사실도 이해한다. 그럼에도 사람들은 다른 사람이 나보다 더 많은 기회와 보상을 받는 것을 인정하고 싶어하지 않으려 한다. 다른 사람이 나보다 더 많은 보상을 받는 이유를 납득하기 어렵기 때문이다.

절차공정성을 확보하기 위해서는 경영자가 개인에게 알려주어야 할 사항과 개인이 알고 싶어 하는 사항에 대해 주기적·지속적으로 커뮤니케이션하는 것이 중요하다. 절차공정성을 확보하는 방법은 다음과 같다.

첫째, 경영자나 관리자는 팀원에게 조직이 추구해야 할 가치기준, 규칙, 규정 등을 제시해야 한다. 가치기준, 규칙, 규정은 대부분의 구성원들이 합리적이라고 수긍할 수 있는 것이라야 한다.

둘째, 경영자나 관리자는 업무계획 단계에서 팀원의 참여를 유도하고 팀원이 해야 할 일을 협의하는 과정이 필요하다. 사전 협의가 없이 결과로만 커뮤니케이션한다면 팀원들이 결과를 받아들이기 어렵다.

셋째, 경영자나 관리자는 업무수행 과정에서 주기적으로 팀원들을 점검하고 피드백을 해주어야 한다. 이때 주기적인 점검은 팀원들을 감독하거나 통제하기 위한 것이 아니라 자율적으로 이행할 수 있도록 지도와 지원을 해주기 위한 것이어야 한다. 피드백은 지금 일어나는 일에 대한 것뿐 아니라 대안과 개선방향까지 포함하는 것이 바람직하다.

넷째, 결과확인 단계에서는 계획과 결과를 비교해서 경영자가 내린 판단, 계획보다 부족한 것이나 초과된 것의 원인, 좋은 점과 향후 개선해야 할 점 등을 확인하고 피드백하는 커뮤니케이션 활동이 필요하다.

분배공정성을 확보하려는 노력과 절차공정성을 확보하려는 노력은 팀원들의 결과에 대한 수용도를 높임으로써 동기부여 효과를 높이는 데 기여할 수 있다.

병원에서의 커뮤니케이션은 생명과도 같다

커뮤니케이션의 중요성과 그 의미

현대 사회에서 커뮤니케이션의 중요성은 날로 높아지고 있다. 어느 조사에서 지금 현재 리더가 갖추어야 할 중요한 역량과 10년 후에도 리더가 갖추어야 할 중요한 역량이 무엇인가?라는 질문에 대상자들은 공통적으로 '커뮤니케이션 능력'이라고 답했다. 현재뿐 아니라 10년 후까지도 가장 중요한 리더의 역량으로 커뮤니케이션 능력을 꼽은 것이다. 이처럼 효과적인 커뮤니케이션 능력을 기르기 위한 노력이 반드시 필요한 것 같다.

커뮤니케이션의 개념적 정의는 '전달자(sender)와 수신자(receiver) 사이의 정보전환, 개인을 포함한 집단 간의 의미전달' 또는 '일반적인 상징을 통한 정보나 의사전달'이다.

원활한 커뮤니케이션을 하기 위해서는 정보 전달자, 정보 수신자, 정보 내용, 정보 경로, 정보 전달 상황 등 5가지 요소가 최적의 조화를 이루어야 한다. 단순한 예로 영어 단어 하나에는 평균 17개의 의미가 있으며 보통 사람들은 하루에 약 800단어를 사용한다고 한다. 따라서 두 사람 이상 커뮤니케이션하려면 최소 1,600개의 단어가 의미하는 2만 7,200가지 의미를 해석하고 사용할 수 있어야 한다는 계산이 나온다. 단순한 커뮤니케이션을 하기 위해서도 이렇게 수많은 단어의 의미를 고려해야 한다는 말이다.

커뮤니케이션이란 결국 상대방에게 자신의 의도를 전달하고 일정한 효과를 거두기 위한 것이다. 따라서 효과적인 커뮤니케이션을 하려면 적절한 용어를 사용해 정확한 정보를 제공하고 공유하는 것뿐 아니라 자신이 의도하는 것을 상대방이 완전히 수용할 수 있도록 최선의 노력을 해야 한다.

커뮤니케이션의 개방성

커뮤니케이션의 개방성 수준은 메시지의 개방성, 전달자와 수신자 간의 신뢰도, 커뮤니케이션 주제의 명확성, 커뮤니케이션 목적 공유 여부 등 4가지 기준으로 판단하고 이를 바탕으로 메타 커뮤니케이션(Meta-Communication)과 직접 커뮤니케이션(Direct-Communication)으로 구분한다.

메타 커뮤니케이션은 가정과 추측으로 메시지의 숨겨진 의미를 해석해야 하는 커뮤니케이션 형태를 말한다. 예를 들어, 중요한 시험을 앞둔 수험생이 시험에 집중하지 않고 친구들과 어울린 후 밤늦게 귀가했을 때, 부모님이 "시험이 언제라고 했지?"라고 질문을 던지는 방식이다.

이것은 단순히 시험날짜를 몰라서 묻는 질문이라기보다는 시험날짜가 얼마 안 남았으니 다른 일보다는 시험 준비에 더 시간을 쏟아야 되지 않겠

느냐는 메시지를 전달하기 위해서다. 이처럼 메타 커뮤니케이션은 서로의 감정과 의도를 직접 드러내지 않으면서 의미를 전달하려는 간접 커뮤니케이션이라 할 수 있다.

반면, 직접 커뮤니케이션은 전달하고자 하는 단어나 의미를 직접 노출시켜 수용자가 메시지를 다른 의미로 받아들이지 않도록 하는 방식이다.

간접 커뮤니케이션보다 직접 커뮤니케이션이 더욱 필요한 상황을 살펴보면 다음과 같다.

첫째, 전달자와 수용자가 오랜 시간을 함께해 왔다면 간접 커뮤니케이션으로도 의사전달이 가능하겠지만, 그렇지 않은 경우라면 간접 커뮤니케이션 방식은 오해를 불러일으킬 수 있다. 당사자 간 이해가 깊지 않은 상황이라면 정확한 단어와 분명한 의미를 사용하는 직접 커뮤니케이션을 해야 한다.

둘째, 커뮤니케이션의 결과가 매우 논란을 일으킬 가능성이 있거나, 다른 사람들에게 중대한 영향을 미칠 가능성이 있는 경우에는 직접 커뮤니케이션 방식을 사용한다. 특히 의료현장에서는 대부분 커뮤니케이션이 직접 커뮤니케이션의 형태로 구체적이고 분명하게 이루어져야 한다.

건설적 피드백(Constructive Feedback)

커뮤니케이션 과정에서 피드백은 다른 사람의 행동이나 아이디어에 대한 수용자의 감정이나 반응을 내포하고 있다. 커뮤니케이션을 효과적으로 하기 위해서는 감정이 들어가야 하지만, 지나치면 부정적인 결과를 초래할 수 있다.

적정 수준의 감정을 유지하려면 다음과 같은 요소를 갖추어야 한다.

첫째, 자기 동기부여(Self-Motivation)가 필요하다. 다시 말해 효과적으로 커뮤니케이션하고자 하는 의지가 있어야 한다는 것이다.

둘째, 자기인식(Self-Awareness)이 필요하다. 즉 자기 감정의 강점과 특질을 아는 것이 필요하다.

셋째, 자기 통제능력(Self-Management)이 필요하다. 자신의 감정을 관리하고 충동을 통제할 수 있는 능력이 필요하다.

넷째, 감정이입(empathy)이 필요하다. 형식적인 커뮤니케이션만 하려고 한다면 상대방도 마음을 개방하려 하지 않을 것이다. 따라서 다른 사람의 감정을 이해하고 수용하는 능력이 필요하다.

다섯째, 사회적 능력(Social Skill)이 필요하다. 타인의 심리적, 감정적 상태를 확인하고 대응할 수 있는 능력을 가져야 한다.

커뮤니케이션 과정에서 피드백은 상대방의 행동을 칭찬하고 격려하는 형태가 되어야 한다. 개인적인 감정을 자제하고 상대방이 불쾌하지 않도록 하며 대안을 제시하는 것이어야 한다. 이것을 '건설적 피드백'이라 한다. 건설적 피드백이 이루어지기 위해서는 당사자 간의 신뢰, 내용의 구체성, 수용자의 마음의 준비, 피드백의 실행 가능성 등을 고려해야 한다.

A 조직에서는 업무개선과 인사고과의 정확성/공정성을 확보하기 위해 중간점검과 피드백 프로세스를 도입했다. 시행 초기에는 새로운 프로세스 때문에 고유 업무를 수행할 시간이 부족하다는 팀장들의 불만이 쏟아져 나왔다. 또한 팀원들은 기존의 관행대로 팀장이 평가하면 불만에 대한 별다

른 이의를 제기하지 않고 그대로 수용하는 관행을 답습했다.

그러나 곧 새로운 관리 프로세스는 큰 효과를 발휘했다. 관리자에 대한 팀원들의 신뢰도가 높아졌고, 피드백의 만족도가 높아졌다. 또한 평가결과에 수긍하는 사람들도 많아졌다.

시간이 지나면서 사람들도 변하기 시작했다. 기존 조직문화에 문제의식을 느끼고 체계적인 관리를 하고자 했던 팀장들이 먼저 변했다. 새로운 프로세스를 제도화하기 이전까지는 혼자서 튄다는 눈총이 두려워 나서는 것이 부담스러웠던 팀장들이 공식적인 제도하에서 눈치를 보지 않고 주도적으로 팀원들을 관리할 수 있게 된 것이다. 일부 팀장들의 이러한 변화는 조직 내에 신선한 변화를 가져 왔으며, 다른 팀장들도 이러한 변화에 동참하기 시작했다.

피드백 프로세스를 진행하면서 관리자들은 다음과 같은 몇 가지를 경험할 수 있었다. 첫째는 무엇보다도 평가결과에 대한 만족도가 높아졌다는 것이다. 특히, 기존의 평가 시스템에서 하위 등급을 받았던 그룹의 만족도가 높았다. 피드백 프로세스를 시행하기 전에는 하위 등급을 받은 그룹에서 불만이 많았다. 불만의 원인은 자신이 왜 최하 등급을 받아야 하는지 이해하지 못했다는 것이다. 그러나 중간점검과 피드백 프로세스를 거치면서 이러한 문제점이 해결됐다. 직원들에게 업무 진행과정에 대한 피드백, 성과를 개선하기 위한 대안 중심의 피드백, 결과에 대한 피드백을 실시함으로써 평가받는 직원들은 충분한 정보를 받을 수 있었기 때문이다. 따라서 자신이 부족한 점과 개선해야 할 점에 대해 분명하게 확인할 수 있었다. 이와 같이 건설적 피드백은 문제점을 구체적으로 인식하게 하고, 실질적인 개선책을 제시하기 때문에 모두가 만족할 수 있었다.

두 번째 효과는 관리자들이 스스로 학습하기 시작한 것이다. 관리자들은 처음 한두 번은 본인이 알고 있는 지식과 리더십 능력으로 피드백을 진행했다. 그러나 시간이 지나면서 한계를 느끼기 시작했다. 자신들의 밑천이 점점 드러난 것이다. 이후 피드백을 하기 위해서는 팀원들을 관찰, 기록하고 지원하는 관리능력이 필요하다는 것을 인식하고 역량을 키우기 위해 스스로 학습하기 시작했다.

세 번째 효과는 관리자들이 팀원들의 말에 귀 기울이게 된 것이다. 관리자들은 일방적인 평가와 피드백으로는 근본적인 문제를 해결하지 못한다는 것을 알게 되었기 때문에, 팀원들의 생각을 듣고 공감하려는 노력과 의지가 더 강해졌다.

팀원들의 자세도 형식적인 참여에서 벗어나 더욱 적극적으로 참여하는 모습으로 변했다. 이전에는 면담과정에서 수동적으로 팀장의 지시를 받는 수준에 머물렀으나, 새로운 프로세스가 활성화되면서 적극적으로 의견을 개진하고 참여하는 모습으로 변했다. 하나의 프로세스를 개선함으로써 조직의 분위기도 살리고 커뮤니케이션도 활성화된 것이다. 이러한 과정을 통해 조직 분위기가 좋아지고 커뮤니케이션이 활성화되었다.

적극적 경청(Active Listening)

일반인들은 하루 8시간의 근무시간 중 약 40%를 다른 사람의 의견을 듣는 데 쓴다고 한다. 그러나 정작 이 중 25%만이 효과적이라는 조사결과가 있다. 경청은 동료나 상사와의 관계뿐 아니라 고객과의 관계에도 중요한 영향을 미칠 수 있다.

이러한 경청의 방법으로는 두 가지가 있다. 먼저 다른 사람이 말하는 동안 될 수 있는 한 말을 아끼고 주로 듣는 모습을 보이는 방식을 '소극적 경청(Passive Listening)'이라 한다. 이 방법은 상대방이 충분히 말할 수 있도록 하며, 짧은 시간에 좀 더 직접적인 문제에 대해 얘기할 수 있다. 소극적 경청은 상대방이 말하는 동안에 '그렇군요', '아하' 등과 같은 간단하고 중립적인 표현을 사용함으로써 대화를 원활하게 한다. 그러나 소극적 경청은 상대를 정확하게 이해시키거나 상대의 말을 진심으로 이해하고 있다는 느낌을 주는 데는 한계가 있다. 어떤 경우에는 자신이 하고 있는 말을 듣는 사람이 형식적이고 의례적으로 듣고 있다는 인상을 상대방이 가질 수 있다. 따라서 이러한 문제를 극복하고 적극적인 대화를 하는 '적극적 경청'을 권장한다.

적극적 경청은 커뮤니케이션 과정에서 상대방의 마음을 열고, 건설적인 피드백 효과를 극대화할 수 있도록 돕는 방법이다. 이러한 적극적 경청은 상대방이 자신을 드러내도록 한다. 또한 상대의 이야기에 공감을 표시하며 정확히 이해했다는 증거를 제시할 수 있는 커뮤니케이션 방식이다.

적극적 경청을 효과적으로 할 수 있는 방법 중의 하나가 공감이다. 공감은 일반적으로 다른 사람의 느낌이나 생각을 그대로 경험하거나 동일하게 느끼는 것을 말한다. 이때 공감은 일시적으로 상대방이 세상을 바라보는 방식을 경험하라는 뜻이지, 자신이 주체성을 버리고 그 사람이 되라는 뜻은 아니며 상대방의 옳고 그름을 판단하라는 의미는 더더욱 아니다. 이렇게 '자신이 공감한 것을 상대방에게 어떻게 보여 주는가', '상대방의 이야기나 감정을 이해했다는 것을 어떻게 증명하는가' 등의 질문에 대한 대답을 주는 것이 바로 적극적 경청이다.

여러 가지 장점이 있음에도 불구하고 적극적 경청을 우려하는 시각으로 바라보는 것이 전혀 없는 것은 아니다. 첫째, 적극적 경청이 시간 낭비를 초래한다고 보는 시각이다. 물론 당장은 적극적 경청이 일방적인 결정보다 시간 소요가 더 많은 것은 사실이다. 그러나 종합적 관점에서 보면 시간과 비용을 절약할 수 있다는 조사결과가 있다. 의사가 진료할 때도 환자의 말을 충분히 경청한다면 조기에 신뢰를 쌓을 수 있기 때문에 따라서 환자의 주요 증상을 한결 쉽고 명확하게 알 수 있다. 또 환자를 더욱 잘 이해할 수 있기 때문에 환자에게 적합한 치료방법을 선택할 수 있다. 또한 환자는 의사의 권고를 더 잘 받아들일 수 있으므로 치료 효과도 높일 수 있다.

둘째, 환자에게 오해를 살 수 있다는 시각이다. 의사가 환자와의 커뮤니케이션 과정에서 긍정을 표시하기 위해 하는 행동들이 환자에게는 의례적이라는 느낌을 줄 수도 있다는 것이다. 이와 같은 문제점을 예방하려면 더욱 적극적인 경청을 위해 환자의 말과 상황을 이해하고, 의사 자신의 말과 상황으로 바꾸어 이해해야 한다.

셋째, 공감할 수 없는 피드백을 줄 수 있다는 시각이다. 많은 사람들은 전달하는 메시지에 감정을 넣어 어떠한 결과를 기대한다. 이러한 감정을 공감하지 못한 채 일반적인 메시지를 전달했다면 상대방은 자신이 기대했던 것을 얻지 못해 실망하게 된다. 따라서 대화과정에서 경청하고 상대방이 공감할 수 있는 피드백을 주는 것이 중요하다.

이러한 우려를 불식시키고 적극적인 경청의 장점을 살리기 위해서는 다음과 같은 노력이 필요하다.

1. 사실에 초점을 맞추어라.

2. 상대방의 감정을 정확하게 파악해야 한다.

3. 상대방 말에 공감하는 표현과 반응을 보여야 한다.

4. 상대방 말을 정확하게 이해하기 위해 상대방의 표현을 자신이 이해하는 방식으로 다시 설명한다.

5. 상대방의 말에 대해 솔직한 감정으로 표현한다.

6. 폐쇄적 질문(Closed Question)이 아닌 개방적 질문(Open ended Question) 예를 들어 '왜 그렇게 생각하는가?' 등과 같이 상대의 의견을 구하는 질문을 자주 사용한다.

7. 상대방이 말하는 동안에는 가급적 끼어들지 않는다. 공감하려는 노력을 하되, 미리 짐작하지 않는다.

8. 상대방이 다음에 무슨 말을 할지 예단하지 말아야 한다.

9. 상대방과 시선을 맞춘다. 지나치게 직접적으로 응시하면 부담을 느낄 수 있으므로 공감을 할 때 눈빛을 교환한다.

10. 상대방이 말한 내용에서 무엇을 들었는지, 무엇을 이해했는지 정확히 보여준다.

11. 상대방의 말을 평가하지 말고, 지금까지의 내용을 요약해서 정리한다. 그런 다음 더 나은 논의를 위해 필요한 사항을 정리한다.

적극적 경청은 건설적인 카타르시스를 경험하게 하는 기능을 한다. 환자는 의사를 자신의 감정을 공감하고 잘 받아들이는 사람으로 인식하게 되므로 자신의 생각을 더욱 안정감 있게 표현한다. 이처럼 적극적 경청은 상대방으로부터 진솔한 이야기를 들을 수 있기 때문에 더욱 직접적이고 효과적으로 문제해결을 돕는다.

또한 상대방에게 문제에 대한 주체성을 갖게 한다. 당사자는 자신의 문제를 누군가 해결해주기를 기대한다. 적극적인 커뮤니케이션이 이루어지면 자신의 문제를 해결하는 데 있어서 다른 사람에게 의존하기보다 스스로 생각하게 하며, 방향성을 가지고 스스로 책임지도록 도와줄 수 있다. 즉, 문제를 가진 사람의 문제해결 능력을 높여줄 수 있다는 것이다.

적절한 자기노출

의료진이 환자와의 관계를 합의적인 상담자와 의뢰인으로 인정한다면 반드시 쌍방향 커뮤니케이션을 해야 한다. 협력적 관계란 상호 욕구만족에 가치를 두고 노력하는 것인데 이를 위해서는 개방적이고 정직하며 직접적인 자기노출이 필요하다.

자기노출은 적절한 수준이어야 한다. 자기노출이 인간관계에서 도움이 되는 것은 사실이지만, 동시에 다른 사람을 불편하게 할 수도 있고 상처를 줄 수도 있으며 방어적으로 만들 수도 있기 때문이다.

자기노출을 효과적으로 하기 위해서는 자신의 생각이나 감정, 욕구를 상대방에게 분명하게 전달해야 한다. 이때 전달하는 메시지를 '나 메시지 (I-Message)'라고 한다.

'나 메시지'는 다음과 같은 것이 있다.

1. 나는 당신의 도움이 필요합니다.

2. 나는 사람들이 이런 행동을 할 때 화가 납니다.

3. 내가 약속시간을 잘 지켜야 했는데 그러지 못해서 미안합니다.

이러한 '나 메시지'는 정보전달형, 반응형, 예방형, 직면형으로 구분할 수 있다. 각 메시지의 정의를 알아보고 그에 맞는 예를 들어보기로 한다.

| **정보전달형 나-메시지**(Declarative I-Message) | 한 사람의 믿음, 생각, 선호, 의견 등을 다른 사람에게 전달하기 위해 사용한다. 이는 자신의 정보를 상대방에게 좀 더 분명하게 전달함으로써 상대방의 자기노출을 효과적으로 도와준다.

"저는 걷는 것이 달리는 것보다 안전하다고 생각합니다."

"저는 환자분의 미소를 보는 게 참 좋아요."

| **반응적 나-메시지**(Responsive I-Message) | 누군가로부터 어떤 요청받았을 때, 어떻게 느끼는지 자신의 감정을 분명히 전달하는 메시지다.

환자: 진통제 좀 더 주세요.

간호사: 아니오. 더 드릴 수 없습니다. 더 드리지 말라는 의사 선생님의 지시가 있었습니다.

| **예방적 나-메시지(Preventive I-Message)** | 다른 사람과의 관계에서 상대방에게 앞으로 일어날 수 있는 문제를 예방할 수 있도록 희망을 전달하는 메시지다. 즉, 다른 사람의 협력이나 지지, 실천에 의해서만 충족될 수 있는 욕구인 경우, 그 사람에게 나의 욕구를 노출시키는 것이 예방적 나-메시지이다. 이 메시지는 미래에 필요한 것을 상대방에게 미리 알려주어 많은 문제와 다툼을 효과적으로 예방할 수 있기 때문에 매우 유용하다.

환자: 통원치료 동안에 제가 주의해야 하는 게 무엇인가요?

물리치료사: 치료를 받고 나면 내일쯤 통증이 조금 있을 거예요. 미리 알게 되면 놀라지 않으실 테고, 걱정도 덜 수 있을 것 같아 지금 말씀 드립니다.

| **직면적 나-메시지(Confrontive I-Message)** | 환자의 행동이 자신의 욕구를 방해하고 있을 때나 이미 방해받았을 때 보내는 메시지이다. 이 메시지를 사용하는 목적은 받아들일 수 없는 상대방의 행동을 변화시키는 데 영향을 주기 위한 것이다. 직면적 메시지는 관계를 손상시킬 위험성이 높다. 그렇다고 사용하지 않을 수도 없다. 환자의 무리한 요구와 비협조적인 태도, 병원 규칙과 질서의 무시 등 행동에 대해서는 과감하게 제지해야 한다.

(병실 안에서 휴대 전화를 사용하고 있는 환자에게)

간호사: 병동 내에서 휴대 전화 사용은 금지입니다. 건물 밖으로 나가서 통화해주세요.

자기노출을 설명하는 개념으로 '요하리의 창(Johari's Window)'을 사용한다. 이 개념은 조 루프트(Joe Luft)와 해리 잉햄(Harry Ingham)이 제안한 내용이다. 즉, 관계에서 '남들이 나에 대해 알고 있는 영역'과 '남들이 나에 대해 모르는 영역'이 있으며, 나 스스로 나에 대해 '알고 있는 영역'과 '모르고 있는 영역'이 있다는 것이다. 이것을 축으로 공개 영역, 맹목 영역, 사적 영역, 미지 영역으로 구분했다.

먼저 '공개 영역'은 남들도 나에 대해서 알고 있고, 스스로도 자신에 대해서 알고 있는 영역이다. '맹목 영역'은 남들은 나에 대해서 알고 있지만, 스스로는 자신에 대해 모르고 있는 영역이다. '사적 영역'은 남들은 모르고 있지만 스스로는 자신에 대해 알고 있는 영역이다. 마지막으로 '미지 영역'은 남들도, 스스로도 자신에 대해 모르는 영역이다.

요하리의 창에서는 커뮤니케이션이 효과적으로 이루어지기 위해서 남들이 자신을 이해하는 영역을 넓히면서, 자신을 이해하는 범위도 넓혀야 한다고 한다. 즉, 공개 영역이 넓어지고 맹목 영역, 사적 영역, 미지 영역이 적정 수준으로 줄어들어야 한다는 것이다.

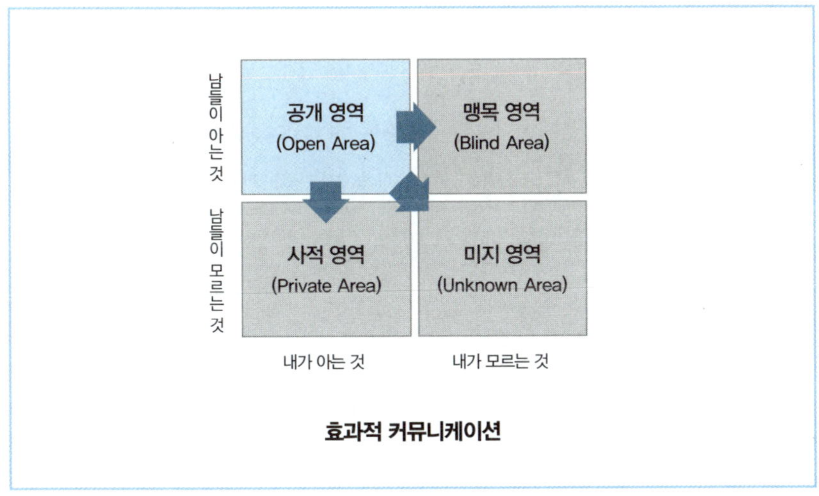

효과적 커뮤니케이션

다양한 커뮤니케이션 수단

커뮤니케이션은 대화로 이루어지는 커뮤니케이션(Verbal Communication)과 대화 이외의 방법으로 이루어지는 커뮤니케이션(Nonverbal Communication)으로 나뉜다.

커뮤니케이션의 다양한 수단은 커뮤니케이션을 돕고 그 자체로도 커뮤니케이션 기능을 한다. 단, 일반적인 기준으로 볼 때 직접 대면해서 커뮤니케이션하는 것이 가장 효과적이다.

그러나 현대 사회에서는 이메일, 휴대전화, 홈페이지 등 다양한 수단이 개발되면서 직접 대면하는 것을 대체·보완하고 있다. 효과적으로 커뮤니케이션을 하려면 둘 이상의 수단을 병행하는 것이 좋다. 예를 들면, 업무와 관련된 공식적인 지시를 구두로 전달했더라도 반복과 확인 차원에서 이메일을 다시 보내는 방법이 있다. 이 방법은 업무의 근거가 될 수도 있기 때문에 매우 정확한 커뮤니케이션 방법이다.

또한 특정 인물과 관련이 있는 일을 해야 할 경우, 먼저 전화 또는 구두로 동의를 구한 다음, 이메일을 보조수단으로 활용하는 방법이 좋다.

병원에서 일어나는 커뮤니케이션은 매우 민감한 사항이다. 따라서 의사가 환자에게 처방을 할 때도 반드시 먼저 차트에 기록하고 구두로 확인하는 절차가 필요하다.

이처럼 다양한 수단을 병행해서 쓸수록 커뮤니케이션 효과가 높아지지만, 순서가 바뀌면 부작용을 일으킬 수 있기 때문에 유의해야 한다. 상대방에게 민감하고 좋지 않은 소식을 전해야 할 경우, 이메일을 먼저 보내고 나

중에 구두로 확인하는 것은 매우 잘못된 방법이다. 오해를 낳을 수도 있기 때문이다. 또한 환자 관련 기록을 차트에 기록했다는 이유로 구두로 전달하지 않는 것도 잘못된 커뮤니케이션 방식이다. 환자가 모르고 지나칠 수도 있기 때문이다. 따라서 커뮤니케이션 수단은 순서에 따라 적절하게 병행할 때, 효과를 극대화할 수 있다.

퍼스낼리티 유형별 커뮤니케이션

개인의 퍼스낼리티는 외향성, 내향성, 감각형, 직관형, 사고형, 감정형, 판단형, 인식형 등으로 나눌 수 있다. 효과적인 커뮤니케이션을 하기 위해서는 자신과 상대방의 퍼스낼리티를 이해하고 반영해야 한다.

외향성의 소유자는 말하기 전에 마음속으로 자문하기, 말하는 사람에서 듣는 사람으로 역할 바꾸기, 상대방의 말이 끝날 때까지 기다리기 등을 실천함으로써 자신의 단점을 보완하고 효과적인 커뮤니케이션을 할 수 있다.

반면에 내성적인 성격의 소유자는 타인에게 먼저 질문하기, 듣는 사람에서 말하는 사람으로 역할 바꾸기, 먼저 표현해보기 등의 행동으로 커뮤니케이션의 적극성을 높여야 한다.

감각형 사람은 변화를 위한 근본 이유를 생각하기, 새로운 아이디어를 창출하기, 유사/공통 점 찾기, 전체 맥락 찾기 등의 행동으로 커뮤니케이션 효과를 높여야 한다.

반면에 직관형은 커뮤니케이션 과정에서 자신이 간과한 부분 찾기, 객관적으로 자신이 수행할 수 있는 사항 자문하기, 구체적인 사실 나열해보기 등의 행동으로 커뮤니케이션의 정확성을 높이려는 노력을 해야 한다.

사고형은 비판하고 싶을 때 잠시 미루기, 상대의 기분 헤아리기, 나와 상대방의 정서에 귀 기울이기 등의 행동으로 다른 사람을 감정적으로 이해하고 공감하려는 노력을 해야 한다.

반면에 감정형은 감정이 격해졌을 때 잠시 숨 고르기, 현 상황에서 객관적 요소 찾기, 감정과 별도로 대안 생각하기 등의 이성적 행동으로 커뮤니케이션의 효과를 높일 수 있다.

판단형은 커뮤니케이션을 마무리하기 전에 추가 정보가 필요한지 점검하기, 결정 직전 다시 검토할 것인지 점검하기, 대기 가능성 점검하기 등의 행동으로 커뮤니케이션 효과를 높일 수 있다.

반면에 인식형은 마감 일정 자주 체크하기, 행동할 시간과 생각할 시간 판단하기, 일정 진행상황을 수기로 기억하기 등의 행동 등을 해 커뮤니케이션 효과를 높일 수 있다.

이와 같이 개인이 지닌 퍼스낼리티 유형에 따라 자신과 팀원의 부족한 면을 보완한다면 더욱 정확하고 효과적인 커뮤니케이션을 할 수 있을 것이다.

커뮤니케이션의 걸림돌

병원 커뮤니케이션 과정에서 걸림돌이 되는 몇 가지를 살펴보면 다음과 같다.

| 지시하기, 방향 제시하기, 명령하기 | 지시와 명령은 일반적으로 상하관계에서 이

루어지는 커뮤니케이션이다. 이를 환자에게 사용했을 때는 환자의 말에 공감하지 않고, 환자와 교감하는 협력적 관계를 형성할 의향이 없다는 뜻을 전달하는 것처럼 보일 수 있다. 방향 제시하기 또한 환자와 협의 없이 일방적으로 이루어진다면 효과적인 커뮤니케이션을 방해하는 요소가 된다.

환자: 이 운동은 제가 좋아하지도 않고 하고 싶지도 않습니다. 다른 운동을 하면 안 될까요?

의사: 판단은 제가 합니다. 그만두라고 할 때까지 거르지 말고 계속 하세요.

| **경고하기, 훈계하기, 위협하기** | 환자의 비관적인 감정에 공감이나 수용을 표현하지 않고 일방적으로 진행하는 커뮤니케이션 방식이다. 의사는 환자보다 높은 위치에 있는 사람이 아니다. 그러므로 위에서 아래로 흐르는 듯한 커뮤니케이션은 금물이다. 또한 환자의 경각심을 높이기 위해 실제보다 심각하게 이야기하는 경우가 종종 있는데, 환자에게 쓸데없는 걱정과 오해를 불러일으킬 수 있기 때문에 지양해야 한다.

환자: 다리에 힘이 없는데 어떻게 해야 하나요?

간호사: 스스로 희망을 버린다면 좋아질 리가 없다는 것 하나는 확실해요.

| **도덕적으로 교화하기, 설교하기** | 환자에게 도덕적, 윤리적, 종교적 관점에서 가르치려 하는 것은 환자가 비판적인 태도를 갖게 하므로 지양해야 한다.

환자: 더 이상의 치료는 받지 않겠습니다.

의사: 생명은 고귀한 것입니다. 가족들을 생각해서라도 치료를 계속 받아야 합니다.

| **비꼬기, 낙인찍기** | 환자에게 열등의식을 느끼게 하거나 방어적인 자세를 취하게 해서 서로 논쟁하거나 싸우는 자세로 변질될 수 있다.

환자: 요강을 사용하는 건 너무 창피해요. 화장실을 이용하게 해주세요.

간호사: 침대에서 안정을 취하는 것도 힘드세요?

| **판단하기, 비난하기** | 다른 사람의 문제를 들을 때 부정적으로 판단하거나 평가하는 것이다. 비난과 부정적인 평가는 환자가 객관적으로 자신을 평가하는 것을 방해하기 때문에 지양해야 한다.

환자: 지난번 방문했을 때보다 몸무게가 많이 불었어요.

의사: 살찌는 음식을 그렇게 많이 드시니까 그렇죠. 많이 먹는 자신을 탓해야지 누굴 탓하겠어요.

| **동의하지 않기, 반박하기, 가르치기** | 환자에게 어떤 사실을 주입하려고 하거나, 그들이 잘못 알고 있는 사실을 억지로 바로잡으려는 것을 말한다. 또한 그들이 잘못 생각하고 있는 것을 정면으로 반박하거나, 지나치게 논리적으로 설명하려고 하는 태도다. 이러한 방식은 의사가 자신의 의견을 강력히 주장해 환자에게 영향을 미치려고 하는 것이므로 환자가 자신의 이야기를 계속하기 어려워진다. 따라서 환자와의 관계에도 안 좋은 영향을 끼칠 것이다.

환자: 수술이 너무 무서워요. 이제 여자로서 생명이 끝나는 것 같아 너무 절망스러워요.

의사: 그건 잘못된 생각입니다. 이 수술을 받는다고 해서 모두 여성성을 포기해야 하는 것은 아닙니다.

| **동의하기, 지지하기, 칭찬하기** | 사람들은 보통 긍정적인 평가나 적극적으로 동의하는 것이 상대방의 기분을 좋게 만들고 문제를 극복할 수 있도록 도울 것이라고 생각한다. 물론 대부분의 경우에는 긍정적으로 작용할 수 있다. 그러나 이것도 상황에 맞게 해야 한다. 예컨대, 치료가 불가능한 암환자에게 "당신은 반드시 건강해질 수 있어요" 같은 말을 한다면 오히려 절망감만 안겨줄 뿐이다.

보호자: 남편의 치매가 이제 더 이상 손을 쓸 수도 없는 상태인 것 같아요. 이제는 저조차도 기억하지 못하거든요. 너무 힘들어요.

의사: 나이가 들면 기억력이 떨어지죠. 당연히 힘들고 짜증날 거예요.

| **분석하기, 해석하기** | 의료진이 분석하고 해석하는 태도는 자칫 환자에게 자신의 생각이나 행동을 의사가 미리 판단하는 것처럼 보일 수도 있다.

환자: 점점 나빠지는 것 같습니다.

간호사: 오늘 산책 나가기 싫어서 그러시는 것 다 알아요.

| **안심시키기, 위로하기** | 환자가 자신의 감정을 드러내놓고 말하게 하고 그들이 겪는 어려움을 줄여주며, 자신의 문제가 그리 심각하지 않다는 점을 강조해 환자의 기분을 좋게 하려는 의도이다. 그러나 환자를 이런 방법으로 안심시키는 것은 자신을 진정으로 이해하지 않는다고 느끼게 할 수도 있다.

환자: 가족이 그리워요. 여기는 너무 외롭군요.

호스피스: 그렇지만 여기서 새로 사귄 친구들도 많이 있잖아요. 모두가 당신을 좋아해요.

| **무시, 철회, 중단, 말 돌리기** | 환자의 말을 농담으로 받아들이거나 주제를 바꿈으로써 환자가 자신의 문제를 심각한 것으로 받아들이지 않도록 하는 메시지다. 그러나 상대방은 오히려 관심이 부족한 것으로 오해할 수 있다.

환자: 여태껏 내 몸은 내 스스로 돌봐왔는데 이렇게 다른 사람에게 의존해야 한다는 것이 몹시 우울하네요.

의사: 오늘은 혈압부터 잽시다. 기침은 어때요?

| **질문하기, 조사 확인하기** | 환자가 이미 문제를 제기했는데도 그 문제를 다시 확인하려고 하는 것은 환자에게 신뢰감을 주지 못한다.

환자: 의사 선생님도 환자가 얼마나 무시당하고 있는지 알아야 한다고 생각해요.

의사: 병원에 이 문제 개선을 위해 건의는 하셨나요?

| **충고하기, 해결책 주기** | 의료진이 환자에게 제시한 충고나 해결책이 환자가 받아들일 수 없는 것이라면 커뮤니케이션이 이루어질 수 없다. 전문성과 권위를 가지고 있다 하더라도 그 전문성을 환자에게 언제 제공해야 할지, 어떻게 의사전달을 해야 하는지 정확히 알고 있어야만 환자의 거부감을 줄일 수 있다.

위와 같은 요소들은 때에 따라 커뮤니케이션을 저해하는 걸림돌로 작용할 수 있다. 따라서 커뮤니케이션을 할 때는 내용과 시기를 적절하게 판단해야 한다.

병원의 노무관리를 이해한다

노무관리의 이해 – 의미와 특성

'노무관리'라는 용어는 많은 변화를 거듭해왔다. 초기에는 노동관계(Labor Relations), 노사관계 또는 산업관계(Industrial Relations) 등의 용어를 사용되었다. 국가에 따라서 노자관계(Labor-Capital Relations)라는 용어를 사용해 계급의식을 부여하기도 했다.

그러나 최근에는 자본의 분산으로 소유주 구분이 모호해지면서 경영자와 근로자의 관계로 보는 노경관계(Labor-Management Relations)라는 의미로 주로 사용하고 있다. 이는 노사관계의 부정적 의미를 최소화하면서 근로자와 경영자가 대립하는 주체가 아니라 협력하는 주체라는 의미다.

한편, 최근 고용관계(Employment Relations)라는 용어도 확산되고 있다. 이는 전통적으로 노동조합 중심의 노사관계에서 벗어나 비노조원인 일반 직원을 포함하는 근로관계를 관리하는 추세를 반영하는 것으로 보인다. 이

번 장에서는 노무관리를 노경관계와 고용관계라는 관점에서 검토하겠다.

이는 경영자를 노무관리의 주체로 보고 근로자의 대화 상대라는 관점에서 살펴보기 위한 것이다. 또한 노무관리의 범위를 노조원, 블루컬러, 정규직, 민간 부문 중심에서 비노조원, 사무 서비스직, 비정규직, 공공부문까지 포함하는 것이다.

노무관리의 특성은 다음과 같은 몇 가지 양면성을 가진다.

첫째, 노무관리는 협력적 관계와 대립적 관계라는 양면성을 지닌다. 노무관리는 서로의 이익을 달성하기 위해 근로자와 경영자가 협력관계를 유지하지만, 이익 또는 부가가치의 배분에 있어서는 근로자와 경영자 간에 대립관계가 발생할 수 있다는 것이다.

둘째, 노무관리는 경제적 관계와 사회적 관계라는 양면성이 있다. 근로자는 경제적 목적을 달성하기 위해 노동력을 제공하고 그 대가로 임금을 받는 경제적 관계라는 속성이 있을 뿐 아니라, 사람들로 구성된 조직에서 사회적 상호작용을 위한 인간관계를 구축할 수밖에 없는 사회적 속성도 지니고 있다.

셋째, 노무관리는 종속 관계와 대등 관계라는 양면성이 있다. 근로자는 경영자와 고용계약에 의해 노동력을 제공하는 종속 관계가 형성되지만, 근로자들이 노동조합을 결성하게 되면 근로자와 경영자라는 대등한 관계로 변한다.

넷째, 노무관리는 공식 관계와 비공식 관계라는 양면성을 지닌다. 양측은 단체교섭과 단체협약, 노사협의회 등 공식적인 관계를 유지하지만, 신뢰를 높이고 친목을 도모하기 위한 체육활동과 문화활동 등으로 비공식 관계를 유지하기도 한다.

노무관리의 이해 - 변화방향

노무관리는 많은 변화를 겪었다. 과거에는 인적 자원을 비용으로 인식하고 권위주의를 바탕으로 관리했다면, 현재는 점차 인적 자원을 투자로 인식하고 민주주의에 바탕을 둔 상향식 관리의 중요성을 강조하고 있는 추세다.

과거에는 노무관리 자체를 부정적으로 바라보았다. 근로자와 경영자는 서로 다른 것을 원하기 때문에 물과 기름처럼 대립 관계가 지속될 수밖에 없다고 생각한 것이다. 노무관리에 대한 이러한 시각을 '과거지향형 시각'이라 부른다.

또한 과거에는 노무관리를 담당자와 노동조합의 간부를 중심으로 관리하려는 경향이 강했다. 노무담당자는 노동조합 간부를 설득하고 이해시키는 데 주력했으며, 노동조합 간부 역시 조합원의 의견보다는 집행부의 의견을 중심으로 노동운동을 했다. 경영자와 근로자 모두 단체교섭과 임금교섭을 중심으로 대응했기 때문에 근로자가 근로조건 등을 요구한 후에 이를 개선하는 '사후적 노무관리'를 해왔다. 이것은 단체교섭과 임금교섭이 종료되면 다음 교섭기간까지 관심을 기울이지 않는 일회적인 노무관리 방식이었다.

과거지향형 시각으로는 경영자와 근로자 간의 협력 관계를 형성하기 어렵다. 따라서 양측이 모두 긍정적이고 발전적인 관계를 지향하기 위해서는 새로운 시각의 노무관리가 필요하다.

인적 자원을 투자로 보고 상향식 관리에 관심을 가지는 것을 '미래지향형 시각'이라고 한다. 미래지향형 시각에서는 노무관리를 생산성과 연계시킬 수 있다는 점에서 긍정적이다. 이러한 시각에서는 경영자도 근로자의 요구와 주장이 타당한 것으로 인정하고 받아들이기 때문에 대화할 수 있는 분위기가 만들어진다. 노무관리는 근본적으로 자원을 분배해야 하기 때문에 대립적인 속성을 지닐 수밖에 없다. 그러나 서로의 이익과 공동의 이익을 모두 추구하기 위해서는 반드시 협력이 필요하다.

미래지향적 시각에서는 노무관리를 모든 구성원에게 이해시키고 관리하려는 노력을 한다. 회사라는 조직은 현장 관리자에게 팀원들의 공식적인 업무관계, 평가와 보상, 개인적인 문제에 이르기까지 관심을 기울이게 해서 효과적인 노무관리를 하도록 한다. 이때 설득 대상은 노동조합의 집행부가 아닌 일반 구성원이어야 한다.

또한 미래지향 노무관리는 단체/임금교섭 중심으로 접근하기보다는 근로조건 등에 대한 요구가 발생하기 전에 근로자들의 근로조건 개선 욕구를 확인하고 사전에 문제를 해결하는 선행적인 노무관리가 되어야 한다.

노무관리의 이해 – 인적 자원관리 구성체계

인적 자원 관리는 조직관리, 인사관리, 노사관계 관리 영역으로 나눈다. 이 중 노사관계 관리는 조직관리와 인사관리의 최종 결과를 관리하는 것이다. 다시 말하면 조직관리와 인사관리가 잘 되고 있다면 노사관계는 안정적일 것이고, 조직관리와 인사관리가 잘 안 되고 있다면 불안해질 것이다.

조직관리는 합리성이 뒷받침되어야 한다. 합리성이란 구성원의 퍼스낼리티 유형, 태도, 행동 이해를 바탕으로 구성원에게 동기부여하는 것을 말한다. 또한 구성원 간 커뮤니케이션, 의사결정, 리더십 등을 통해 조직을 이끄는 것이기도 하다.

합리성이 뒷받침되지 않은 조직관리는 위험요소를 동반한다. 예를 들어 커뮤니케이션 과정에서 구성원들이 비민주적인 경험을 하거나 관리자가 불합리한 요구와 지시를 하는 경우 등은 노사관계에 부정적인 영향을 끼칠 가능성이 높다.

한편, 인사관리는 공정성이 뒷받침되어야 한다. 회사에 적합한 인재를 선발하는 과정에서부터 개인 특성에 적합한 직무를 부여하고 배치하는 것, 직원육성과 경력개발, 정당한 평가에 의한 승진과 보상까지 모든 관리과정에서 공정성이 뒷받침되어야 한다는 것이다. 공정성을 상실한 인사관리는 구성원들의 불만을 가중시킬 수 있으며 이것 역시 노사관계에 위험요소로 작용할 수 있다.

구성원들은 조직관리가 합리성을 잃고 인사관리가 공정성을 상실할 때 회사와 관리자를 신뢰할 수 없게 된다. 노사관계가 신뢰성을 확보하려면 여러 가지 노력이 필요하다.

첫째, 관리자의 리더십 역량을 길러야 한다. 리더십 역량은 표면적으로 드러나지는 않지만 구성원이 조직 합리성을 인식하는 데 커다란 영향을 미친다. 따라서 효과적인 조직관리를 위해서는 관리자의 리더십 역량부터 길러야 한다.

둘째는 공정한 인사제도를 수립하고 운영해야 한다. 회사가 추구하는 가치를 바탕으로 인사고과 시스템을 개발하고 이를 공시해 투명도를 높여야 한다. 또한 조직원들이 기대하는 공정한 인사제도를 운영해야 한다.

이와 같이 합리적 조직관리와 공정한 인사관리를 통해 신뢰를 기반으로 하는 안정적인 노사관계를 기대할 수 있다.

노무관리의 이해 – 근로관계 유형

노무관리에서는 근로관계 유형을 '개별적 근로관계'와 '집단적 근로관계'로 구분한다. 개별적 근로관계는 개별 근로자와 회사의 관계에서 발생하는 관리 범위를 의미한다. 이는 고용계약에 의해 주체인 경영자와 객체인 근로자 간의 종속관계 즉, 상하관계에서 이루어지는 노무관리이다. 반면에 집단적 근로관계는 회사와 근로자 간의 집단적 관계를 의미하며 경영자와 근로자 모두 주체로서 대등한 관계에서 이루어지는 노무관리이다.

개별적 근로관계를 규정하고 있는 노동법에는 근로기준법, 남녀고용평등과일·가정양립지원에관한법률, 파견근로자보호등에관한법률 등이 있다.

집단적 근로관계를 규정하고 있는 노동법에는 노동조합및노동관계조정법, 노동위원회법, 근로자참여및협력증진에관한법률 등이 있다.

개별 근로관계법
– 근로기준법의 이해

이 장에서는 개별적 근로관계를 규정하고 있는 근로기준법과 남녀고용평등및일·가정양립지원에관한법률, 집단적 근로관계를 규정하고 있는 노동조합및노동관계조정법과 근로자참여및협력증진에관한법률에 대해 설명하기로 한다.

근로기준법은 근로조건에 대해 규정하고 있다.

"근로조건의 기준을 정함으로써 근로자의 기본적 생활을 보장, 향상시키며 균형 있는 국민경제의 발전을 꾀하는 것을 목적으로 한다(제1조 목적)." 근로기준법에서는 주요 용어에 대해 다음과 같이 정의하고 있다.

"근로자란 직업의 종류와 관계없이 임금을 목적으로 사업이나 사업장에 근로를 제공하는 자를 말한다(제2조 1항 1호)." 여기서는 레미콘 차주, 개인택시 기사, 골프장 캐디 등은 근로자 범주에 포함시키지 않는다.

"사용자란 사업주 또는 사업 경영 담당자, 그 밖에 근로자에 관한 사항에 대해 사업주를 위해 행위 하는 자를 말한다(제2조 1항 2호)." 여기서 사용자는 대표이사만을 지칭하는 것이 아니라 임원진과 관리자(예외인 경우도 있음)까지 포함된다.

"임금이란 사용자가 근로의 대가로 근로자에게 임금, 봉급, 그 밖에 어떤 명칭으로든지 지급하는 일체의 금품을 말한다(법 제2조 1항 5호)."

"평균임금이란 이를 산정해야 할 사유가 발생한 날 이전 3개월 동안에 그 근로자에게 지급된 임금의 총액을 그 기간의 총 일수로 나눈 금액을 말한다.

근로자가 취업한 후 3개월 미만인 경우도 이에 준한다(법 제2조 1항 6호)."

평균임금은 근로기준법에서 규정하고 있는 휴업수당, 연차 유급휴가, 휴업보상, 장해보상, 유족보상, 장의비, 일시보상 등을 지급하는 기준임금으로 사용되기 때문에 매우 중요하다.

① 휴업수당: 평균임금의 100분의 70 이상 지급(평균임금의 100분의 70에 해당하는 금액이 통상임금을 초과하는 경우에는 통상임금을 휴업수당으로 지급)

② 연차 유급휴가 시: 취업규칙 등에서 정하는 통상임금 또는 평균임금 지급

③ 휴업보상: 요양 중인 근로자에게 평균임금의 100분의 60의 휴업보상 지급

④ 장해보상: 평균임금×정한 일 수

⑤ 유족보상: 유족에게 평균임금 1,000일분의 유족보상

⑥ 장의비: 평균임금 90일분의 장의비

⑦ 일시보상: 요양 2년 후 부상 또는 질병이 완치되지 아니하는 경우 평균임금 1,340일분의 일시보상 후 보상책임을 면함

⑧ 감급 제재: 1회의 금액이 평균임금의 1일분의 2분의 1을, 총 액이 임금 지급기당 임금 총액의 10분의 1을 초과하지 못함

근로기준법에서는 흔히 말하는 정리해고도 '경영상 이유에 의한 해고의 제한(제24조)'이라는 조항에 명시하고 있다. 조항의 내용은 크게 다음 4가지로 요약할 수 있다.

첫째, 긴박한 경영상의 이유에 관한 내용이다. 사용자가 경영상의 이유

때문에 근로자를 해고하려면 긴박한 이유가 있어야 한다. 이 경우 경영 악화를 방지하기 위한 사업의 양도, 인수, 합병은 긴박한 경영상의 필요가 있는 것으로 본다(제24조 1항).

이와 같은 '긴박한 경영상의 이유'는 다음과 같다.

- 생산의 중단, 축소 때문에 일부 사업을 대폭 축소한 경우

- 취업 규칙 등을 근거로 경영 합리화를 위해 직제를 개편한 경우

- 일부 전문사업을 폐지한 경우

- 장기 노사분규로 경영이 악화된 경우

- 시장구조의 대폭적인 변화에 적응하기 위해서 조직을 축소, 개편한 경우

'긴박한 경영상의 이유'로 인정되지 않는 경우는 다음과 같다.

- 재정 적자를 예상하고 예방적으로 고용 조정을 시행했으나 경영 실적이 호전된 경우

- 파업 때문에 일시적으로 정상적인 경영이 어려워 사업장을 폐쇄한 경우

- 단지 영업의 양도나 인수가 있었다는 이유로 해고한 경우

둘째, 해고 회피노력에 대한 내용이다. 사용자는 해고를 피하기 위한 노력을 다해야 한다(법 제24조 2항). '해고 회피 노력'이 인정되는 경우는 다음과 같다.

- 경영방침의 개선, 경영진의 교체, 작업방식의 과학화 등을 통해 경영 합리화 방안을 시행한 경우

- 전직 등을 통해 노동력을 이동시킨 경우

- 신규채용을 중단하고 계약이 만료된 근로자를 재계약하지 않은 경우

- 단축조업을 한 경우

정리해고의 공정한 선정기준

근로자 생활보호 측면 (재고용 가능성)	사용자 이익 측면 (기업에의 공헌도)
• 근로자 연령 • 근속년한 • 가족에 대한 부양 의무 • 재산 소유 상태 • 다른 가족 소득 • 근로자의 건강 상태 및 건강 약화 요인 • 산업재해 또는 업무로 인한 직업성 질병 등	• 평소 근무실적(결근 일수, 지각 횟수, 명령 위반, 상벌 관계 등) • 경력 • 기능의 숙련도 • 근로 능력, 경험 기능 및 직업적 자격, 자질 • 전직 가능성 • 기업에의 불이익 유무 • 고용 형태에 있어 기업에의 귀속성 정도 비정규 근로자

※자료: 주완(1998), 경영상 해고와 M&A 중앙노동위원회, 심판실무 참고자료, 3월.

'해고 회피 노력'이 인정되지 않는 경우는 다음과 같다.

- 경영합리화 조치나 신규채용 억제 등의 적극적인 노력을 하지 않은 경우

- 조업단축이나 배치 전환하려는 노력이 없었던 경우

- 희망 퇴직, 인건비 절감, 휴직 희망자 모집 등을 하지 않은 경우

- 타 공장 전보나 일시 휴직 등의 노력을 취하지 않은 경우

- 정년자 해고를 단행한 경우

셋째, 합리적이고 공정한 기준을 들 수 있다. 사용자는 합리적이고 공정한 해고의 기준을 정하고 이에 따라 그 대상자를 선정해야 한다. 이 경우 남녀의 성별을 이유로 차별해서는 안 된다(법 제24조 2항). 합리적이고 공정한 선정기준으로 다음 요소를 고려할 수 있다.

넷째, 근로자 대표와 성실한 협의를 했는지를 들 수 있다. 사용자는 해고

를 피하기 위한 방법과 해고의 기준 등에 관해 그 사업 또는 사업장에 근로자의 과반수로 조직된 노동조합이 있는 경우에는 그 노동조합(근로자의 과반수로 조직된 노동조합이 없는 경우에는 근로자의 과반수를 대표하는 자를 말한다. 이하 '근로자 대표'라 한다)에 해고를 하려는 날의 50일 전까지 통보하고 성실하게 협의해야 한다(제24조 3항).

이때 근로자 대표와 협의해야 할 내용은 정리해고 필요성과 그 긴박성, 해고 회피 방법, 잉여인원 수와 범위, 정리기준과 그 적용방법, 정리해고 대상자에 대한 보호조건(해고 예고, 해고에 대한 보상, 재고용의 우선적 특권 등)이다.

또한 근로자 대표와 성실한 협의로 인정받지 못하는 경우는 다음과 같다.

- 노동조합이 없다는 이유로 협의하지 않은 경우
- 정리해고 며칠 전에 정리해고 사실을 통보한 경우
- 해고 대상자들과 단 한 차례의 면담만을 가진 경우

개별 근로관계법
- 남녀고용평등과 일·가정양립지원에 관한 법률

남녀고용평등과 일·가정양립지원에관한법률에서는 고용에서 남녀의 평등한 기회와 대우를 보장하고 모성보호와 여성고용을 촉진해 남녀 고용평등을 실현함과 아울러 근로자의 일과 가정의 양립을 지원함으로써 모든 국민의 삶의 질 향상에 이바지하는 것을 목적으로 한다(제1조, 목적).

법률에서는 주요 용어를 다음과 같이 정의하고 있다.

'차별'이란 사업주가 근로자에게 성별, 혼인, 가족 안에서의 지위, 임신 또는 출산 등의 사유로 합리적인 이유 없이 채용 또는 근로의 조건을 다르게 하거나 그 밖의 불리한 조치를 하는 경우(사업주가 채용조건이나 근로조건은 동일하게 적용하더라도 그 조건을 충족할 수 있는 남성 또는 여성이 다른 한 성(性)에 비해 현저히 적고 그에 따라 특정 성에게 불리한 결과를 초래하며 그 조건이 정당한 것임을 증명할 수 없는 경우를 포함한다)를 말한다. 다만, 다음 각 목의 어느 하나에 해당하는 경우는 제외한다(제2조 1).

가. 직무의 성격에 비추어 특정성이 불가피하게 요구되는 경우

나. 여성 근로자의 임신, 출산, 수유 등 모성보호를 위한 조치를 하는 경우

다. 그 밖에 이 법 또는 다른 법률에 따라 적극적 고용개선 조치를 하는 경우

차별은 직접적·명시적 차별뿐만 아니라, 특정 성에 비해 현저히 불리한 조건을 양성에 동일한 조건으로 제시한 경우에도 차별로 보고 있으며 이를 '간접차별'의 의미로 사용하고 있다.

'적극적 고용개선 조치'란 현존하는 남녀 간의 고용차별을 없애거나 고용평등을 촉진하기 위해 잠정적으로 특정성을 우대하는 조치를 말한다(법 제2조 3).

예를 들어 현재 승진요건이 여성(또는 소수자)에게 불리하게 되어 있어 여성 관리자(또는 소수자) 비율이 낮을 경우, 이에 대한 잠정적 개선조치로 매년 전체 승진인원의 일정 비율을 여성(또는 소수자)에게 할당해 개선하는 조치를 의미한다.

남녀고용평등법에서 특징적인 것 중 하나는 임금(제8조)에 관한 조항이다. 이 조항에 의하면 동일한 사업 안에서 동일한 가치의 노동에 대해서는 동일한 임금을 지급해야 한다. "이때 동일한 가치의 노동기준은 노동을 수

행할 때 요구되는 기술, 노력, 책임 및 작업조건 등으로 한다."라고 규정하고 있다.

관리자는 팀원에게 직무를 부여할 때 이와 같은 조항의 의미를 고려해야 한다. 이 조항의 내용에 비추어볼 때 관리자는 정규직과 비정규직 임금의 격차가 있는 만큼 노동의 가치에서 차이를 설명할 수 있어야 하며, 남녀 간 임금 격차와 직무 간 임금 격차에 있어서도 마찬가지다.

집단 근로관계법
- 노동조합및노동관계조정법 이해

노동조합및노동관계조정법은 집단근로관계법의 하나로 노동조합을 결성할 수 있는 권리(단결권), 경영자와 단체교섭 및 임금교섭을 할 수 있는 권리(단체교섭권), 주장의 관철을 위해 쟁의 행위를 할 수 있는 권리(단체행동권) 등 노동 3권을 명시하고 있다.

노동조합및노동관계조정법의 본문에 대한 설명은 생략하고 '부당 노동행위' 관련 조항으로 설명을 대신한다.

노동조합및노동관계조정법에서는 사용자의 부당 노동행위를 명문화하고 있다. 사용자의 부당 노동행위는 불이익 대우, 황견 계약, 단체교섭 거부, 지배·개입 및 경비 원조 등의 4가지 대표 유형을 규정하고 있다.

첫째, 불이익 대우는 "근로자가 노동조합에 가입 또는 가입하려고 했거나 노동조합을 조직하려고 했거나 기타 노동조합의 업무를 위한 정당한 행위를 한 것을 이유로 그 근로자를 해고하거나 그 근로자에게 불이익을 주는 행위(법 제81조 1)"와 "근로자가 정당한 단체행위에 참가한 것을 이유로 하거나 또는 노동위원회에 대해 사용자가 이 조의 규정에 위반한 것을 신고하거나 그에 관한 증언을 하거나 기타 행정 관청에 증거를 제출한 것을 이유로 그 근로자를 해고하거나 불이익을 주는 행위(법 제81조 5)"를 의미한다.

구체적인 불이익 대우로는 해고, 전근, 배치 전환, 출근 정지, 휴직, 복직 거부, 계약 갱신 거부, 고용 거부, 차별 승급, 강등과 복지시설의 차별적 이용, 공장 폐쇄 등을 들 수 있다. 사용자의 불이익 대우가 성립하기 위해서는 사용자의 행위가 조합원의 조합 활동 사이에 인과관계가 있어야 한다. 불이익 대우에 해당하지 않는 경우는 다음과 같다.

- 노조설립 활동을 구실로 노사협의회에서 결정한 연장과 야간 근로를 거부하고 동료 근로자들을 선동해 해고된 경우
- 노조활동과 무관한 사건으로 유죄 판결을 받아 해고된 경우
- 기존의 노조를 어용 노조라고 하고, 노조와 회사를 함께 비방하고 허위사실을 유포한 것에 대해 감봉처분한 경우
- 학력 위장 취업자를 학력에 적합한 직위로 승진 발령한 경우
- 파업 중 근로시간에 해당하는 합리적 액수의 특별수당을 파업 종료 후 파업 불참자에게 지급하는 경우

둘째, 황견 계약은 근로자가 어느 노동조합에 가입하지 아니할 것 또는 탈퇴할 것을 고용조건으로 하거나 특정한 노동조합의 조합원이 될 것을 고용조건으로 하는 행위다. 다만, 노동조합이 당해 사업장에 종사하는 근로자의 3분의 2 이상을 대표하고 있을 때에는 근로자가 그 노동조합의 조합원이 될 것을 고용조건으로 하는 단체협약의 체결은 예외로 하며, 이 경우

사용자는 근로자가 그 노동조합에서 제명된 것 또는 그 노동조합을 탈퇴해 새로 노동조합을 조직하거나 다른 노동조합에 가입한 것을 이유로 근로자에게 신분상 불이익한 행위를 할 수 없다."(법 제81조 2)를 의미한다.

이처럼 황견 계약은 근로자에게 특정 노동조합에 가입할 것 또는 가입하지 않을 조건을 고용조건으로 제시하는 것을 의미하며, 이는 불법 행위에 해당한다. 그러나 우리나라 노동법에서는 예외 규정을 두고 있다. 즉, 근로자의 대다수(3분의 2 이상)가 가입한 노동조합이 있는 경우 근로자가 채용된 후 의무적으로 조합에 가입해야 하는 유니언 숍 (Union Shop)을 인정하고 있으므로, 이 경우는 부당 노동행위에 해당하지 않는다는 말이다.

셋째, 단체교섭 거부는 "노동조합의 대표자 또는 노동조합으로부터 위임을 받은 자와의 단체협약 체결이나 기타의 단체교섭을 정당한 이유 없이 거부하거나 해태하는 행위(법 제81조 3)를 의미한다.

사용자가 처음부터 협약을 체결할 의사 없이 조건을 붙여 고의로 교섭을 지연시키거나 회피하는 행위, 타당한 장소와 시간임에도 불구하고 사용자 대표가 출석하지 않는다든지, 이유 없이 대안을 제시하지 않는다든지, 쟁의에 대한 사실을 왜곡해 상대방을 혼란시킨다든지, 최종 합의 단계에서 이유 없이 협약의 체결을 거부한다든지 하는 경우는 부당 노동 행위로 간주한다.

넷째, 지배·개입과 경비 원조는 "근로자가 노동조합을 조직 또는 운영하는 것을 지배하거나 이에 개입하는 행위와 노동조합의 전임자에게 급여를 지원하거나 노동조합의 운영비를 원조하는 행위를 말한다. 다만, 근로자가 근로시간 중에 사용자와 협의 또는 교섭하는 것을 사용자가 허용하는 것은 무방하며, 또한 근로자의 후생자금이나 경제상의 불행 기타 재액의 방지와 구제 등을 위한 기금의 기부와 최소한의 규모의 노동조합 사무소의 제공은 예외로 한다(법 제81조 4)."를 의미한다.

경비 원조에 해당하는 것으로는 조합의 전임 임원에 대한 급여의 지급, 조합 운영비의 지급, 조합 간부의 출장비 지급, 조합 대회의 경비 원조, 쟁의 행위 기간 중 임금 상당액을 지급하는 것 등을 들 수 있다.

단, 2010년 7월부터는 노동조합 전임자에 대해 사용자에게 근로를 제공하지 않고 노동조합 업무를 전담할 수 있도록 했으며, '근로시간 면제 한도'를 설정한 경우 임금의 손실 없이 주어진 시간 범위 내에서 노동조합 활동을 할 수 있게 했다.

집단 근로관계법
- 근로자참여및협력증진에관한법률

근로자참여와 협력증진에 관한법률은 근로자 참여를 증진하고 노사협의회를 운영하는 근거를 만들기 위해 제정했다.

이 법에서는 노동조합 존재 여부와 관계없이 노사협의회를 운영하도록 규정하고 있다. 노사 공동의 이익을 증진하는 것이 목적이며 30인 이상 사업장에서는 의무적으로 운영해야 한다.

노사협의회의 주된 임무는 협의, 보고, 의결이다.

먼저 협의는 주로 생산관리, 노무관리, 인사관리 등에 관한 것이다. 합의 의무는 없으나, 의견 교환을 거쳐 합의를 도출한다면 매우 바람직한 노사협의회를 운영할 수 있다.

보고는 경영계획 전반과 실적에 관한 사항, 분기별 생산계획과 실적에 관한 사항, 인력계획에 관한 사항, 기업의 경제적·재정적 상황 등이다. 주로 경영 정보를 공유하려는 속성을 지닌다.

의결은 반드시 협의회의 의결을 거쳐야 하는 사항이다. 근로자의 교육훈련과 능력개발 기본 계획의 수립, 복지시설의 설치와 관리, 사내근로복지기금의 설치, 고충처리위원회에서 의결되지 아니한 사항, 각종 노사공동위원회 설치 등이 있다.

노사협의회를 더욱 적극적으로 활용한다면 단체교섭과 임금교섭에만 의존하는 노무관리 방식을 벗어나 선행적, 평상적 노무관리를 실천하는 방법이 될 수 있을 것이다.

상호이익 협상

노사 간 협상은 근본적으로 대립적인 협상의 성격을 지닌다. 그러나 이렇게 대립적인 협상을 극복하고 양자가 상호 윈-윈 (Win-Win)할 수 있는 협상 기법으로 상호이익 협상이 있다. 이 기법은 공평하고 지속가능한 합의를 목표로 한다. 또한 분배할 자원이 쌍방의 노력으로 확대할 수 있는 가능성이 있거나, 다양한 조합으로 선호도에 맞추어 배분이 가능하다는 전제에서 출발한다.

쌍방의 공동 관심사에 중점을 두어 비대립적인 토론을 하고 가능한 한 객관적으로 사안을 파악하고자 노력한다. 쌍방이 모두 상호이익 협상을 시

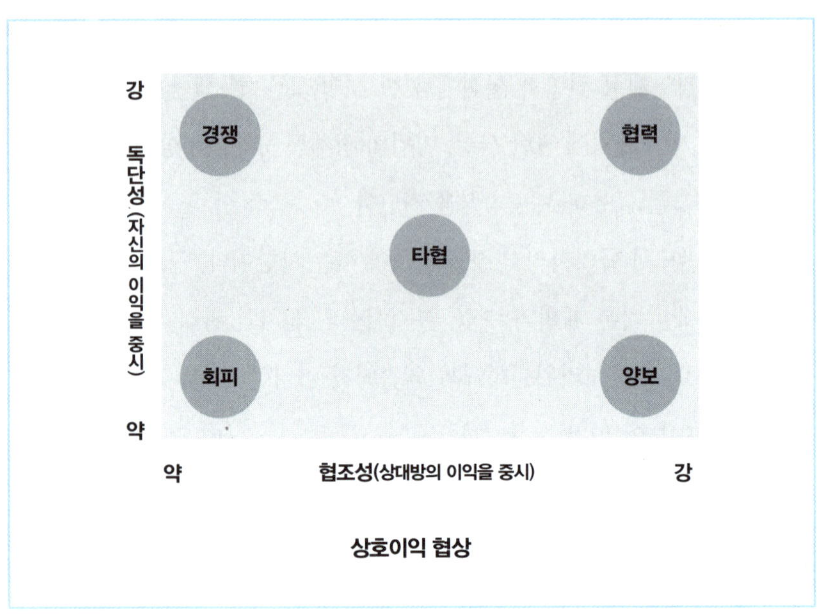

상호이익 협상

도할 때 효과적이며 협력적 노사관계를 구축하고자 하는 양측의 의지가 있을 때 효과적이다.

상호이익 협상은 상대방의 이익을 중시하는 협조성과 자신의 이익을 중시하는 독단성을 축으로 경쟁, 타협, 양보, 회피, 협력에 의한 갈등 해결 유형을 제시하고 있다.

1. 경쟁 : 자신의 이익만을 극대화하려는 노력이다. 또한 상대방을 설득하고 정보를 은폐하고 압력을 행사하는 등 자신에게 유리한 결과를 얻으려고 하는 유형이다. 일반적으로 대립적인 협상에서 강하게 나타난다.

2. 타협 : 배분할 수 있는 자원이 변동 불가능한 것으로 가정하고 주어진 자원을 양측이 나누어 가지게 되는 유형이다. 양측 모두에게 최선의 해결책은 아니며 차선의 해결책에 만족하는 것으로 대립적인 협상 결과가 타협의

형태로 나타나는 경우가 많다.

3. 양보 : 자신의 이익을 포기하고 상대방의 요구에 따르는 경우다. 상대방의 힘이 월등하거나, 사안이 상대방에게 중요하거나, 자신에게 중요하지 않을 경우, 추후 양보의 대가로 다른 것을 요구할 경우 등에 이러한 방법을 사용할 수 있다.

4. 회피 : 협상을 거부하고 갈등 자체를 피하는 경우로, 갈등 상태가 발생하는 것을 꺼리거나 갈등 해소를 장래로 미루고자 하는 경우다. 문제해결의 근본적인 방법은 되지 못한다.

5. 협력 : 배분할 수 있는 자원이 팽창 가능한 것으로 가정하고 양측의 이익을 모두 충족시키는 대안을 추구하는 갈등 해소 방식이다. 양측의 이익을 모두 극대화할 수 있는 가장 바람직한 유형으로 상호이익 협상에서는 협력을 갈등 해소 방안으로 제시한다.

변화된 패러다임, 지식경영에서 답을 찾다

지식경영 - 조직 생존의 핵심요소

제2차 세계 대전의 발발로 유럽 전체가 전쟁의 소용돌이에 빠져들었다. 매일 아침 가정에 배달되는 우유가 영국인에게는 중요한 식품이었다. 그런데 아침마다 배달되는 우유에 의존하며 살아가던 또 다른 생명체가 있었다. 바로 도시 근교의 숲과 들에 살던 작은 박새와 울새들이었다. 이른 아침 배달부가 우유를 집 앞 우체통 옆에 두고 가면, 잠시 후 집 안에서 누군가가 나와 우유병을 가지고 들어간다. 작은 새들은 뚜껑 없이 배달된 우유 거품을 쪼아 먹었다.

전쟁 중에 은박지가 개발되었고, 우유병에는 은박지가 씌어졌다. 새들은 이제 쉽게 우유를 먹을 수 없게 되었다. 그런데, 박새 한두 마리가 은박지를 부리로 뚫을 수 있다는 것을 알게 되었다. 박새는 무리 지어 살기 때문에 다른 박새들도 금방 이 사실을 알았다. 그러나 주로 혼자 사는 울새는 은박지가 덮인 우유를 쳐다만 보았을 뿐 먹지 못했다.

영국과 연합군이 전쟁에서 승리하고 평화가 찾아왔다. 여전히 영국 근교에는 수많은 박새들이 살고 있었다. 반면, 전쟁 전 박새와 비슷한 수였던 울새는 거의 멸종되어 찾아보기 어려웠다.

이 이야기가 주는 교훈은 위기 상황에서 정보를 공유하는 일이 얼마나 커다란 차이를 가져올 수 있는가 하는 것이다. 이렇게 정보를 공유하는 일은 한 집단을 살리기도 하고 죽이기도 한다.

다른 에피소드를 살펴보자.

세계적인 경영 컨설턴트인 짐 콜린스는 그의 베스트셀러, 《좋은 기업에서 위대한 기업으로》에서 베트남 전쟁에서 적에게 잡혀갔다가 오랜 포로생활을 마치고 무사히 귀환한 스톡데일 장군의 리더십을 이야기한다.

스톡데일 장군은 언제 죽어도 이상할 것이 없는 포로생활에서 초인적인 리더십을 발휘했다. 포로로 잡혀온 지 얼마 되지 않아 가혹한 고문과 심문을 받았고, 포로생활 내내 말과 행동에 많은 제약이 있었다. 무엇보다 그런 생활이 언제 끝날지 모르는 불안감이 그를 힘들게 했다. 그러나 그는 끝까지 쓰러지지 않았다. 오히려 자신의 경험을 하나씩 기록해나가기 시작했다. 고문당할 때 아군의 기밀을 누설하지 않는 법, 고통을 줄이는 법 등 자신이 경험한 포로생활의 경험과 생존 노하우를 혼자서 간직하지 않고, 아군 포로들과 공유했다. 그뿐만 아니라 암호를 만들어 희망의 메시지를 전달했다. 실질적이고 희망적인 내용을 공유하자, 많은 포로들도 큰 힘을 얻을 수 있었다. 포로들은 모진 고문과 심문에도 포기하지 않았으며 끝까지 살아남아 자유를 찾을 수 있었다. 이처럼 정보의 공유는 불안한 미래를 대비할 수 있고, 냉혹한 현실을 이길 수 있는 힘이 된다.

20세기에 들어오면서 많은 기업과 병원들이 지식경영이라는 경영방식에 관심을 가지기 시작했다. 그 시발점은 미국이었다. 화학공장이 밀집해 있던 지역에서 대형 화재가 발생했다. 불은 걷잡을 수 없이 커졌고, 화학물질과 만나면서 삽시간에 불길은 공장 주변 대부분을 삼켜버렸다. 당시 화재 현장에 있었던 B사의 공장은 화재와 함께 모든 것을 잃었다. 공장의 핵심 프로세스, 기술 등 중요한 정보와 노하우가 정리되어 있지도 않았고, 직원들 사이에서도 공유되지 않았기 때문이다. 이렇게 소실된 정보는 건물이 복구되고 나서도 회복할 수 없었다. 결국, 이 회사는 문을 닫았다.

한편, 세계적인 화학회사인 D사의 공장도 불이 났던 그 지역에 있었다. 지역 일간지에 대형 화재로 완전 소실되어 잔해만 남은 D사의 사진이 게재되었다. 기자는 D사의 재기가 어려울 것이라고 했다. 그러나 기자는 D사의 지식경영을 간과하고 있었다. 공장 건물과 설비는 다른 인근의 공장과 더불어 완전히 불타 버렸지만, 빠른 시일 안에 업무를 정상화할 수 있었다. 기술정보를 직원들끼리 공유하고, 학습과 교육 프로그램이 체계적으로 이루어지고 있었기 때문이다. 덕분에 공장의 핵심기술, 생산 프로세스, 고객 정보 등을 화재로부터 보호할 수 있었다.

많은 기업이나 병원이 자사의 핵심기술과 노하우가 무엇인지조차 제대로 모른다. 핵심 노하우를 조직 차원에서 체계적으로 가지고 있다 하더라도, 조직 구성원이 이를 업무에 활용하지 않는 경우도 많다. 정보는 집약되고 활용하지 않으면 아무런 소용이 없다. 따라서 병원은 업무과정에서 얻은 새로운 노하우와 정보를 조직화하고 활용하려는 노력을 해야만 한다.

갈수록 커지는 지식경영의 영향력

오늘날은 지식정보화 사회다. 지식정보화 사회는 과거와는 많은 차이가 있다. 2000년대 초반 기준으로, 매분 2,000페이지분량의 정보가 생겨나고 매일 3억 페이지 이상의 정보가 인터넷을 떠다니고 있다. 맬컴 토드(Malcolm Todd)는 의학정보의 절반이 10년을 주기로 새롭게 수정되고 있다고 했다. 또한, 매년 1만 5,000부 이상의 과학서적이 발행되고 매일 1000권 이상의 책이 새롭게 출판되고 있다. 이처럼 정보의 홍수는 우리에게 많은 기회를 주고 있다.

산업사회에서 유연한 대처가 필요한 업무가 20% 정도이고 표준적인 규범과 절차에 따른 업무가 80% 정도였다면, 지식정보화 사회에서는 표준적인 업무보다 유연한 대처가 필요한 업무의 비중이 훨씬 높아졌다. 따라서 정보를 효과적으로 사용할 수 있는 시스템이 필요하다.

지식경영은 '아이디어를 조직의 가치로 바꾸는 도구' 또는 '조직의 목표를 달성하는 데 필요한 정보, 통찰력, 경험을 체계적으로 창출, 습득, 통합, 공유, 활용하는 활동'이라고 정의한다. 일반적으로 조직에서 지식경영을 도입하는 이유는 주로 매출 성장, 조직운영의 효율성 증대, 의사결정의 지원 강화, 경쟁우위 확보, 그리고 직원역량 함양이다. 또한 지식경영의 세부적인 가치로는 기술적인 대안수립 시간의 단축, 제품개발 기간 단축, 고객 서비스 향상과 글로벌 제품의 개발과 상용화 등이다.

지식경영이 제안제도와 별반 차이가 없다는 견해가 있다. 그러나 이것은 잘못된 생각이다. 제안제도는 제안이 채택된 이후 이를 조직에 확산하거나 적용하는 등, 관리가 지속적으로 이루어지지 않는 경우가 많다. 그러나 지식경영은 제안사항을 업무와 체계적으로 연계해서 활용하고 나아가 조직 전체에 영향을 미친다는 점에서 제안제도보다 더욱 넓은 개념이다.

또 일부에서는 지혜, 지식, 정보, 데이터의 개념이 다르기 때문에 지식경영은 지식에 국한되어야 한다는 견해도 있다. 경우에 따라서는 보이지 않는 지식인 암묵지야 말로 진정한 지식이라고 하기도 한다. 그러나 지식경영은 조직의 성과 향상에 도움이 되는 여러 개념들이 모두 포함되기 때문에 굳이 세분화해서 어디서 어디까지만 지식경영의 범주에 들어간다고 제한하는 것은 적절치 않다.

일각에서는 지식경영은 지식 데이터베이스를 구축하는 것이나 사용자에게 필요한 포털 시스템을 구축하는 것으로 생각하는 경향이 있다. 그러나 이는 지나치게 시스템을 중심으로 접근하는 견해다. 지식경영은 시스템, 공유하는 조직문화, 프로세스 관리 등 정보를 조직화하고 공유하는 데 필요한 모든 영역을 포괄하는 개념이다.

지식경영의 운영 모델은 개별적으로 경험하고 소유하는 지식을 조직적으로 분류, 보관하고 다시 개인 혹은 조직에서 업무의 수행이나 개인의 역량을 향상시키고자 할 때 필요한 매커니즘이다. 이때 중요한 것은 다음과 같다.

첫째, 조직의 지적자산은 조직의 역량이다. 조직의 역량은 조직 내 개인이 가진 지식을 공유할 때 생기기 때문에 조직원의 노력 없이는 조직의 지적자산도 축적될 수 없다.

둘째, 개인이나 조직에 대한 지원이다. 개인이 조직에 기여한 지식들이

다시 다른 개인의 학습을 지원하거나 업무 효율성을 높일 수 있도록 해야
한다.

셋째, 지식의 선순환이다. 개인의 역량을 키우고 업무처리가 효율적으
로 이루어지도록 해서 개인이 다시 새로운 지식을 창조해 조직에 기여하
도록 한다. 즉 개인과 조직 간의 선순환 메커니즘이 발생하도록 해야 한다
는 것이다.

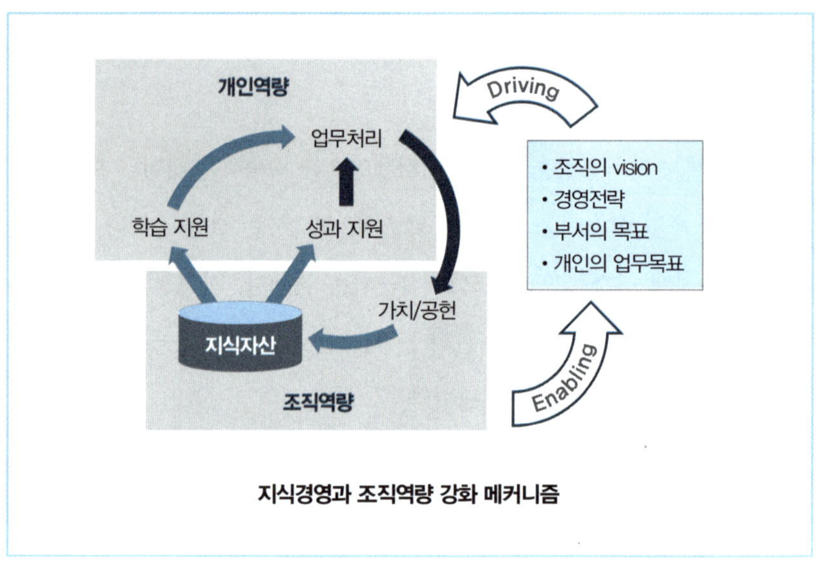

지식경영과 조직역량 강화 메커니즘

의료 서비스에서의 지식경영

의료 서비스 조직의 지식경영도 기업과 비슷한 유형으로 발전할 수 있
다. 병원에는 수많은 직종의 사람들이 다양한 업무를 처리하고 있다. 그 과
정에 어떤 이들은 많은 경험과 역량을 바탕으로 효율적이면서 창의적으로

업무를 처리하지만, 나머지는 그렇지 못하다. 예를 들어 경험 많은 간호사들은 환자를 응대하는 일이나 의사와의 커뮤니케이션을 원활하게 처리하지만, 신입이나 아직 경험이 부족한 간호사들은 그렇지 못할 때가 많다. 이때 경험 많은 간호사가 자신의 노하우를 공유함으로써 이들의 역량을 향상시킬 수 있다. 이렇게 역량이 향상된 간호사들이 또 다른 간호사들과 지식을 공유하는 방식으로 범위를 넓혀나간다면 모든 직원들의 업무성과에 긍정적인 영향을 끼칠 수 있다.

특히, 의료 서비스 분야는 다른 분야보다 암묵지가 많다. 또한 조직화되지 않은 많은 지식들이 몇몇 사람들에게만 머물러 있을 가능성도 높다. 따라서 의료 서비스 조직이 발전하기 위해서는 지식의 공유가 활발하게 진행되어야 한다.

지식의 획득, 확장, 활용 그리고 체계

지식경영이 구축·운영되기 위해서는 먼저 '지식의 획득과 확장'이 필요하다. 어떤 지식이 가치 있는 지식인지 그리고 수많은 지식을 어떻게 분류, 체계화하며 효과적으로 확장시킬 것인지 정해야 한다.

지식의 획득은 지식을 가지고 있는 조직 구성원들로부터 시작된다. 그러나 자신이 가지고 있는 지식을 공유하지 않으려는 구성원의 생각이나 지식공유 방법을 알지 못하는 등 걸림돌을 먼저 해결해야 한다.

지식공유는 자신의 경쟁력을 잃는 것으로 오해하는 직원들이 많다. 그래서 지식경영의 초기 단계인 지식의 획득에서는 직원들의 마인드와 조직문화를 바꾸는 것이 첫 번째 과제가 된다. 지식을 공유하는 것이 조직이 사는 길이고 서로의 지식이 모두의 경쟁력을 높이고 역량을 함양할 수 있다는 인식을 갖도록 하는 조직적인 노력이 필요하다.

지식을 획득한 다음에는 그것을 필요로 하는 직원들이 쉽게 접근하고 활용할 수 있도록 일정한 체계를 만들어야 한다. 즉, 지식맵(Knowledge Map)이 구축되어야 한다는 것이다. 이때 비슷한 지식의 수가 수만 가지가 되더라도 어떤 지식이 가장 적합하고 유용한지 한눈에 알 수 있도록 분류하는 것이 중요하다. 또한 양도 중요하지만 지식의 질도 중요하기 때문에 검토 과정이 필요하다.

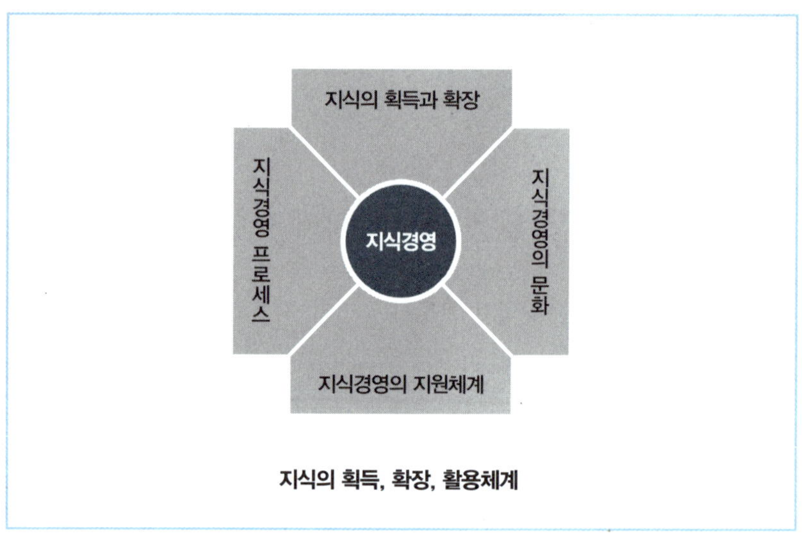

지식의 획득, 확장, 활용체계

지식의 획득과 분류 그리고 확장과 정제 등을 통해 효과적으로 지식을 활용하려면 지식경영의 지원체계, 즉, 지식경영 시스템, 지식경영 관련제도가 정비돼야 한다.

한편 개인이 자신의 암묵지를 다른 사람들과 공유하게 되는 단계를 '사회화 단계'라고 한다. 다수의 개인이 한 그룹을 형성하고 개인의 지식을 그룹의 지식으로 공유하기 위해서는 생각이나 지식을 전달 가능한 형상, 즉 형식지나 글로 바꾸는 것이 중요하다. 이렇게 암묵지를 형식지로 만드는 것을 '외부화 단계'라고 한다.

소그룹에서 형식지화된 지식은 다른 소그룹이나 조직 전체가 공유할 수 있는 형태로 확장되는데, 이것을 '지식의 종합화 단계'라고 한다. 또한 조직의 지식을 개인이 학습하거나 공유하는 것을 '내면화 단계'라고 한다. 이 단계에서 형식지를 보고, 듣고, 이해함으로써 자신의 노하우나 지식이 발전하는 것이다. 개인이나 소그룹의 지식은 이렇게 몇 단계를 거쳐 전체의 자산으로 바뀐다. 이 과정에서 모든 구성원들이 활용해야 업무성과를 향상시킬 수 있다.

지식경영은 지식의 확장과 공유의 선순환이다. 조직에서 이루어지는 업무의 유형은 상호 연관성과 업무의 복잡성에 따라 4가지로 구분할 수 있다.

첫 번째는 업무의 상호 연관성이 낮고, 업무가 단순한 경우다. 이 유형에서는 주로 개인별로 단순하게 이루어지는 입력, 산출물, 프로세스의 표준화, 운영원칙의 설정 등의 업무에서 단순성을 개선하려는 것에 초점을 맞춘다.

두 번째는 팀, 그룹 위주로 이루어지지만, 업무 수준이 단순하고 반복적인 경우다. 이때는 단순 작업들이 모인 조합으로 보고 전사적인 '큰 지식의 영역'의 설정과 지속적인 업무 향상 그리고 표준화를 지향한다.

세 번째는 협업 모델이다. 협업 모델이란 판단과 해석이 필요하고 혼자가 아니라 여러 사람들이 혁신의 돌파구를 찾아야 하는 업무다. 문제를 해결할 영역을 정의하고 관련 지식 활용과 불확실성이 높은 업무관련 지식을 활용하는 데 중점을 두어야 한다.

네 번째는 전문가 모델이다. 팀의 대부분이 일정 수준 이상의 전문가로 구성되어 있는 것을 말한다. 이 모델에서는 핵심 전문가에게 동기부여하는 것과 이직을 최소화하는 것, 개인의 학습곡선 기간 단축 등에 초점을 맞추어야 한다.

지식경영을 하기 위해서는 지식의 획득과 공유가 체계적으로 이루어져야 한다. 특히, 암묵지를 어떻게 획득하고 공유할지가 중요하다. 획득한 지식은 지식의 전체 영역에서 분류되고 체계화되어야 한다. 비슷한 내용들의 지식들만 엄청나게 존재하고, 일부 영역에서는 전혀 내용이 없다면 지식의 가치는 떨어진다. 이렇게 지식의 획득과 통합화가 이루어지면 공유와 활용을 통해서 가치를 재창출해야 한다. 그래야만 다시 지식을 획득할 수 있는 선순환 구조로 이어질 수 있다.

지식경영이 활성화되기 위해서는 관련지식을 공유하고 활용하는 모임이나 학습 조직을 구축하고 체계적으로 관리해야 한다. 관심 있는 지식의 공유와 확산이 자연스럽게 조직 내에서 일어나도록 기다리기보다는 조직에서 의도적으로 관련 모임을 만들고, 이들이 온라인 또는 오프라인으로 커뮤니케이션하는 커뮤니티를 만드는 것이 중요하다.

지식동아리(COP, Community of Practices)는 지식을 공유하고 개발하기 위한 조직이다. 조직의 여러 지식 또는 과제들의 유형에 따라 조직 구성원들이 적절히 조직화하고, 활동할 수 있는 장을 마련해주어야 한다. 또한 이들이 활동 계획을 세우고 결과물을 만들 수 있도록 지원한다. 그리고 결과물을 공유하고 다음 과제와 학습의 방향을 협의하는 과정을 거친다.

이 과정에서 더욱 효과적으로 과제를 해결할 수 있도록 조직의 내·외부의 전문가 그룹을 수시로 초빙해, 이들을 지원할 수 있도록 한다.

지식경영이 활성화되면 지식 콘텐츠를 단순히 조직에 저장하는 것 이상의 효과를 얻을 수 있다. 조직 구성원이 업무를 수행하면서 저장된 지식을 활용하고 이를 수정, 보완하는 작업이 지속적으로 이루어져 시너지 효과를 얻을 수 있기 때문이다.

M 어린이 병원의 사례

M 어린이 병원에 의료사고가 일어났다. 한 신입 간호사가 입원한 어린이에게 모르핀을 과다하게 투약했기 때문이다. 몇 분 후, 아이의 얼굴이 파랗게 변하고, 호흡조차 불규칙했다. 뒤늦게 모르핀 양이 생명을 위협할 수 있다는 것을 알게 되었지만, 이미 아이는 사경을 헤매고 있었다. 다행히 두 시간쯤 지나자, 호흡이 정상으로 돌아왔고 상태가 회복되었다. 그러나 이 사고로 M 어린이 병원은 이미지에 큰 타격을 받았다. 경영진은 이러한 사고가 더 이상 일어나지 않도록 하는 방안을 모색했다.

조 부장은 M 어린이 병원의 위험관리 책임자이자 지식경영 관리자로 임명되었다. 그녀는 25년간 환자보호 행정 분야에서 근무했던 경험과 간호사로서 익힌 전문기술을 직무를 수행하는 데 활용했다.

어린이 병원에 들어오기 전, 그녀는 인근 한 보건소의 관리자로 5년간 근무했다. 보건소에서 근무하는 동안, 의료사고예방학회에서 주관한 '의료사고와 환자의 안전'이라는 경영자 회의에 참석했다. 그녀는 이 회의에서 의료사고는 한 간호사나 의사의 작은 실수 때문이 아니라, 복잡한 시스템 안에서 수많은 작은 문제들이 반복해서 일어나기 때문이라는 것을 알게 되었다.

조 부장은 이 회의에서 배운 내용을 받아들였고 병원에 근무하는 간호사들과 이 지식을 공유했다. 그녀는 병원장에게 다음과 같이 말했다.

"의료 시스템은 건강을 지키기도 하지만 해칠 수도 있습니다. 저는 간호사로서 근무하는 내내 환자들의 안전에 대해 걱정했습니다. 그리고 간호사들에게 조금 더 주의를 기울일 것을 당부했습니다. 그러나 문제를 바로잡기 위해서는 이러한 소극적인 노력만으로는 안 된다는 것을 알게 되었습니다. 작은 문제라도 예방하고 실천적인 문화를 만들려면 조직적인 관리체계가 필요합니다. 그리고 이를 지속적으로 관리해야 합니다. 따라서 환자의 안전을 최우선 가치로 삼는 위험관리팀을 구성하는 것이 절실합니다."

초기 몇 개월 동안, 조 부장은 M 어린이 병원에서 위험관리팀을 구성하는 것과 3가지 주요 임무를 완수할 수 있었다. 첫째, 의료사고와 관련된 여러 연구결과를 병원 스태프들과 공유했다. 둘째, 환자의 안전에 대해 더 많은 것을 알기 위해 소그룹 간담회를 실시했다. 셋째, 환자의 안전이라는 과제와 관련된 이벤트를 시간 순서별로 정해놓고 구체적으로 실천해갔다.

조 부장은 의료사고 문제의 규모와 양상을 나타내는 증거를 병원 스태프들에게 구체적으로 제시했다. 예를 들어 매년 미국에서 의료사고로 9만

8,000명이 사망하는데 이는 연간 교통사고, 유방암, 에이즈로 사망하는 사람들의 수보다 높다는 것을 보여주며 경각심을 일깨웠다.

당시 많은 병원 직원들은 작은 의료사고가 심각한 결과를 초래할 수 있다는 것을 믿고 싶어 하지 않았다. 조 부장은 어린이 병원의 의료사고에 대해서 처음 발표했을 때 사람들의 반응이 어땠는지 설명했다.

"병원 직원들은 의료사고와 관련된 자료를 토대로 대응책을 마련하고 구체적인 실행안을 만든다고 하더라도, 과연 제대로 실천될까하는 의구심을 가지고 있었습니다. 그래서 저는 간담회에 참석한 병원 스태프들에게 최근 자신들이 겪은 안전에 관한 경험을 말해달라고 부탁했습니다. 그러자 처음에는 머뭇거리던 사람들이 자신의 경험을 말하기 시작했습니다. 병원 스태프들은 자신의 경험을 이야기하면서 자신이 겪은 경험을 동료들도 겪었다는 것을 알게 되었습니다."

수많은 발표와 토론을 하는 동안, 병원 스태프들은 의료사고에 대한 자신들의 기본적인 생각부터 바뀌어야 한다는 것을 절실히 깨달았다. 조 부장은 반복해서 환자의 안전에 대한 그녀의 생각을 설명했다.

"의료 치료는 아주 복잡한 시스템이기 때문에 위험요소를 가지고 있을 수밖에 없습니다. 선진적인 진료 문화를 갖추기 위해서는 모든 직원들이 안전의 중요성을 깨닫고 위험요소에 대비해야 합니다. 또한 비난에 대한 두려움 없이 위험 요소들을 보고하는 것도 중요합니다. 의료 무사고를 달성하기 위해서는 기존 시스템의 한계를 극복하고 더욱 발전시킬 수 있는 새로운 접근방법이 필요합니다."

이런 노력을 통해, 조 부장은 M 어린이 병원을 포함한 모든 의료기관에서 일어나는 의료사고와 실수가 생각하는 것 이상으로 심각할 수 있다는 것을 병원 관계자들에게 알려주려고 노력했다. 또한 병원 관계자들에게 의료사고에 대해 서로 터놓고 얘기하는 것이 경력을 손상시키거나 병원이 법적으로 위험한 상황에 빠지는 것을 막는 방법이라고 설득했다.

초기 몇 개월 동안, 조 부장은 환자의 안전 상태에 대한 데이터를 수집했다. 그리고 시장 조사 전문가인 L 간호사와 G 간호사에게 병원 내 사람들로 구성된 학습 조직을 만들도록 해, 병원 관계자들이 의료사고에 대해 자유롭게 토론할 수 있도록 환경을 조성했다. 조 부장은 의사와 간호사뿐 아니라 다른 스태프들도 많이 참석해서, 환자의 안전을 보장할 수 있는 창조적인 방법을 발견하길 바랐다. L 간호사는 8개의 학습 조직을 만들었는데 여기에는 의사, 간호사, 약사 등을 포함해 병원에서 근무하는 다양한 사람들이 참여했다. 병원 직원들은 학습조직에 참여하면서 환자를 대하는 태도가 변했다. 병원의 간호사, 의료기사, 약사 등 근무자들과 의료진은 의료사고와 관련해 터놓고 애기할 수 있는 공간이 생긴 것에 감사했다.

학습조직은 의료사고와 관련된 경험을 서로 공유하고 이 문제를 관련 전문가나 유사한 문제별로 해결안을 찾아가는 메커니즘이다. 조 부장은 학습 조직의 효과에 대해 다음과 같이 설명했다.

"학습 조직을 운영하면서 우리 병원의 세미나실은 고백하는 장소로 변했습니다. 자신의 경험을 이야기하는 것은 매우 중요한 일입니다. 그 실수 때문에 자칫 환자가 목숨을 잃을 수도 있었고, 특히 어린 아이들에게는 치명적일 수 있었기 때문입니다. 이렇게 서로의 경험을 이야기하면서 안전에 대한 경각심을 일깨울 수 있었습니다."

신생아 중환자실에 근무하며 노동조합의 간부인 K 간호사는 학습 조직이 어떻게 자신의 태도를 변화시켰는지 이야기했다.

"위험 예방 학습 조직에서 발표와 토론이 어느 정도 성과를 낸 뒤, 치료의 질을 높이기 위한 학습 조직에 참여하기로 했습니다. 우리는 모두 어떤 사고를 보았거나 들었고, 또는 직접 경험하기도 했습니다. 그 사고로 피해를 본 환자와 환자의 가족들에게도 끔찍한 일이었지요. 또한 의료사고에 관련된 직원들은 남은 생을 계속 괴롭게 살아야 합니다. 학습조직에서 다른 사람들과 이 문제에 대해 토론하면서 의료사고를 예방하기 위해서 어떤 노력이라도 감수하겠다는 생각이 들었습니다."

환자의 부모들로 이루어진 학습 조직도 구성되었다. 모임을 만드는 데는 많은 논란이 있었다. 병원 직원들은 의료사고에 대해 논의하는 것이 환자의 부모들에게 경계심을 주고 병원의 이미지를 떨어뜨릴 수 있다고 생각했기 때문이다. 그러나 조 부장은 이사회의 승인을 받아 환자의 부모들로 구성된 학습 조직을 만들었다. 토론을 하는 중에 가족들은 의료사고 때문에 '까딱하면 목숨을 잃을 뻔한' 일들이 있었다는 것을 알게 되었다. 흥분하는 대신 학습 조직을 통해 부모들은 자신들의 경험을 얘기하면서 의료사고를 줄일 수 있는 대안을 제시하기 시작했다. 병원 직원들과 부모들이 참석한 학습 조직은 환자의 안전에 대한 정보를 서로 공유하고 병원 내 의료사고의 원인을 규명해 진료 시스템을 향상시킬 수 있는 방법을 논의했다.

이러한 학습 조직의 효과는 바로 나타났다. 의료사고 건수가 줄어들었으며 환자들의 만족도도 높아졌다. 무엇보다 병원 스태프들이 환자를 대하는 태도가 많이 달라졌다.

　이처럼 정보의 공유와 확산은 조직 전체를 긍정적인 방향으로 유도할 수 있다. 수많은 병원들이 치열한 경쟁을 하고 있는 이 시대, 지식경영은 병원의 경쟁력을 높이는 데 중요한 요소로 작용할 것이다.

의료경영에는 혁신과 변화관리가 필요하다

혁신의 필요성

병원은 환자와 진료자들이 함께 진료를 주고받는 유기체기 때문에 병원의 설립에서 부터 소멸까지 일련의 단계를 거치게 된다. 다른 조직과 마찬가지로 조직의 구축기, 경쟁/혼돈기, 정착기 그리고 성과 구현기 등 크게 4단계로 구분할 수 있다.

병원의 구축기는 병원이 설립할 때 필요한 기본적인 건물, 과별 인원, 장비 등을 갖추고 의료 서비스를 제공하는 단계며 외형적인 성장에 목표를 둔다. 이 시기에는 다른 요소보다 기본적이며 핵심적인 기능에 모든 자원이 투입된다. 구축기를 지나 병원의 브랜드가 알려지게 되고 병원이 일정 규모 이상으로 성장하게 되면 광범위한 경쟁이 시작된다. 이 시기가 바로 두 번째 단계인 경쟁/혼돈기다. 이 단계에서는 경쟁우위를 차지하는 것이 가장 중요하다. 따라서 원가관리 회계를 통해 비용을 절감하고 서비스 품질을 높여야 한다.

세 번째 단계는 정착기다. 정착기는 병원이 일정한 유형으로 고착되는 단계다. 병원이 경쟁시장에서 확실하게 우위를 확보한다거나, 경쟁력이 떨어지거나, 일정 수준에서 경쟁력이 정체되거나 하는 유형이 정해지며 병원이 더욱 나은 유형으로 가기 위해 새로운 전략과 경영 패러다임이 필요한 시기이다.

이렇게 3단계를 거쳐 경영 혁신이 이루어지면 병원은 지속적적으로 성장을 하게 된다. 이 단계가 성과 구현기다.

병원이 어느 단계에 있든지, 혁신은 조직의 문제를 해결하는 핵심 메커니즘이다. 따라서 차별적인 전략과 효율적인 프로세스, 열정적인 인적 자원으로 변하기 위한 노력을 끊임없이 해야 한다.

경영혁신의 수준

병원의 혁신 즉, 병원이 환경변화에 효과적으로 대응하고 지속적으로 발전하고자 하는 노력은 선택이 아니라 필수다. 병원의 경영혁신은 변화의 강도와 범위에 따라 3가지로 나뉜다. 먼저, 작은 범위의 업무개선이다. 병원의 일부 부서나 팀의 업무 개선, 새로운 장비 도입, 인원 보충 등으로 업무수행 절차가 변하는 경우를 말한다.

이러한 업무개선보다 훨씬 큰 범위가 주요 프로세스나 영역의 업무내용이 변하는 경우이다. 통상적으로 새로운 부서나 특별전담팀이 생겨서 핵심업무의 프로세스를 변경하거나 새로운 시스템을 도입하는 것이 여기에 해

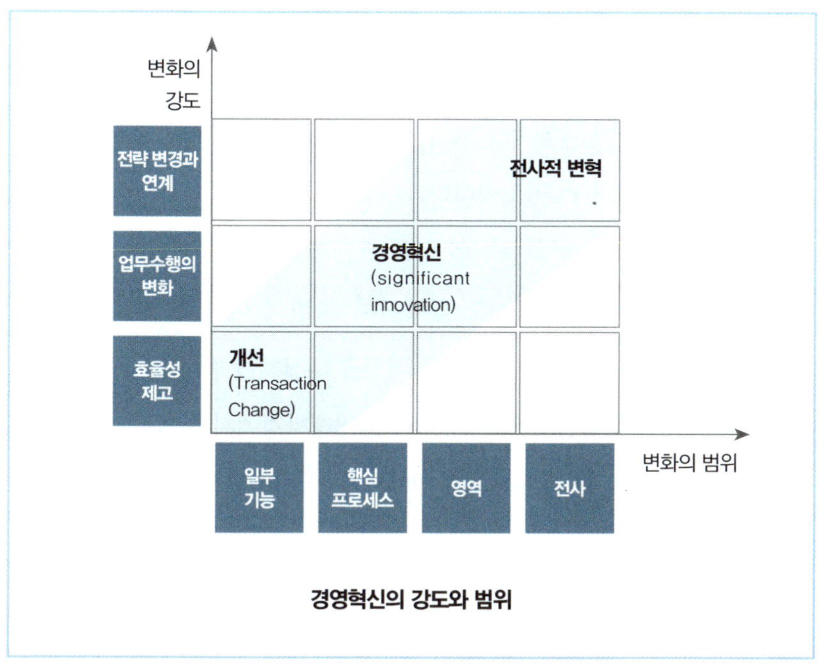

경영혁신의 강도와 범위

당한다. 예를 들어 병원의 평가 시스템 전체를 바꾸거나 전사적 자원관리(ERP, Enterprise Resource Planning), 전자 의무기록(EMR, Electronic Medical Record), 처방전달 시스템(OCS, Order Communication System) 등을 새롭게 도입할 수 있다. 많은 기업들이 프로세스 혁신(BPR, Business Process Reengineering), 식스 시그마(6sigma), 지식경영, 균형성과지표(BSC, Balanced Scored-Card), 고객관계 관리(CRM, Customer Relationship Management) 등 수많은 혁신 테마를 통해 조직의 경쟁력을 강화시키고 있다. 병원도 이러한 경영혁신의 흐름을 거스를 수 없기 때문에, 시스템, 프로세스, 제도 등을 지속적으로 변화시켜야 한다.

이러한 경영혁신보다 더 큰 변화도 존재한다. 병원이 적자를 거듭할 때

구조적 변혁과, 구조조정 등을 꾀하거나 경영진이 새롭게 바뀌어 병원의 전반적인 경영구도가 바뀌는 경우다. 이 모두가 정도의 차이는 있지만 조직의 현 상태에서 한 단계 발전된 모습으로 변화하기 위해서 프로세스, 시스템, 제도 등을 바꾸려는 노력이다.

경영혁신의 강도가 높을수록 위험도 크다. 그러나 위험이 클수록 혁신의 범위나 성과가 향상될 가능성도 높아진다. 따라서 위험 요소를 면밀하게 파악하고 구체적인 전략을 바탕으로 혁신을 추진해야 한다.

경영혁신을 이루어지지 않으면 조직은 경쟁환경에서 살아남기 어렵다. 병원도 마찬가지다. 변화된 패러다임에서 살아남기 위해서는 끊임없이 경영혁신을 해야 한다.

경영혁신의 추진방법

경영혁신은 몇 가지 과정을 거친다. 먼저, 경영혁신을 추진할 조직과 인원을 선발한다. 이들이 중심이 되어 혁신의 목표와 개괄적인 일정을 수립하고 필요한 교육과 훈련을 실시한다. 아울러 경영혁신을 위한 기존 자료를 검토하고 분석한다. 이때 혁신의 기반과 준비 정도를 먼저 진단한다. 준비가 되어 있지 않는 조직과 준비가 된 조직을 판단하는 것이다. 예를 들면 과거, 유사한 혁신에 성공한 조직일 수도 있고 혁신활동 과정에서 엄청난 내부의 홍역을 치른 조직일 수도 있다. 또한 조직의 리더가 혁신하려는 준비가 되어 있을 수도 있고 그렇지 않을 수도 있다.

이렇게 과거의 경험이나 혁신에 대한 리더의 인식과 준비도에 따라 '혁신 준비도'를 판단한다. 일반적으로 혁신 준비도가 높은 조직, 다소 저항은 있으나 변화가 가능한 조직, 그리고 저항이 엄청나게 커서 혁신이 거의 불가능한 조직으로 나뉜다. 변화의 준비 수준에 따라 경영혁신의 방법과 시기는 달라야 한다.

혁신이 시작된 초기에는 혁신의 목적, 내용, 시기, 효과, 각자의 역할 대해 병원 내부 직원 간에 정확히 커뮤니케이션하는 것이 중요하다. 이러한 준비과정을 거쳐 변화의 본격적인 활동이 전개된다. 변화의 목표와 방향을 설정하고 개인의 욕구와 다양한 이해 관계자의 의견을 반영한다. 이를 하나의 목표로 수렴한 뒤 세부 혁신과제를 도출한다. 도출된 다양한 과제들 중에 시급성과 중요성을 감안해 실행 계획안을 수립한다.

경영혁신의 내용

병원의 전략적 의도, 즉 전략적 방향을 어떻게 수립하느냐는 병원의 성장과 존속에 매우 중요한 요소다. 전략에는 3가지 중요한 기준이 있다. 의료 서비스의 속도, 질 그리고 비용이다. 시장환경이나 조직 내부의 역량에 맞게 목표를 설정하고 이를 달성하기 위한 실행력을 갖추는 것이 중요하다. 전략을 달성하기 위한 병원의 핵심역량은 진료와 지원 프로세스의 효율성, 병원 스태프들의 목표의식 그리고 동기부여 정도에 달려 있다. 병원의 핵심 역량을 강화하기 위한 도구에는 프로세스를 원활하게 지원하는 정보기술이나 조직관리, 조직구조, 교육체계, 성과평가와 보상체계와 같은 인사제도 등이 있는데, 이를 얼마나 적절히 활용하느냐가 관건이다.

병원의 경영혁신은 크게 두 가지 영역으로 나눌 수 있다. 첫 번째 영역은 혁신을 달성하기 위해 진료와 지원 프로세스를 효율화하는 영역이다. 이것은 주로 정보기술에 의해 이루어진다. 정보기술은 엄청나게 빠른 속도로 발전하고 있다. 또한 무선, 유선 통신과 네트워크의 발전은 하루가 다르게 통합과 융합을 거듭하며 새로운 의료장비와 의료기술을 양산하고 있다.

한편, 프로세스를 효율화시키는 것은 조직관리로도 가능하다. 부서간의 비협조와 중복 때문에 지연되던 프로세스를 조직관리와 조직구조를 개선해서 변화시킬 수 있는 것이다.

두 번째 영역은 직원의 가치와 태도를 바꾸는 것이다. 이것은 리더십이나 평가, 보상체계와 경력개발, 교육 등으로 가능하다. 리더가 방향을 제시하고 업무를 체계적으로 잘 배분하고 관리할 경우, 직원들의 성과는 향상된다. 또한, 성과측정을 제대로 할 수 있는 성과지표, 주기적으로 점검

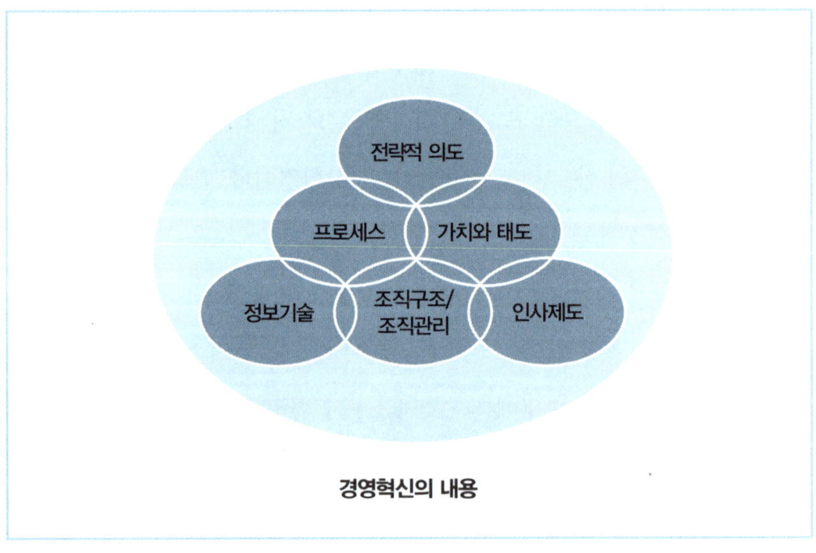

경영혁신의 내용

하고 성과향상을 위해 필요한 지원체계와 인사제도 등을 갖추는 것이 매우 중요하다.

경영혁신의 내용 – 프로세스 혁신

프로세스란 병원의 진료와 지원 서비스 활동을 말한다. 서비스 활동이 효율적이란 말은 환자의 만족, 비용절감, 서비스 질이 높아지는 것을 뜻한다.

환자나 가족이 병원을 예약하고 병원을 방문하거나 응급환자로 오게 되면 접수와 함께 진료받는다. 그리고 진료가 끝나면 수납과 검사, 투약의 과정을 거쳐 다음 재진 일정 등을 정하고 귀가한다. 물론, 진료는 진료과, 의사마다 프로세스가 다르기는 하지만 진료 서비스의 현재 수준을 분석하고 더 빠르고, 효율적이고, 효과적인 방법을 모색해야 한다. 진료 부문은 전문성과 특수성이 있기 때문에 의료기관별, 진료과별, 담당 의료진별로 검토해야 한다.

병원의 업무 프로세스 중 가장 일반적이고 보편적인 프로세스인 외래원무에 대한 혁신내용을 살펴보기로 한다. 원무관리는 병원 행정처리 과정에서 이루어지는 기록, 계산, 분류와 정리 등과 같은 업무를 통해서 발생한 사실들을 수집, 처리, 분석, 전달하는 활동이다. 원무관리는 진료를 위한 환자들의 수속 절차상의 문제와 그에 따른 진료비 관리와 진료지원 업무 등을 포함한다. 이러한 원무관리는 외래 원무관리와 입·퇴원 원무관리로 나뉜다.

원무 프로세스는 다른 업무와 밀접하게 관련되어 있기 때문에 업무수행 시 발생하는 오류나 실수 때문에 생기는 보정 등을 미리 계산해야 한다. 따

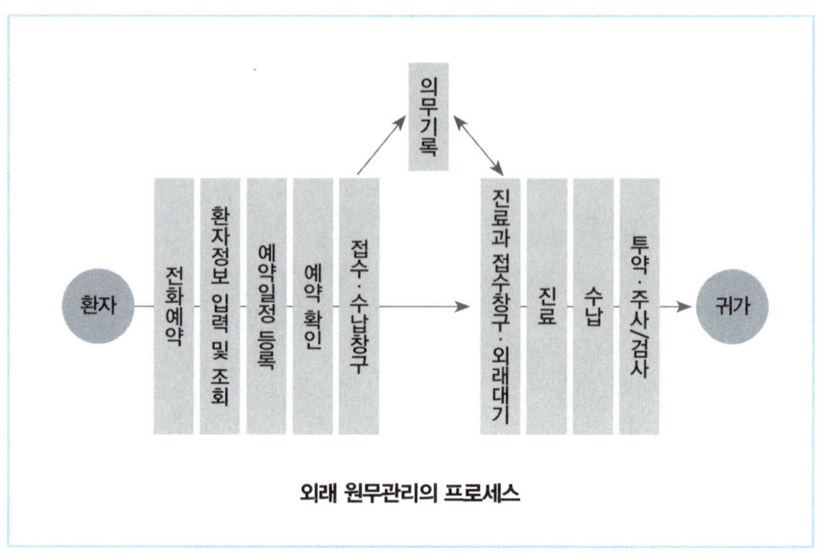

외래 원무관리의 프로세스

라서 전달된 관련 자료들을 자동으로 수정해, 자료의 일관성을 확보할 수 있도록 업무 프로세스를 분석하고 설계하는 것이 매우 중요하다.

원무관리 프로세스를 혁신하려면 환자의 예약, 진료 그리고 귀가까지 과정에서 발생하는 문제를 파악해야 한다. 원무관리는 다른 업무들과 연계되어 있기 때문에 업무의 연결 과정에서 오류가 생기거나 환자의 불편을 초래할 수 있기 때문이다. 예를 들면, 의료보험 진료비 청구 시 오류가 발생하거나 환자들이 불편을 겪는 일 등이다. 이러한 문제가 발견되면 오류와 불량의 정도를 측정하고 이러한 불량의 원인을 찾는다. 다음으로 불량을 개선할 수 있는 방법을 찾는다. 원무 프로세스를 다시 설계할 때는 진료지원 업무, 진료 업무 등과 같은 다른 업무들을 고려해 프로세스를 설계해야 한다. 새로운 프로세스의 도입 후에 다른 부문과의 연계 등이 제대로 되지 않아 훨씬 더 큰 비용을 초래할 수도 있기 때문이다.

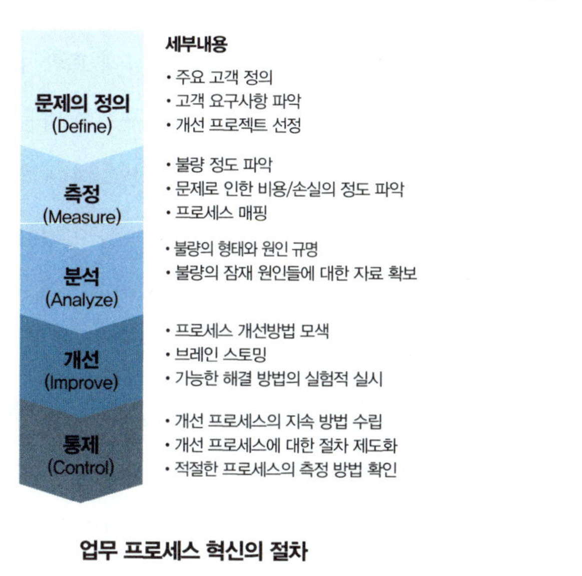

경영혁신의 내용 – 직원의 변화관리

경영혁신은 임직원들에게 많은 저항을 불러일으키기도 한다. 과거에 하던 방식이 익숙해서 변화를 싫어하기 때문이다. 저항을 극복하려면 그 이상의 힘이 조직 내부에 있어야 한다. 그 힘은 3가지로 설명할 수 있다. 첫 번째는 변화를 바라는 간절한 마음이다. 이대로는 도저히 안 된다는 강한 의식이 있어야 한다. 두 번째는 변화에 대한 비전이 명확해야 한다. 목표를 팀원이 공유해야 한다는 것이다. 목적지가 없는 변화는 표류일 뿐이다. 마지막 세 번째는 변화에 첫발을 내딛을 수 있는 추진력이다. 행동하지 않는 계획은 허상일 뿐이다.

변화에 대응하기 위해서는 전략, 제도 그리고 구성원의 마인드가 함께 변해야 한다. 일반적으로 조직은 외부 환경에 효과적으로 대응할 수 있는 경영전략, 경영목표, 성과보상 체계 등을 구축한 다음 구체적인 전략과 실행안을 추진한다. 환경분석과 경영전략은 조직마다 다르겠지만, 조직 구성원들이 조직의 경영전략과 부서의 전략목표를 이해하고 조직의 목표를 달성하기 위해 다른 동료와 노력해야만 혁신이 이루어진다는 사실은 같다.

외부 환경에 잘 대응하기 위해서는 조직의 전략과 조직 전략에 따른 개별 구성원의 업무분장, 성과에 따른 보상, 그리고 직원들의 업무태도 등이 일정한 패턴으로 형성되어 있어야 한다. 그런데 고객의 니즈, 공급자의 조건, 경쟁 여건 등 외부 환경이 계속해서 변하기 때문에 이러한 패턴은 유지하기 어렵다.

외부 환경은 바뀌는데 조직의 전략이 변화하지 않고 과거의 패턴에 안주해 있으면 환경과 조직전략 간에 차이가 생긴다. 당연히 조직의 성과도 떨어질 수밖에 없다. 그래서 조직은 환경의 변화를 감지하기가 무섭게 외부 환경의 변화를 분석하고 경영전략과 운영 메커니즘을 상황에 맞게 수정해야 한다.

환경과 전략이 최적화되었다고 해서 모든 것이 끝난 것은 아니다. 외부 환경과 경영전략이 일치되었다 하더라도 조직 구성원의 마인드가 변하지 않으면 전략과 구성원 간에 불일치가 생긴다. 이와 같이 환경, 전략과 제도와 조직 구성원의 마인드 중 어느 것 하나라도 일치하지 않으면, 조직의 성과나 경쟁력은 현저히 떨어질 수 있다. 이러한 불일치를 해소하고 환경과 전략 그리고 조직원의 마인드를 하나로 일치시키는 것이 변화관리 활

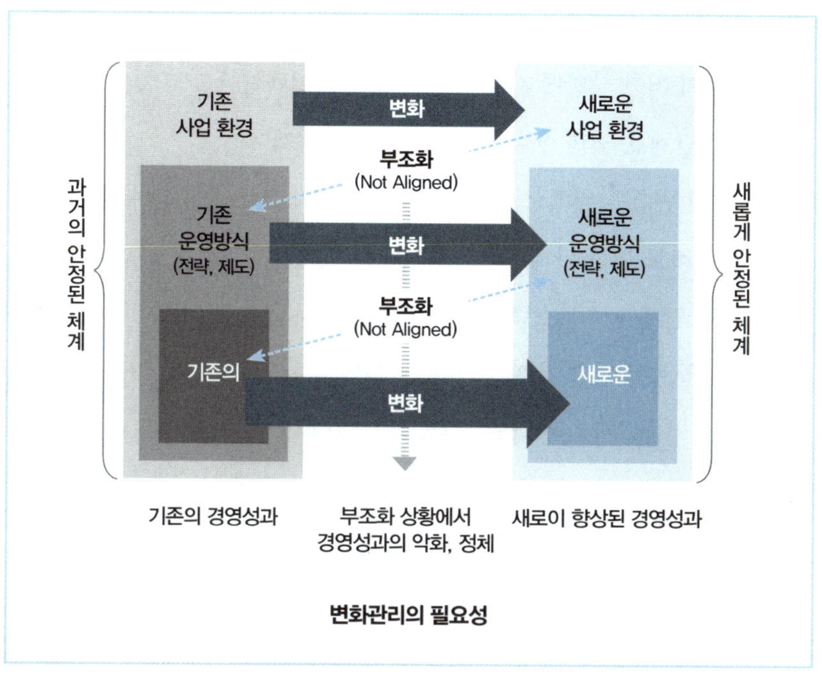

변화관리의 필요성

동, 즉 여정관리다.

경영혁신으로 조직의 혁신을 달성하고자 하는 리더들은 일반적인 과정을 숙지하고 있어야 한다. 개별 조직마다 사소한 부분들은 다르지만, 혁신을 위한 변화는 일반적인 단계를 거치기 때문이다. 이것을 설명하는 대표적인 이론으로 레빈(Kurt Lewin)의 모델이 있다.

이 모델에서는 행동해빙(unfreezing), 변화(changing), 재동결(refreezing)이라는 변화의 3단계를 제안한다.

'행동해빙 단계'는 사람들이 과거에 하던 방식이 더 이상 유효하지 않는다는 것을 깨닫는 단계다. 명백한 위기 상황, 또는 분명하지는 않지만 시작되고 있는 위협과 기회 상황에서 일어난다.

‘변화’는 새로운 혁신을 위한 새로운 방식을 찾는 단계다. 여러 선택지에서 자신들이 처한 상황에 가장 적합한 방법을 선택한다.

‘재동결 단계’는 변화가 실행되고 정착되는 단계다.

성공적인 변화를 위해서는 위의 3가지 단계가 모두 중요하다. 행동해빙 단계 없이 바로 변화 단계로 이행할 때에는 강한 저항에 부딪힐 가능성이 높다. 변화 단계에서 시스템 진단이 제대로 되지 않으면, 변화 프로그램 자체가 부실할 수밖에 없기 때문이다. 변화에 대한 합의를 이끌어내지 못하고 열정이 지속되지 못한다면, 변화 프로그램이 실행되더라도 다시 예전 방식을 고집하는 시도가 나타날 수 있다.

레빈은 리더가 변화를 이끌기 위해서 두 가지의 행동을 고려해야 한다고 했다. 첫 번째는 변화동인을 증가시키는 것이다. 여기에는 인센티브를 지급하거나, 포지션 파워를 사용하는 것들이 포함된다. 두 번째는 변화에 대한 반대요소를 줄이는 것이다. 조직원 개인의 두려움이나 경제적 손실과 같은 위험요소를 제거하는 것이다.

반대요소가 줄어들지 않는 상황에서 변화동인만 증가시키면, 변화에 대한 강한 갈등이 생기기 때문에 재동결 단계를 성공적으로 마치기 어렵다.

변화관리의 기본전제

어떤 조직이든 변화 초기에는 성과가 떨어진다. 새로운 방식이나 프로세스가 조직에 익숙지 않기 때문이다. 이것 역시 일종의 저항이라 할 수 있는데 이러한 저항과 성과는 반비례한다. 따라서 변화관리의 목표는 저항의 정도를 줄이고 변화의 기간을 단축시켜 성과를 극대화하는 것이다. 이렇게 얻어진 성과는 관리를 통해서 계속 이어지도록 해야 한다.

변화관리는 먼저 변화기반을 평가해서 변화를 위한 현재의 준비 상황이나 여건을 이해해야 한다. 변화를 위해서는 여러 가지 현실적인 제약을 극복해야 하기 때문에 조직의 현재 상황을 면밀히 분석해야 한다.

또한 성공적으로 변화관리를 하려면 변화관리 프로그램이 체계적으로

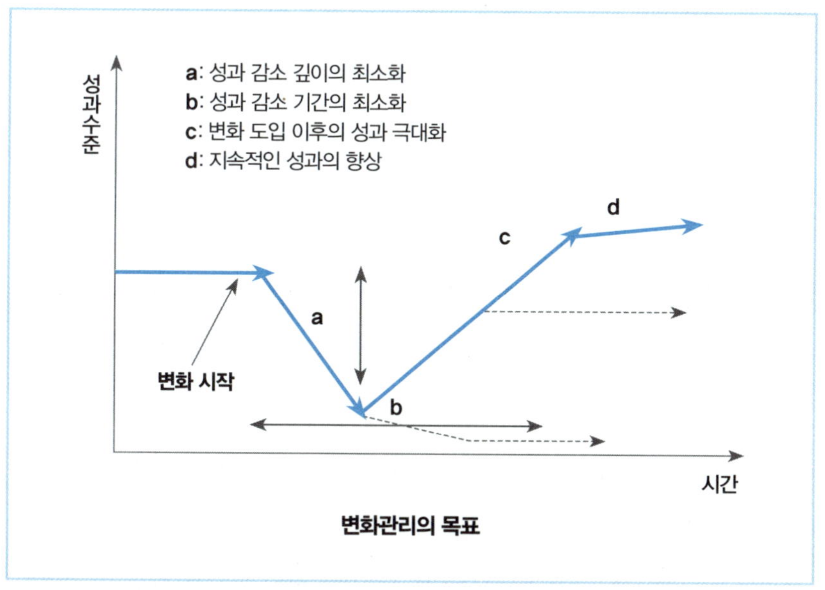

전개되어야 한다. 변화기반을 분석할 때는 변화의 전략이 타당한지 검토해야 한다. 또한 조직의 비전, 변화활동, 전략적 의도가 서로 연관돼야 한다. 조직의 비전, 구조조정, 사업전략 또는 경영혁신이 서로 연계되지 않거나 연관성이 부족할 경우, 저항은 심할 수밖에 없다. 또한 직원들이 조직의 비전과 혁신을 달성해야 한다는 책임감을 가지고 있더라도 변화를 위한 구체

적인 활동과 모습을 인지하지 못한다면 제대로 이루어지기 어렵다.

목표를 명확하게 정의하지 않은 상태에서 이루어지는 변화는 설득력이 약하고 조직원들의 호응도 이끌어낼 수 없다. 흔히 '거름 지고 장에 간다는 속담'과 같이 남이 가니까 따라간다는 식의 변화는 조직과 개인 모두에게 불행을 안겨줄 뿐이다.

변화관리가 성공하기 위해서는 주인의식, 리더십 그리고 추진 도구를 적절하게 조합해야 한다.

전략목표와 변화활동 사이의 연계성은 두 가지 형태로 존재한다. 첫 번째는 아래에서 위로 향하는 상향식이다. 변화활동의 목표가 상향식으로 이루어질 경우, 조직의 변화활동은 전체적인 적합성과 연계성이 취약할 수 있다. 두 번째는 위에서 아래로 향하는 하향식이다. 하향식을 강조하면 직원들이 혁신과제의 배경과 의도된 목적에 대한 이해가 부족하기 때문에 목표를 공유하기가 어렵다.

변화의 목표와 전략적 의도의 연계성은 변화활동의 리더십이 제대로 발휘될 수 있도록 하고 변화를 따르는 조직 구성원의 주인의식을 불러일으킨다.

리더가 자주 교체되어 리더십을 제대로 발휘하지 못하는 경우, 성공적인 변화관리를 기대하기 어렵다. 변화관리를 추진하는 조직들이 많은 노력에도 불구하고 가시적인 효과를 거두지 못하는 이유도 바로 여기에 있다. 조직 구성원들이 변화활동에 대한 가시적인 리더십을 확인하지 못할 때, 변화관리는 곤경에 처하고 표류하게 된다. 따라서 변화관리는 전략과 변화활동의 연계와 함께 리더의 확고한 의지가 수반되어야 한다.

리더십과 조직원들의 주인의식은 변화의 핵심이다. 변화관리는 위기의식과 비례한다. 이대로 가면 조직이 나락에 떨어지고, 기대한 결과를 얻을 수 없다는 위기의식이 생긴다면 훨씬 더 강력한 변화를 이끌어낼 수 있다. 예컨대 조직이 위치한 시장에서 경쟁업체가 생겨 시장이 잠식되거나, 가격이나 품질의 경쟁이 치열한 상황에서 조직원들이 위기의식을 가지지 못한다면 경쟁에서 살아남기 힘들다. 이렇게 조직에서 전사적으로 위기의식에 대한 공감대를 형성하는 것이 변화에 대한 저항의식보다 높다면 변화관리의 절반은 성공한 것이다.

기업의 위기상황은 흔히 망망대해에서 불이 난 유조선에 비견된다. 갑판에 불이 붙어 더 이상 불을 끌 수 없을 정도로 위급한 상황과 비슷하다는 것이다. 이러한 위기를 일명 '불타는 갑판(Burning Platform)'이라고 하는데, 승객은 망망대해로 뛰어내릴 것인지 아니면 그냥 배와 함께 생을 마감할 것인지를 결단해야 한다. 이때 승객들은 무조건 뛰어내려야 한다. 곧 가라앉게 될 배에 머무르는 것보다 살아날 확률이 훨씬 높기 때문이다. 이처럼 승객들의 절체절명의 위기의식은 그나마 생존확률을 높인다. 기업의 경우도 마찬가지다. 기로에 선 조직에서 변화는 곧 기업의 운명을 결정한다. 그 변화를 이끄는 원동력은 조직원들의 위기의식이다.

직원의 변화관리 접근방법

조직의 상황에 대한 인식은 구성원마다 다르다. 그런데 조직이 처한 환경이 정말 '불타는 갑판'과 흡사하다면 모든 구성원들에게 현재 상황을 정확하고 빠르게 전달해야 한다. 상황에 대한 인식이 다르면 구성원마다 행동도 다를 수 있고, 변화에 대처하는 방식이나 강도가 다를 수 있다. 경우에 따라, 조직은 의도적으로 타오르는 갑판을 부각시키며 구성원들의 인식을 한 방향으로 정리해야 한다. 위기가 얼마나 심각한지, 그리고 이 상태로 가면 어떤 결과를 맞이하게 될지 정확하고도 구체적으로 이해시켜야 한다.

조직의 변화는 시간과의 싸움이다. 서서히 데워지는 냄비 속에서 자신의 죽음도 인식하지 못하는 개구리와 같은 상황이다. 다가올 환경과 위험을 인식하지 못하는 것은 자칫 회사를 나락으로 몰고갈 수도 있다. 따라서 변화가 시급한 상황에서 변화과정이 길어지면 길어질수록 조직의 성과는 계속 떨어진다. 변화과정을 단기간에 해낼 수 있는 조직이 성과의 낙폭을 줄이면서 성공으로 나아갈 수 있다.

직원들의 위기의식을 고취시키고 공감대를 형성하기 위해 회사의 현황을 지속적으로 신속하고 투명하게 알려야 한다. 또한 변화에 성공했을 때의 긍정적인 모습도 구체적으로 이해시켜야 한다.

과거의 유사한 변화가 실패했던 경험을 가지고 있거나, 지속적인 변화 활동이 부족해서 성공을 이루지 못한 경험이 있는 조직의 구성원들은 과거의 실패부터 생각하기 마련이다. 이러한 조직은 리더의 강력한 지원이 있다 하더라도 변화에 동참하기를 주저한다. 이러한 변화관리는 시작부터 어렵다. 따라서 효과적인 변화관리를 위해 몇 가지 노력이 먼저 이루어져야 한다.

첫째 명확한 전략적 의도와 프로세스에 근거해 각 과제를 연계하며, 조직, 인사체계의 변화가 동시에 일어날 수 있도록 해야 한다.

둘째 계량적인 투자대비 기대효과를 명확하게 설정해야 한다.

셋째 계획부터 설계, 구현까지 전체를 책임지고 이끄는 강력하고 체계적인 추진 조직이 있어야 한다.

마지막으로 조직 구성원들의 참여의식과 주인의식이 필요하다. 행사성의 주인의식 향상 프로그램보다는 직원들이 혁신 프로세스에 직접 참여함으로써 스스로 느끼고 이해할 수 있도록 해야 한다. 향후 조직의 모습을 명확하게 제시해야 하며 각 직급과 조직별 변화를 위한 요구 사항을 구체적으로 투명하게 알려주어야 한다. 초기에 혁신 목표와 성과 측정 방안을 뚜렷하게 세워, 전 조직원이 공감하고 이를 적용할 수 있도록 해야 한다.

경영혁신에서 리더의 역할

경영혁신과 같은 광범위한 변화를 위한 프로그램을 실행하는 리더에게는 다양한 리더십이 요구된다. 이러한 리더십은 무엇에 중점을 두느냐에 따라 조직 차원의 행동과 사람 차원의 행동으로 나눌 수 있다. 여기서는 조직 차원에서 요구되는 리더십의 행동에 대한 가이드라인을 제시한다.

변화에 반대하는 사람과 찬성하는 사람을 파악하라

리더는 조직 내에 대규모의 변화를 실행하기 전에, 변화와 관련된 권력 분포 등 조직의 내부 역학관계를 파악해야 한다. 변화를 지원하는 사람이 누구인지 파악하는 것이다. 이를 위해 아래와 같은 질문이 필요하다.

누가 변화에 대해 찬성할 것 같은가 또는 반대할 것 같은가? 왜 그렇게 생각하는가? 어느 정도의 저항이 예상되며 반대를 하는 사람은 누구인가? 저항을 감소시키기 위해 필요한 것은 무엇인가? 변화에 반대하거나 회의적인 시각을 지닌 사람들을 어떻게 변화를 지지하는 사람으로 변화시킬 수 있는가? 모든 이해집단으로부터 동의와 지지를 구하는 데에는 어느 정도의 시간이 소요될 것인가?

변화를 지원하기 위한 조직 내의 연대를 구축하라

한두 사람의 고위 경영진으로는 대규모 변화를 성공시킬 수 없다. 따라서 조직 내외에 변화를 지원하는 연대세력을 구축하는 것이 필수다. 지원자들은 임원뿐 아니라 중간관리자들도 포함되어야 한다. 한 연구에서는 대규모의 변화를 성공시킨 조직일수록 중간 계층의 매니저들의 지원 비율이 높았다고 한다. 조직 외부의 지원자로는 컨설턴트, 노동조합 간부, 중요한 고객, 정부부처 관계자, 언론 관계자 등이 있다.

변화 프로그램의 주요 포지션에
능력 있는 변화 리더십을 지닌 사람(Change Agent)을 배치하라

변화를 실행할 사람들은 비전에 헌신적이고 조직원들에게 설득력 있게 설명할 수 있는 사람이어야 한다. 비전에 헌신하지 않는 사람들은 변화 프로그램에서 단호하게 제외시켜야 한다. 변화 프로그램의 실행자들은 변화의 헌신적인 옹호자들이어야 한다.

변화 실행을 주도할 추진팀을 활용하라

변화를 주도할 특별전담팀을 구축하고 이를 적극적으로 활용하라. 이러한 팀의 역할에는 새로운 변화를 이끌 실행계획 수립, 새로운 활동의 프로세스 디자인, 새로운 변화에 걸맞은 홍보 전략과 실행, 변화에 걸맞은 조직원들의 보상 설정 등이다.

조직의 어느 단위에서부터 변화를 시작할지 신중히 정하라

일반적으로 전략적 성과관리인 BSC를 어디서부터 시작해야 할지에 대해 많은 의견들이 있다. 그러나 정답이 있는 것은 아니다. BSC 도입 배경, 조직구조, 기업문화 등 다양한 변수들을 고려해야 하기 때문이다. 전체 조직을 대상으로 한 번에 BSC를 도입하는 것은 매우 이상적일 수 있으나, 모든 상황이 이를 뒷받침하지는 않는다. 위험요소를 분산하는 차원에서 많은 자회사를 두고 있는 대규모 기업의 경우는 몇 개의 자회사를 선정해서 BSC를 도입하고 그 효과를 검증하는 파일럿 테스트(Pilot Test)를 진행한 후, 다른 자회사들로 확대 시행하기도 한다. 때로는 비즈니스의 특정 영역(예를 들면 인사 부서)을 대상으로 BSC를 구축하는 경우도 있다. 복잡하고 다양하게 지역적으로 확산되어 있는 대규모 조직의 경우에는 BSC를 전사적으로 동시에 구축하기가 쉽지 않다.

조직구조와 적합한 부분도 변화시켜라

변화를 성공적으로 이루었다면 이를 뒷받침하는 조직구조도 변화시킬 수 있다. BSC 역시 조직 단위의 전략체계도, 목표 등을 수립하는 단계에서 많은 경우에 역학의 재조정, 업무 프로세스 조정, 리포팅 시스템 변경 등이 발생할 수도 있다. 이를 예방하기 위해서 변화에 영향을 받는 중견 매니저들과 하위 직원들을 프로세스에 반드시 참여시켜, 조직구조와 관련된 부분들의 변화를 제대로 파악하고 조정해야 한다.

변화의 정도를 모니터링하라

변화는 때로 예기치 않은 어려움과 도전에 직면한다. 이러한 문제를 돌파하기 위한 많은 부분은 실행하면서 배운다. 문제해결 방법을 알기 위해서는 모니터링이 필수적이다. BSC를 통해 변화에 대한 정보들의 피드백을 수집하고 분석해야 한다. 또한 시의적절하고 정확한 피드백을 기초로 사람, 프로세스, 성과에 대한 조율이 이루어져야만 실질적인 변화에 성공할 수 있다.

통합 의료정보 시스템의 도입이 필요하다

정보통신 기술의 발전과 의료환경의 변화

현대사회는 정보화라는 개념을 넘어서 유비쿼터스 사회라는 용어로 표현된다. 정보는 인간생활 곳곳에 영향을 미치고 아울러 가치 창조의 중요한 요소가 되었다. 이런 사회의 중심에는 IT를 기반으로 한 컴퓨터의 발달이 있다.

최근 의료분야에, 정보통신 기술들을 활용함에 따라 디지털 병원과 같은 급속한 변화가 일어나고 있다. 의료 정보화라는 개념은 병원에서 필요한 많은 정보를 데이터베이스화해 활용하는 데 그치지 않고 의료 서비스의 시스템에도 많은 변화를 가져왔다. 컴퓨터를 활용한 3D 솔루션과 원격진료를 이용한 의료 서비스 등이 그 예다. 유비쿼터스 환경과 무선통신의 발달로 환자의 간호와 서비스를 실시간으로 조회하거나 업데이트할 수 있다. 그리고 전자상거래 기술의 획기적인 발전은 병원과 의료계 전체 시스템을 환자에 대한 서비스 영역에서 전체 고객과 경영 전반의 시스템 영역으로 변화시켰다. 디지털 병원으로 변화하는 최근 의료 서비스에서 의료정보 시스템은 병원의 생존 전략이 된다.

유비쿼터스는 물리공간과 전자공간의 한계를 동시에 극복하고, 사람과 컴퓨터 그리고 사물을 하나로 연결함으로써 최적화된 공간을 창출하는 마지막 단계의 공간혁명이다. 또한 현재의 사회환경에서 병원의 의료정보 시스템을 획기적으로 변화시킬 수 있다. 따라서 미래의 의료 서비스는 유비쿼터스 환경을 접목한 여러 시스템이 연계된 형태로 발전하게 될 것이다.

정부에서는 앞선 IT 인프라를 이용해 국민의 편익을 높이고 의료비용을 절감하기 위한 종합적인 'u-Health 활성화 계획'을 마련해 추진하고 있다. u-Health란 국민이 유비쿼터스 IT 기술을 활용해 예방, 진단, 치료와 사후관리 등 보건의료 서비스를 받을 수 있는 시스템을 말한다.

정보통신 기술을 활용한 보건의료의 개념은 'e-Health'라는 이름으로 이미 예전부터 존재했다. e-Health란 원격 보건의료를 뜻하는데, 정보통신 기술을 보건의료에 접목해서 예방, 진단, 치료, 사후관리 등 서비스를 제공하는 것으로 발전했다.

u-Health는 종래의 e-Health보다 넓은 개념이다. 유·무선 정보통신 인프라와 장비를 이용해 제공하는 모든 보건의료 서비스를 포함한다. 대표적인 u-Health 서비스로는 온라인 의료정보, 원격진료, 질병 모니터링, 모바일 건강관리 등이 있다.

의료정보 시스템 도입 전의 의료경영의 환경

의료정보 시스템이 도입되기 전에는 병원서비스가 공급자 중심이었기 때문에 환자에게 불편함이 많았지만 이에 대한 불편함을 환자들이 감수해야만 했다.

진료내역이 공유되지 않았다: 기존의 병원은 환자의 진료내역을 공유할 수 있는 시스템이 부족했다. 이 때문에 환자가 다른 병원에서 진료를 받으려면 진료기록부를 별도로 첨부하거나 이중, 삼중으로 검사를 받아야 했다. 당연히 환자의 편익성은 떨어질 수밖에 없었다.

병원 간 네트워크가 없었다: 병원 간 네트워크가 형성되어 있지 않아 경험적 치료법과 임상기술 발전에 도움이 되는 의료기술을 공유하기가 어려웠다. 그래서 병원 간의 치료 기술과 서비스 수준의 차이가 컸다.

진료절차가 복잡했다: 개인병원에서는 단순한 진료절차가 종합병원에서는 지나치게 복잡해 환자들은 의사의 얼굴조차 보기 어려웠다.

장비가 부족했다: 기존의 병원 시스템은 장비의 사양이 떨어져 복잡한 업무를 처리하기 어려웠다. 또한 장비의 노후화로 장비 오작동이 발생하는 경우도 많았다.

시스템의 비효율성: 기존의 시스템은 환자가 증가할 경우 업무를 처리하는 시간이 길어져 환자 대기 시간도 늘어났다. 또한 종이 서류가 많고 보관하기가 어려워 자료를 찾고 열람하는 데 많은 시간이 소모되었다.

의료정보 시스템의 개요와 구성

의료정보 시스템이란 환자의 진료, 의학 연구, 의학 교육과 의료경영에 필요한 각종의 정보를 수집하고 가공해 효율적으로 관리하기 위한 의료업무 자동화 시스템이다. 의료정보 시스템은 편리함과 경제적인 효과를 추구한다. 병원에서 편리함이란 의료 서비스 제공자, 즉 의사, 간호사, 기타 의료지원 부서, 행정부서 직원이 환자의 자료를 기입하거나 확인 할 때 쉽게

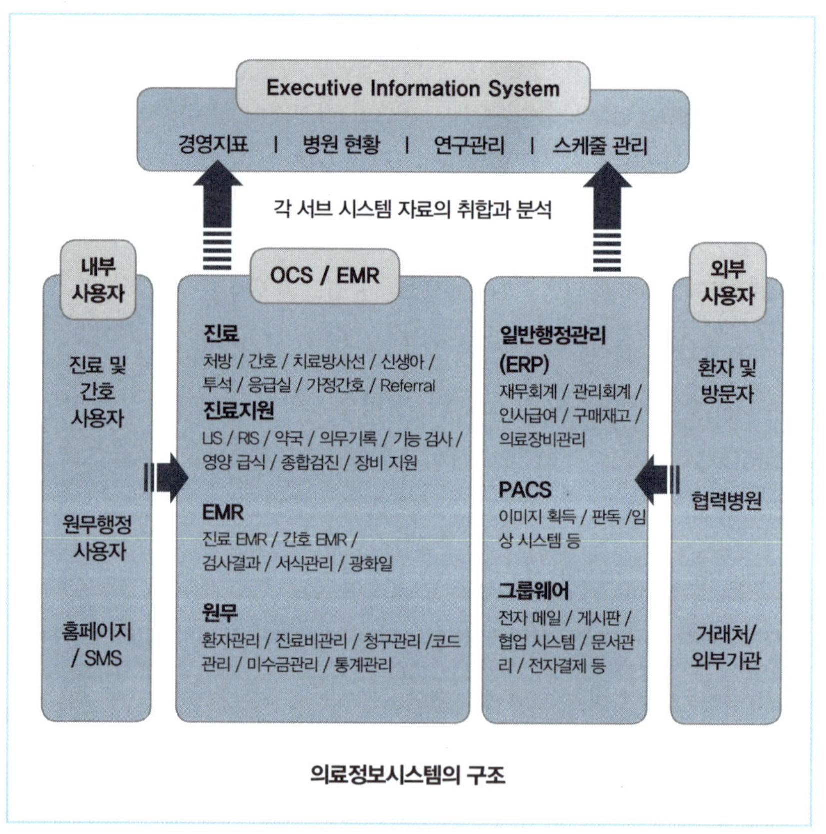

이해하고 활용할 수 있는 것을 말한다. 경제적 효과란 의료정보 시스템을 도입한 병원의 수익률 증가를 뜻한다.

의료정보 시스템은 크게 진료정보 시스템과 경영정보 시스템 두 가지로 분류된다. 진료정보 시스템은 다시 의사의 처방전을 전달하는 처방전달 시스템(OCS, Order Communication System)과 진료기록을 관리하는 전자 의무기록(EMR, Electronic Medical Record), 의료영상 정보를 관리하는 의료영상 저장정보 시스템(PACS) 등 대표적인 3개의 시스템으로 구성되어 있다. 또한 경영정보시스템은 환자관리를 위한 원무관리 시스템(PM/PA, Patient Management/Patient Account), 보험회사 청구와 관련된 전자문서 교환(EDI, Electronic Data Interchange), 경영지원과 의사결정 지원을 위한 경영정보 시스템(MIS), 경영진 정보 시스템(EIS, Executive Information System) 등으로 구성되어 있다.

현재 병원정보 시스템은 유비쿼터스 환경의 디지털 병원 구축을 기본으로 시스템을 확장하고 있다. 그러므로 의료 정보화는 정보기술을 이용한 의료 서비스 개선과 병원경영의 합리화를 대전제로 실현 가능한 과제부터 단계적으로 추진하는 것이 바람직하다.

병원은 의료시장의 무한 경쟁과 점점 열악해져 가는 경영환경을 극복해야 한다. 최선의 방안은 업무의 정보화를 통해 직원의 업무능력 향상과 원가절감, 경영자의 의사결정 지원 시스템을 사용해 경영 효율을 개선하는 것이다. 이를 위해 처방전달 시스템, 전자 의무기록 시스템, 검사정보 시스템(LIS, Laboratory Information System), 방사선 정보 시스템(RIS, Radiology Information System), 의료영상 저장전송 시스템 등을 구축해 첨단 진료환경을 구축해야 한다.

단순 반복적인 수작업은 정보화 시스템으로 대체하고 본연의 임무인 환자의 질병을 치료하기 위한 양질의 서비스를 제공해 고객만족도와 병원의 이미지를 높일 수 있다.

이렇게 정보기술을 활용하면 기존의 처방전달 시스템이나 의료영상 저장전송 시스템을 포함한 병원 내부 프로세스와 외부 연계 전반을 디지털화할 수 있다. 이로써 안정적이고 효율적인 고객중심의 의료 서비스를 제공하는 첨단 병원을 만들 수 있다. 디지털화된 병원은 안정적인 IT 인프라와 솔루션들을 기반으로 사이버 공간을 이용한 B2B(Business To Business, 기

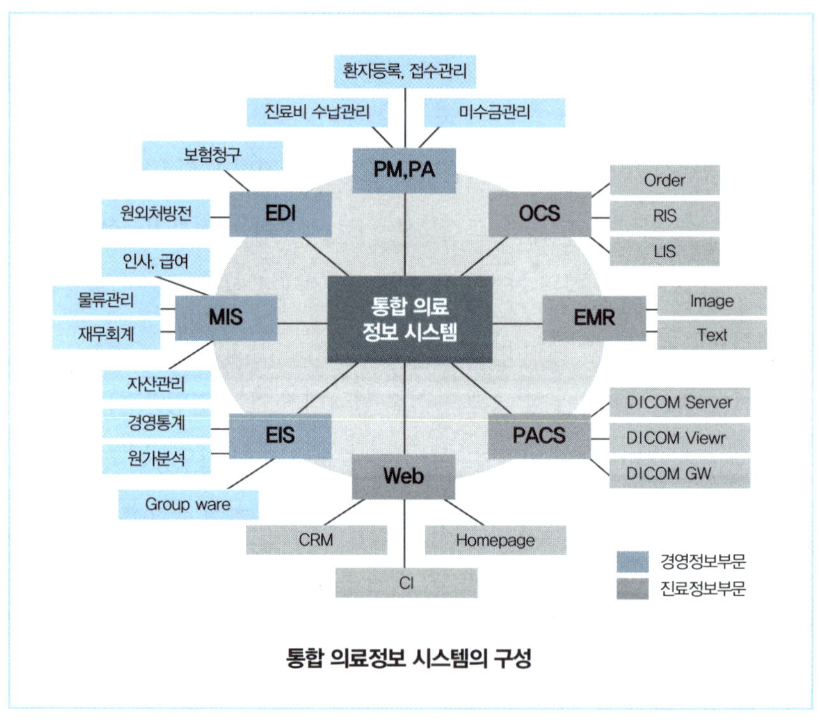

통합 의료정보 시스템의 구성

업 간 상거래)와 B2C(Business To Customer, 기업과 소비자 간 상거래) 분야까지
영역을 확장할 수 있다.

유비쿼터스 환경에서는 기존의 폐쇄적이며 이질적인 시스템 환경을 인
터넷과 표준 인터페이스로 통일할 수 있어서 병원 내·외부 고객들과 정보
를 공유하기 쉽다. 또한 실시간으로 업무를 처리할 수 있고 병원 시스템
의 유지와 보수비용을 절감할 수 있어서 수익성을 높이는 데도 중요한 역
할을 한다.

의료정보 시스템의 도입 효과

의료정보 시스템의 도입 효과는 다음과 같다.

환자 서비스 개선 : 진료비와 원외 처방전 발행업무를 자동화해 환자의 불편을
해소할 수 있다. 또한 환자의 검사신청을 검사실에서 자동으로 전송하고
검사기에서 분석된 검사결과는 컴퓨터와 자동으로 연동되기 때문에 검사
업무를 신속하고 정확하게 처리할 수 있다.

첨단 진료환경 구축 : 환자의 의무기록과 처방전을 수작업으로 작성하면 진료
정보를 공유하는 것이 불가능하다. 이 때문에 작성된 진료기록은 단순 기
록으로 사장되거나 의학적 통계자료로 쓰이더라도 많은 시간과 인력의 낭
비를 가져올 수밖에 없지만, 의료정보 시스템을 도입하면 진료 정보를 공
유하기도 쉽고 의학적 통계를 추출하기도 훨씬 편리하다. 나아가 첨단 진
료환경을 구축해 진료의 신뢰성을 확보하고 타 의료기관과의 정보교류를
통해 의료의 임상학적 발전도 이룰 수 있다.

최적의 자원관리 : 의료정보 시스템은 업무의 생산성을 극대화하고 의료장비와 고가 비품관리를 통해 자원의 가동률을 높일 수 있도록 지원한다.

경영자 의사결정 지원 : 경영자가 경영상 중요한 결정이 필요할 때 지원 가능한 양질의 정보와 다양한 정보를 제공해서 의사결정을 지원한다.

의료정보 시스템 – OCS

처방전달 시스템 OCS는 환자가 접수에서 진료, 수납에 이르는 과정까지 업무, 진료, 일반 행정(보험 청구 등)과 같은 병원 전체 업무를 네트워크를 통해 간편하게 수행할 수 있게 처방전을 각 진료과와 진료지원 부서로 전달

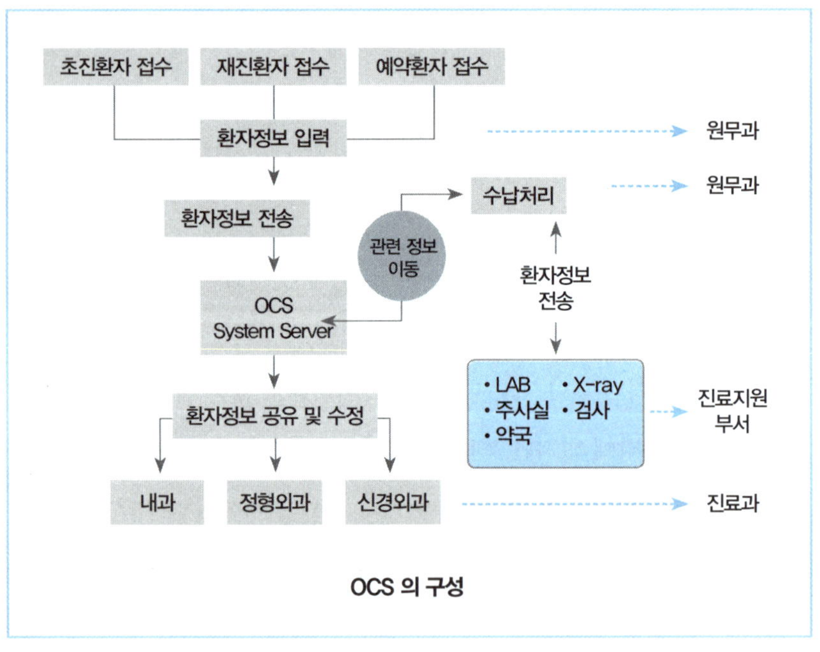

OCS 의 구성

하는 시스템이다. 이 시스템은 의사가 입력한 처방전을 진료지원 부서로 정확하게 전달하기 위한 것이지만, 환자 접수, 수납, 보험 청구 등의 일반 행정 업무까지 도 포함된 거대한 시스템이다.

의사가 컴퓨터로 처방을 하기 위해서는 컴퓨터가 진료행위에 방해가 되어서는 안 된다. 그러려면 새로운 기법을 도입하고 다양한 입력매체를 선택할 수 있는 시스템을 도입해야 한다. 보통 OCS는 많은 의사가 사용하고 있는 PC를 기준으로 시스템 서버와 연동해 데이터를 모으고 정리할 수 있게 되어 있다.

OCS는 의사의 처방 내용을 검사실, 방사선과, 물리치료실, 약국, 주사실, 기타 검사 등 진료지원 부서와 연결하고 수납(본인, 각종 청구)을 위한 기초 자료를 전송하는 통합 시스템이다. 또한 시스템의 기초에서부터 새롭게 설계한 것이 아니라, 그동안 안정적으로 사용하던 원무행정, 관리행정 시스템을 바탕으로 처방입력(Order Entry), 처방보기(Order View) 등의 기능을 추가한 것이다. 이것은 시스템과 바로 연결되기 때문에 사용자의 위험 부담을 줄여주는 장점이 있다.

OCS는 의사의 진료행위에 대한 정보를 더욱 효율적으로 관리해서 병원의 서비스 질을 향상시키고, 환자를 과학적으로 관리하는 것이 목표다. 주요 장점은 컴퓨터를 잘 모르는 의사라고 하더라도 쉽게 내용을 알 수 있도록 GUI (Graphical User Interface)를 채택한 것이다. GUI란 사용자가 편리하게 사용할 수 있도록 입출력 따위의 기능을 알기 쉬운 아이콘 등의 그래픽으로 나타낸 인터페이스다. 필요한 정보를 일일이 키보드로 입력하지 않고 마우스의 클릭만으로 데이터 처리를 함으로써 진단결과를 더욱 빠르게

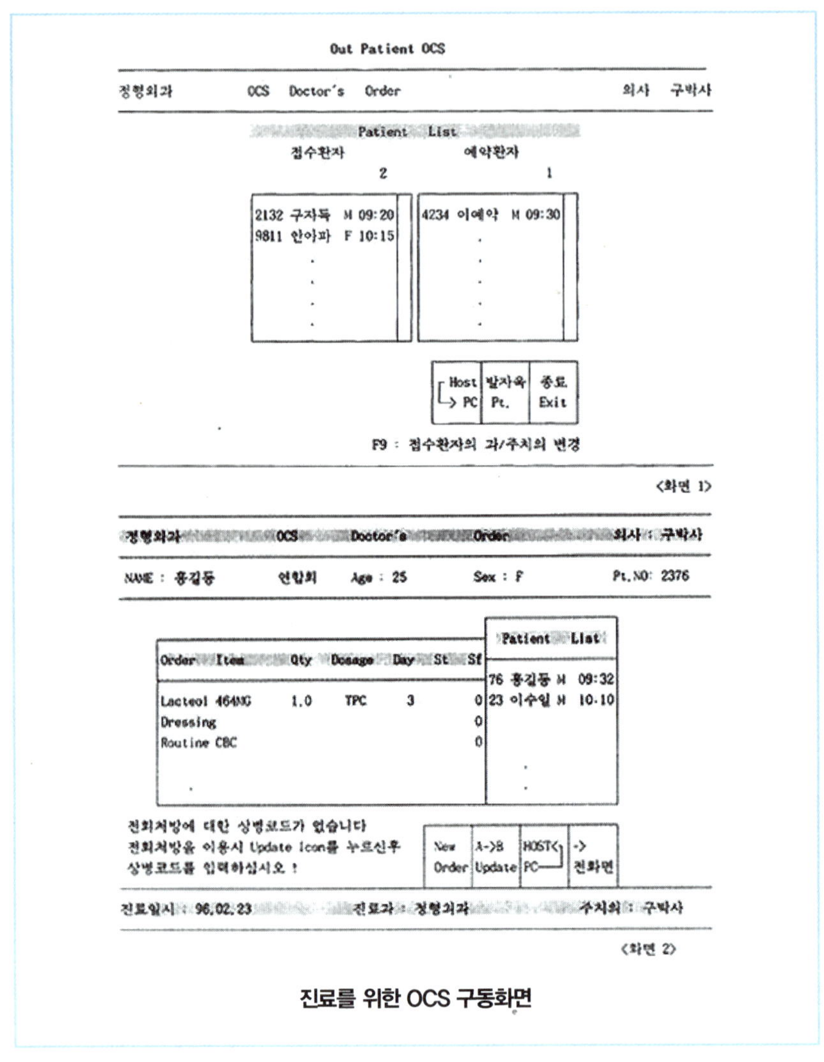

진료를 위한 OCS 구동화면

다른 부서에 제공할 수 있다. 오타 때문에 생기는 데이터 장애를 보완할 수 있다는 장점도 있다. 또한 키보드를 보조수단으로 이용할 수 있는 기능도 있다(의견 입력 시).

접수창구를 통해 접수된(초·재진/예약) 환자의 정보는 시스템 서버에 기록된다. 진료과에서 초기화면을 띄우면 자동으로 시스템 서버로부터 접수된 환자들의 정보가 PC로 전송된다. 화면에는 환자 리스트(Patient List)라는 OCS 구동 화면에 당일 접수자, 예약자 등록번호, 성명, 성별, 접수시간을 접수 순서대로 선택할 수 있도록 되어 있다.

이때 화면에서 보이는 환자의 정보는 일부분이다. 나머지 데이터는 각각의 진료과에 있는 PC에서 확인할 수 있다. 이때 화면에서 어떤 환자를 선택하면 그 사람의 재진 여부와 전회 처방의 내용을 보여준다. 만약 재진 여부와 전회 처방 내용이 없으면 자동으로 새로운 처방을 내릴 수 있는 화면으로 넘어가도록 프로그램되어 있다. 또한 그때그때 상황에 맞게 데이터를 처리한 후 필요한 정보만 선별해서 볼 수 있도록 단순하게 구성되어 있다.

환자등록을 하면 나머지 절차는 처방과 수행, 결과를 바탕으로 시스템의 기능들이 연결되어 있다. 처방의 내용과 그 수행 여부에 따라 진료비가 계산되고 그 결과는 보험청구 자료로서 사용한다. 결국 OCS 바탕으로 의료수익, 물자사용, 구매관리가 이루어지며 그 결과는 회계, 경리, 기획, 예산 기능에 대한 투입 자료로 사용한다.

이때 담당자별 업무를 살펴보면 다음과 같다.

1. **의사** : 자동전달된 처방을 수행하고 과거 처방 내용을 확인하며 새로운 내용은 업데이트한다.

2. **간호사** : 출력된 업무 리스트(Work List)에 의해서 간호업무를 수행한다.

3. **검사부서** : 전달된 정보에 의해서 검사를 시행하고 자동으로 검사결과가 병동에 전달된다.

4. 약국 : 전달된 처방에 따라 약을 조제해 병동으로 전달한다.

5. 병원행정 : 진료비가 자동으로 계산되며, 진료재료는 사용량만큼 합산되기 때문에 재고관리가 가능하다.

OCS는 진료와 관련된 진료과, 진료지원 부서, 병동의 처방 전달을 결과 조회와 연결하는 역할을 한다. 1990년대 초반부터 도입돼, 현재 병원급 의료기관에서는 대부분 도입한 것으로 추정된다. 일반적으로 이 시스템은 처방입력 기능, 처방관련 기능, 처방연결 기능, 결과보고 기능, 환자정보 기능, 시스템 연결 기능 등이 있다.

OCS는 병원정보 시스템의 기반 역할을 한다. 따라서 일부 대학병원을 중심으로 처방전달 시스템, 진료지원 시스템, 원무행정 시스템 등을 기업에서 널리 활용되고 있는 전사적 자원관리 시스템으로 통합하려는 움직임이 있다. 이렇게 병원정보 시스템이 기업 자원관리 시스템(ERP, Enterprise

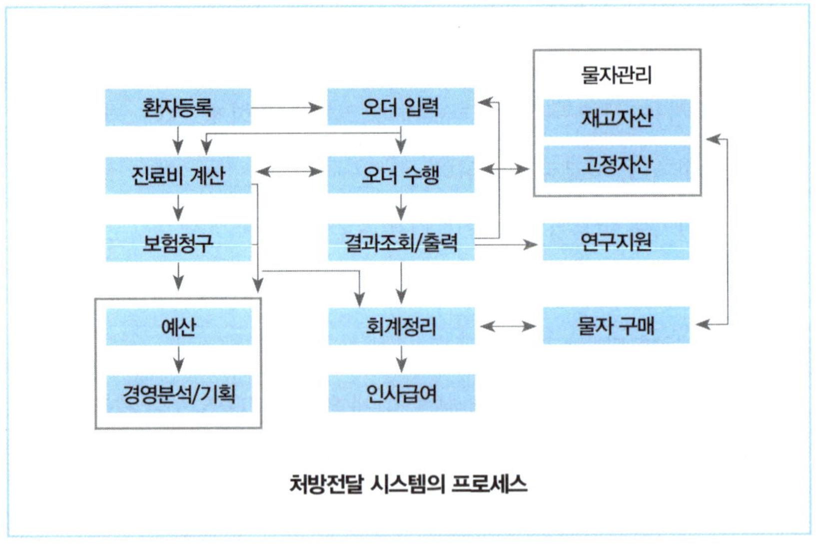

처방전달 시스템의 프로세스

Resource Planning)으로 발전할 경우, 그동안 문제시 되었던 부서 간의 정보교환이 원활해진다. 그뿐만 아니라 업무 프로세스를 효율적으로 관리할 수 있어서 비용절감과 외래 환자에 대한 서비스를 향상시킬 수 있다.

외래환자들도 OCS로 한 번만 자신의 정보를 입력하면 정보가 시스템에서 공유되기 때문에 다양한 의료 서비스를 편리하고 빠르게 받을 수 있다.

OCS의 사용-외래이용자(환자)

환자에게 제공하는 의료 서비스/약국 안내 등을 활용해서 환자의 대기시간을 단축할 수 있고 한 번의 접수로 다양한 서비스를 통합하여 받을 수 있다. 최근에는 무인 OCS을 도입해 접수/예약, 수납, 처방전달, 약국 안내 등을 환자에게 제공하고 있다.

OCS의 접수와 수납

과거와 달리 환자가 진료를 받기 위해 대기표를 뽑아 자신의 순번이 될 때까지 기다리지 않고, 무인 OCS를 이용해 자신이 등록한 카드로 직접 접수와 예약을 하고 진료받는 병원이 많아졌다. 또한 진료비 수납도 무인 OCS를 통해 진료가 끝난 후 결재할 수 있다. 이렇게 접수된 정보는 담당의사에게 전달되고, 환자가 진료실이나 검사실로 이동하면 해당 데이터가 모두 담당자에게 전송된다. 환자는 자신이 어디로 이동해야 하는지만 알면 된다.

OCS 원외 처방 발급

환자가 원외 처방전을 발급받을 때에도 OCS를 이용한다. 근처에 있는 약국을 안내 받고 원하는 약국을 선택하면 그 약국으로 환자의 처방 정보가 전송되기 때문에, 환자는 해당 약국으로 가서 약을 조제받으면 된다.

환자 측면의 도입 효과

외래접수, 수납, 진료, 검사, 원외 처방전 발행, 다음 진료예약 등 전 분야에 걸쳐 일련의 과정이 단순하고 간편해졌다. 이미 처방내역이 관련 부서로 전달되어 있기 때문에 진료 대기시간이 대폭 줄어든다. 또한 다음 진료예약 기능 등을 통해 환자가 집중되는 시간을 분산하기 때문에 환자는 한층 쾌적한 진료를, 병원은 더 많은 환자를 진료하게 되므로, 효율적인 병원운영이 가능하다.

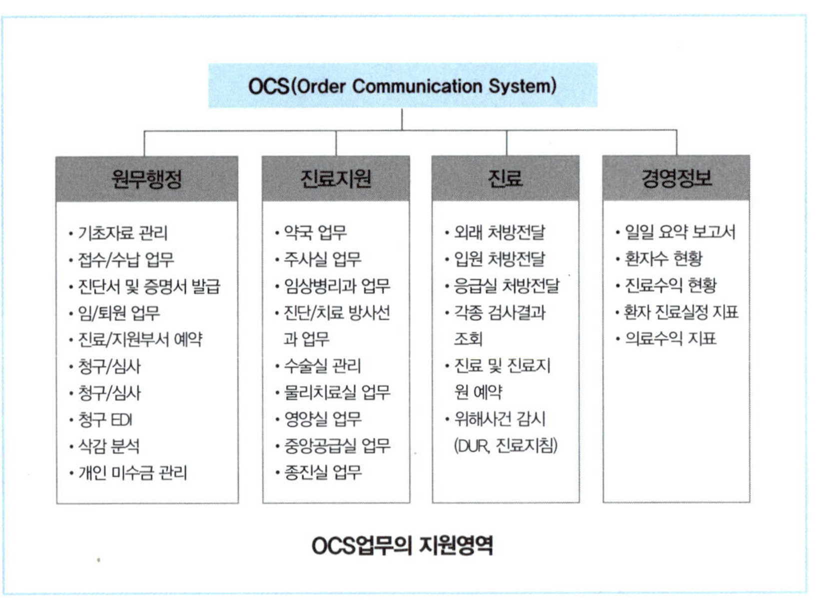

OCS업무의 지원영역

의사 측면의 도입효과

의사가 처방한 내역이 한 번의 입력으로 자동 전달되는 방식으로 바뀜으로써 진료가 간편해지고 빨라진다. 따라서 의사 본연의 임무인 환자 진료에 더 많은 시간을 할애하고 양질의 서비스를 제공할 수 있다. 또한 정보화를 통해 진료 정보의 공유와 의학적 통계 추출이 편리하며, 나아가 첨단 진료환경을 구축해 진료의 신뢰성을 확보하고 타 의료기관과의 정보 교류를 통한 의료의 임상학적 발전을 지원한다.

병원 측면의 도입 효과

직원들의 단순 반복되는 수작업을 전산화함으로써 업무의 생산성을 극대화한다. 효율성이 높아짐으로써 업무수행의 만족도가 향상되는 효과가 있다. 인적 자원을 효율적으로 배치해 경영효율을 높이고 제한된 자원의 가동률을 높일 수 있다. 또한 각종 양질의 통계자료와 다양한 정보를 실시간으로 활용할 수 있다.

의료정보 시스템 - PACS

의료영상 저장전송 시스템인 PACS는 의료영상을 기존의 필름 대신 디지털 데이터로 저장하고 저장된 영상과 검사정보를 PC에서 조회해 진료하는 시스템이다.

X-ray는 물론 CT, MRI, 초음파 검사, 핵의학 검사 등 첨단 진단장치로부터 얻은 영상들을 디지털화해 컴퓨터에 저장하고 전송망을 통해 병원

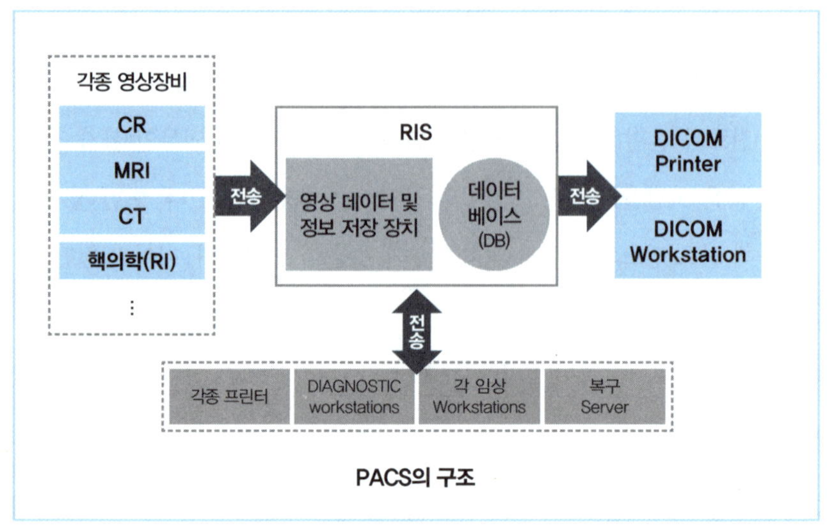

PACS의 구조

내 어디서나 방사선학적 영상들을 촬영 직후 여러 부서에서 검색해볼 수 있는 시스템이다.

정지 의료영상뿐만 아니라 컬러 동영상까지 포함하는 의료영상을 디지털 상태로 받아 현재와 과거의 영상을 자유롭게 조회해 판독에 활용할 수 있으며, 화질보정을 통해 판독의 질을 높일 수 있다.

또한 영상을 병원 외부로 전송해 2차 판독을 할 수 있기 때문에 병원 네트워크와 의료전달 체계를 확립하는 데 도움이 된다. 또한 하나의 영상을 수십 명의 의사가 원격으로 공유하면서 회의를 할 수 있어 의학교육의 발전에도 커다란 기여를 할 수 있다.

PACS의 도입 배경

IT 기술의 발전에 따라 국내에서는 의료 서비스 산업 선진화 활동과 의료 정보화 사업단이 활발하게 활동하고 있다. 미국, 영국, 캐나다에서는 전자 건강기록(EHR, Electronic Health Record)을 범국가적인 사업으로 추진하는데, PACS가 주요 서비스 사업으로 포함되어 있다.

PACS의 효과

의료영상 기술의 발전으로 과거보다 훨씬 방대한 양의 영상 데이터가 축적되고 있다. 필름을 사용하는 병원의 영상의학과(진단방사선과)에서는 필름의 제작, 보관, 정리, 분배/대출 등에 많은 인력과 공간 그리고 비용을 사용한다. 필름은 원본이 하나인 경우가 많아 분실하거나 대출된 경우, 이를 찾기 위해 많은 시간이 필요하다. 따라서 환자들의 대기시간은 길어질 수밖에 없다.

병원을 설계할 때 필름 보관실의 공간을 잘못 예측해 설계한 경우에는 시간이 경과할수록 늘어나는 방사선과 필름을 보관/관리하기 어렵다. 이러한 문제는 필름을 사용하는 병원에서 공통적으로 해결해야 할 중요한 과제다.

PACS를 도입하면 영상 판독의 수준을 높일 수 있고 부족한 전문 인력난을 해소할 수 있다. 또한 국가 차원의 건강관리 사업을 실행할 수 있기 때문에 국내 병원의 전반적인 서비스 질을 향상시킬 것으로 기대된다.

환자의 생명을 다루는 의료 행위에서 질병 유무와 이상 상태를 파악하는 진단영상 분야는 의료 시스템에서 중요한 역할을 한다. 따라서 정밀한 촬영이 가능하고 의료 영상정보를 공유할 수 있는 PACS의 역할은 더욱더 커질 것이다.

PACS 사용 현황

도입 초기에는 PACS가 연구 또는 특수의료 분야에 사용되었다. 그러나 1990년대 중반 이후 선진 외국 병원과 국내 대형병원을 중심으로 도입해 2008년에는 국내 종합전문 병원의 약 91%, 종합병원은 약 79%, 일반병원은 약 23%가 도입하고 있다.

아직 많은 병원들이 초기시설 투자비 때문에 기존의 필름체계를 고수하고 있지만 그 유용성과 효과 때문에 PACS의 도입은 점점 보편화될 것으로 보인다.

PACS의 필요성

병원정보 시스템의 도입 효과를 극대화하기 위해 부분적인 전산화 수준에서 벗어나 병원 내 모든 정보를 통합관리하는 시스템이 필요하다. PACS는 현대화된 병원정보 시스템에서 필수적인 구성요소로 자리 잡고 있다.

PACS의 발전과정

1. PACS 도입 초기: 1980년대 중반 이후 출시된 PACS는 일반병원에 수용할 수 없는 수준의 고가였으며 기술적인 검증도 이루어지지 않은 상태여서 군수용으로만 사용되었다. 또한 병원관리자들의 회의적인 시각 탓에 시장에서 외면받았다.

2. 시스템 보급 활성화(1990년대): 기존의 대형 시스템 접근방식의 문제점에서 벗어나 적은 투자로도 도입 가능한 소형 시스템이 나타났다. 소형 시스템의 특징은 시스템 간에 점진적으로 확장과 통합을 할 수 있다는 것이다. 기술

적으로 검증되고 안정된 개방형 시스템을 기반으로 저렴한 가격은 물론 투자 실패 위험을 크게 감소시켜 보급이 활성화되었다.

3. 성숙기(1990년대 후반 ~ 2000년대 초반): 소형 PACS 도입 결과, 병원에서는 각 부서별로 축적된 경험과 지식을 전 병원적인 규모로 확장하려는 시도가 일어났다. 개방형 컴퓨터 시스템 기술이 널리 확대되었고, 정보처리와 통신 장비들의 성능이 대폭 향상되었다. 또한 PACS에 요구되는 대량의 정보처리 능력을 갖추기 시작했으며 병원 내에서도 컴퓨터와 통신에 관련된 경험을 갖춘 기술 인력들이 늘어났다.

이전에는 PACS가 방사선과의 문제를 해결하는 방사선과의 해결책 정도로 간주되었으나, 이 시기에는 방사선과뿐 아니라 전 병원이 활용할 수 있는 실용적인 시스템이라는 인식이 생겼다. 그래서 PACS를 도입하고 운용하는 데 전 병원 차원의 접근을 시도했다.

4. 통합기(2000년대 초반~중반): 문자 위주의 병원정보 시스템과 영상 데이터 중심의 PACS를 하나로 통합시켜 사용자가 더욱 효과적으로 정보에 접근할 수 있게 했다. 통합 PACS는 진료에 필요한 정보의 활용이 중시되는 추세에 발맞춰 차세대 병원정보 시스템 모델로 정착되었다.

대용량 CT와 MRI가 개발, 보급됨에 따라 영상처리 용량이 대형하가 진행되고, 복잡 다양한 영상자료가 생겨났다. 또한 PACS와 OCS 등 여러 의료정보 시스템이 하나로 통합되어 국제 의료영상 표준(DICOM, Digital Imaging and Communications in Medicine)과 HL 7(Health Level 7) 같은 표준 프로토콜에 대해 집중적인 연구를 진행했다.

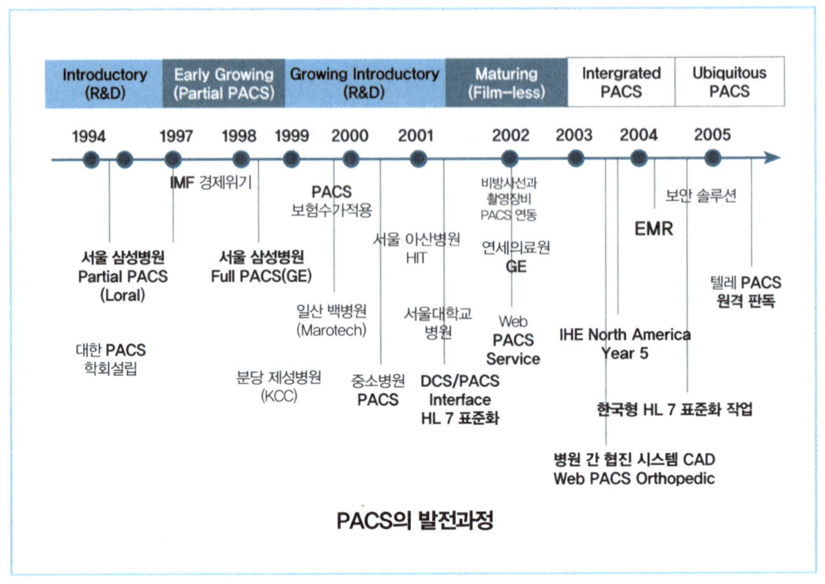

5. 유비쿼터스 시대(2000년대 중반~현재): PACS가 기존의 단순 판독기능을 벗어나 진료지원 기능을 수행하는 방향으로 개발되고 있으며 일부는 이미 상품으로 출시되었다. IT 기술의 발달, 의학의 발전 그리고 의료환경의 변화에 따라 원격으로 판독하는 TelePACS가 개발되었는데, 이를 뒷받침하기 위해 의료기관 간에 네트워크 구축이 활발해져 WebPACS의 개발과 보급이 가속화되고 있다.

PACS의 구성

1. 영상획득: 병원에 있는 의료영상 장비에서 영상을 얻는 것으로 PACS 시스템의 가장 기본이 된다. 현재 출시되고 있는 대부분의 의료영상 장비는 DICOM 표준방식에 맞추어 영상을 제공한다. 따라서 PACS 시스템은

DICOM 표준방식을 반드시 지원해야 한다. DICOM 표준방식을 지원하지 않는 장비일 때는 비디오 신호로 처리한다. 만약 비디오 신호로도 출력되지 않을 때는 인쇄된 필름을 스캔하는 방식으로 영상을 얻는다.

2. **영상저장:** 영상을 저장하는 데이터베이스를 구축할 때는 영상정보뿐 아니라 영상과 관련된 모든 정보를 병원 실정과 업무에 맞게 철저히 분석해 설계, 구축해야 한다. 그래야만 방대한 정보를 효과적으로 통합하고 관리할 수 있기 때문이다. 이러한 대용량의 정보를 관리하기 위한 데이터베이스 관리 시스템(DBMS)은 신뢰성과 안정성이 검증된 제품을 사용한다. 저장장치 또한 안정성과 신뢰성, 데이터의 운영방식을 고려해 선택해야 한다. 또한 다수의 사용자가 동시에 접속할 때가 많기 때문에 고성능 장비를 사용한다.

3. **영상조회:** 방사선과 의사와 임상의는 조회한 영상을 토대로 환자들을 처방함으로써 맡은 임무를 효율적으로 처리해야 한다. 또한 진료뿐만 아니라 교육, 연구에도 활용할 수 있다. 사용자의 업무 성격에 맞게 장비를 구입해야 하며, 특히 방사선과 진단용을 위해 영상처리 속도와 표시방식, 진단용 모니터와 모니터의 개수, 밝기 등을 고려해 제품을 도입한다.

4. **데이터베이스:** 데이터베이스의 생명은 신뢰성과 안정성, 편리성이다. 사용자 편리성이라는 것은 데이터베이스가 해당 병원 환경에 최적으로 설계되어 영상을 조회할 때 최고의 편리성을 제공해야 한다는 것이다.

IT 기술과 의학의 발전에 따라 PACS의 기술도 급격하게 발전했다. 따라서 병원의 정책, 기술 방향에 적합한 PACS를 도입해야 한다.

PACS의 구축

PACS 시스템은 구축형 PACS와 Web-PACS 그리고 이들을 혼합한 형태로 나뉜다.

1. 구축형 PACS : 각 병원마다 하나의 PACS 서버나 데이터베이스, 클라이언트를 구축하는 형태다. 병원 자체적 PACS 시스템을 운용하기 때문에 매우 편리하고 보안상으로도 비교적 안전하다. 다만, 원격 판독을 하려면 별도의 시스템을 구축해야 하기 때문에 병원별 구축비용이 중복된다. 또한 관리비용까지 부담해야 하기 때문에 전체 비용이 Web-PACS보다 월등하게 많이 드는 단점이 있다.

2. Web-PACS : 병원별 PACS 시스템에서 발생한 영상 데이터를 인터넷을 이용해 실시간으로 중앙 PACS 센터에 전송/저장하는 시스템이다. 의사는 모두 하나의 웹사이트를 이용해 영상을 판독하고 조회하도록 되어 있다. 서버와 소프트웨어(솔루션) 구입비, 관리인력의 인건비 등을 절감할 수 있어 비용이 적게 들고 중앙에서 모든 자료를 관리하기 때문에 운용상 편리하다.

3. 혼합형 PACS : 웹브라우저를 이용한 ASP(Application Service Provider)방식이 가장 적합하지만 현재의 법적환경과 기술수준, 일반적인 정서(보안과 서비스 속도에 대한 불안감) 등을 고려할 때, 이들을 절충해 합리적인 방안을 도출해야 한다. 이미 PACS를 도입해 운영 중인 병원이 먼저 구축된 Web-PACS 체계 안에서 영상 판독체계를 활용할 수 있도록 한다. 또 ASP 방식의 PACS를 별도로 운영하면서 Web-PACS를 통해 기존의 두 가지 방식을 병행하는 방법이 대안이 될 수 있다.

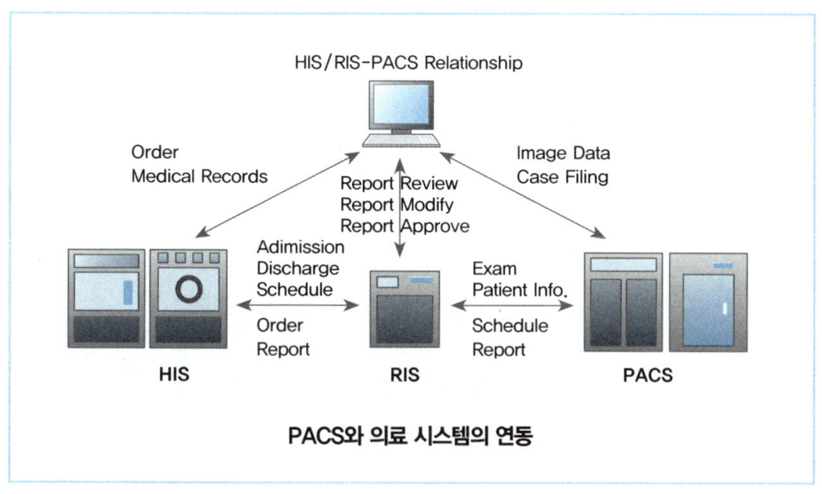

PACS와 의료 시스템의 연동

PACS와 의료 시스템의 연동

　DICOM을 이용해 PACS와 OCS의 연동이 가능하다. 또한 OCS로부터 환자정보, 검사정보 등을 DICOM 프로토콜을 이용해 직접 전송받는 것도 가능하다. DICOM을 이용해 전달받는 정보에는 환자의 이름, 연락처나 검사장비, 검사일자 등 단순한 정보 수준을 넘어 처방에 대한 상세한 절차까지 포함할 수 있다.

의료정보 시스템 – EMR

　전자 의무기록 시스템 EMR은 과거 종이에 의해 기록해 오던 모든 의료기록의 구성과 내용을 전자 문서화하여 기록하는 시스템이다. 이 시스템은 환자의 기초정보부터 병력사항, 투약, 건강상태, 진찰기록, 입원 및 퇴원기록, 방사선 및 화상진찰 결과, 기타 보조적인 연구결과 등을 저장 관리

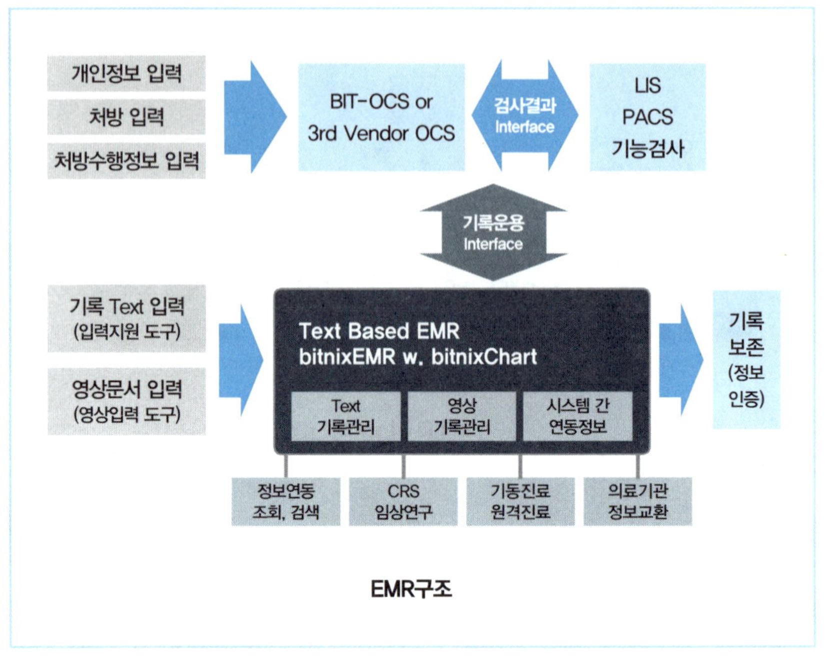

할 수 있는 것이 특징이며 디지털병원 구현을 위해 '4무(無, 4-Less. Slipless, Paperless, Chartless, Filmless)'의 개념을 토대로 개발되었다.

EMR의 도입 효과

1. **임상진료 분야** : 의사는 중복되는 과잉 서류작업을 대폭 줄일 수 있고 약물 이상 반응이나 약물 간 상호작용, 잘못된 처방기록과 실수 때문에 일어나는 각종 의료사고를 미연에 방지할 수 있다. 또한 디지털로 구축되는 방대한 자료분석에 의한 더욱 가치 있는 의학연구, 환자의 과거병력이나 경제적 상태에 근거한 진료의 특성화 등이 가능하다.

2. **임상연구 분야** : 국가 단위의 진료 정보를 공유할 수 있기 때문에 연구환자

의 선정방법이나 관찰한 내용의 기록방법 등을 연구자가 관리할 수 있다. 이렇게 모인 데이터를 바탕으로 연구대상이 되는 집단을 일정기간 추적조사한 다음 질병의 원인이 무엇인지 추론할 수 있게 된다.

3. 고객관리 : 데이터 웨어하우스(DW, Data Warehouse)를 사용해 수년 간 각 부서에서 발생한 데이터와 외부 데이터를 주제별로 통합할 수 있기 때문에 별도의 프로그램 없이 사용자 스스로 데이터를 여러 각도에서 통합하고 분석할 수 있다. 이는 환자관리(PRM, Patient Relationship Management)와도 연계되어 환자 그룹별 관리/반응 조사가 가능해지고, 이를 통해 고객에 대한 종합적 정보관리로 고객분석 마케팅, 진료나 재료에 대한 분석에 의한 적시 의사결정 수행 등으로 병원경영에 활용할 수 있다.

4. 환자 : 가정용 디지털 의료기기의 보급으로 병원에 가지 않아도 수시로 건강을 확인할 수 있다. PC용 화상 카메라를 통해 원격진료를 받으며, 이메일로 약국에 전송된 처방에 의해 의약품을 구입한다. 인터넷을 기반으로 원격제어 로봇에 의한 원격수술을 비롯해, 생명공학과 생명정보학 기술발전에 힘입어 생체 센서를 통한 고통 없는 검사 등이 일반화된다.

의료정보 시스템 – DW

DW는 중대형 병원에서 표출되는 다양한 의사결정 문제들에 대해 의료 현상들과 그 가공된 형태를 시계열적(Time Series), 분석적, 시각적, 그리고 통계적으로 프레젠테이션 함으로써 환자 관련 지식이 병원 내 모든 활동을 계획·집행·통제할 수 있도록 지원하는 지식 인프라다.

DW의 도입 효과

DW를 도입하면 공급자 중심의 병원에서 환자중심의 병원으로 가는 발판을 마련할 수 있다. 환자정보가 병원 내 모든 의사결정과 집행에 기준이 될 수 있다는 것이다. 예를 들어, 의료용 DW를 이용한 그룹별, 팀별, 클리닉별 편익/비용 분석은 협진체제 구축을 촉진할 수 있다. 그뿐만 아니라 환자의 진료 패턴이나 자원소모 패턴을 기초로 의사나 간호사의 인력충원, 스케줄, 재고관리 등을 할 때 효과적이다.

또한 환자나 의사, 간호사, 투자자, 회계 감사자 등 병원과 관련된 이해관계자들의 의사결정과 의사소통에 도움을 줄 수 있다. 따라서 전체 병원을 투명하게 운영할 수 있는 인프라를 구축하고, 이러한 정보를 바탕으로 병원전략 수립, 마케팅 계획, 재무 계획, 인사 계획 등 병원 전반의 경영과정을 혁신할 수 있다. 특히 진단관련군별 원가분석처럼 환자군을 분석하는 시간과 인력을 줄일 수 있기 때문에 병원의 인건비 부담이 줄어든다.

또한 진료의 품질을 높인다. 예를 들어 MRI, CT, 초음파 등의 이미지, 원무과의 환자 신상, 의사의 처방, 약국의 투약 등과 같이 기존에는 산재되고 연동되지 않았던 데이터들을 통합 인터페이스와 운영 데이터 저장소를 통해 총체적으로 인식할 수 있다. 그뿐만 아니라 환자의 가족력까지 파악할 수 있기 때문에 진료의 정확성을 상당히 높일 수 있다.

또한, 기존의 OCS, PACS, EMR 시스템을 통해 쌓인 데이터들은 DW를 통해 정제되고 변환되어 부가가치가 높은 정보들로 가공된다. 이처럼 의료용 DW 기술은 환자관련 지식이 병원 내 모든 활동을 결정·집행·통제할 수 있도록 지원함으로써 지식기반의 선진 병원운영 기법의 기반을 마련한다.

병원정보 시스템의 발전방향

최근 거의 모든 병원의 의료정보 시스템은 원하는 정보들을 언제든지 요약 또는 집계할 수 있도록 발전하고 있다. 또한 환자의 정보에 대한 부서별 집계와 전산상의 통계치를 신뢰할 수 있는 통합 시스템으로 변하고 있다. 통합 시스템은 각 담당자에게 다음과 같은 효과를 줄 수 있다.

1. **경영자** : 정확하고 신속한 경영정보를 수집하고 활용할 수 있기 때문에 합리적인 경영을 할 수 있다.

2. **환자** : 수납, 예약, 원무 대기시간 등을 단축할 수 있기 때문에 편리하다.

3. **의사** : 오더 실행시간의 단축, 진단 관련 지원정보의 활용, 효율적인 환자 정

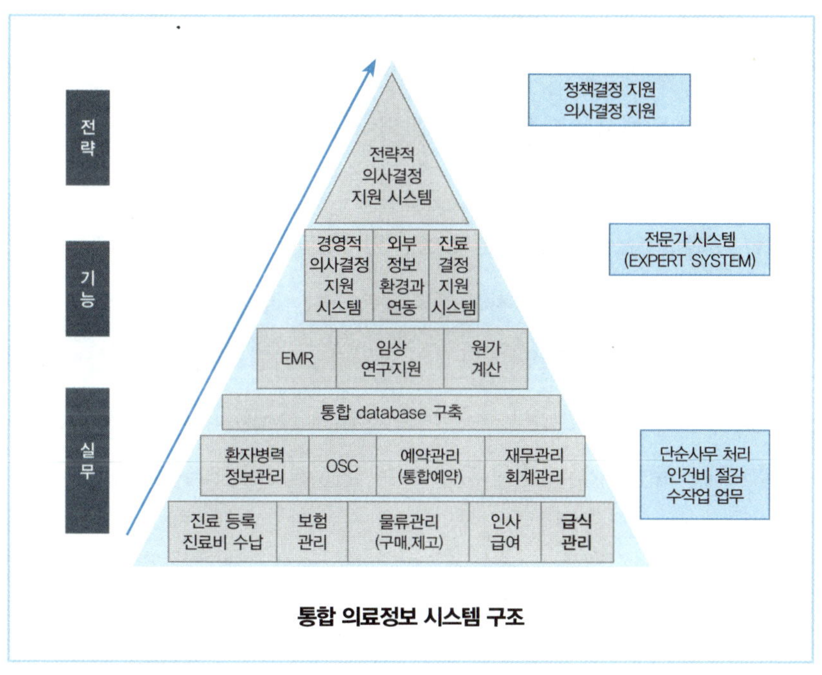

통합 의료정보 시스템 구조

보 관리 등이 가능하다.

4. 간호사 : 행정·기록 업무부담 감소, 근접 간호시간 확보, 간편한 의무기록 검색이 가능하다.

5. 진료지원 부서 : 신속 정확한 정보 공유, 오더 수행의 효율 향상, 체계적인 물류관리 등이 가능하다.

6. 기타 지원부서 : 업무수행의 생산성 향상, 사용자에 맞는 컴퓨터 환경 제공, 정보공유 활성화가 가능하다.

통합 의료정보 시스템 설계를 위한 발전방향과 해결과제

새로운 의료 서비스 산업의 패러다임에 부응하고 선진적인 병원으로 도약하려면 통합 의료정보 시스템을 도입하는 것이 필수다. 이것을 효과적으로 설계하기 위해서는 다음과 같은 노력이 필요하다.

1. 통합 의료정보 시스템 내부에 병원의 전반적인 컨설팅 서비스의 제공

저비용, 고효율의 부가가치를 창조할 수 있는 IT 기반 지식경영 시스템을 구축하기 위해서는 다양한 환경의 병원경영 기법을 바탕으로 정보기획 단계, 시스템 구축과 운영에 대한 노하우 등을 지속적으로 개발해야 한다. 이를 바탕으로 환자의 기대에 부응할 수 있는 컨설팅을 제공한다.

2. 조직적인 접근

시스템을 구축한다는 것은 단순하게 솔루션을 운용하는 것 이상의 의미가 있다. 품질 좋은 솔루션을 안정적으로 운영하기 위해 적정한 인프라를 갖추도록 지원하고 기초 데이터를 수집해서 정리해야 한다. 이것을 병원 현장에 적용하기 위해서 사용자 교육과 리허설 등의 활동을 진행해야 한다. 시스템이 효과적으로 병원 내에 정착하려면 최고 경영진부터 최종 사용자까지 조직적인 접근이 필요하다. 이러한 노력은 정보 시스템이 고객에게 맞춰지도록 하는 종합적인 프로젝트이며, 통합 의료정보 시스템이 추구하는 효과적인 시스템 통합이라 할 수 있다.

3. 데이터 웨어하우스의 활용

수년 간의 업무 데이터와 외부 데이터를 주제별로 통합해 사용자 스스로 원하는 시간에 언제든 다양한 관점에서 분석 가능한 데이터 웨어하우스를 활용해야 한다. 병원 데이터 속성에 대한 깊은 이해를 바탕으로 과거부터 현재까지 축적되는 자료들을 진료 연구와 경영적인 측면에서 분석된 형태로 조회할 수 있는 최적의 시스템을 구현하는 것이 통합정보 시스템의 바탕이 되기 때문이다.

4. 정보 시스템의 아웃소싱

무한경쟁 시대에 환자의 마음을 사로잡기 위해 무엇보다 내부의 핵심역량과 변화를 주도하는 경영능력이 필요하다. 기업의 역량을 핵심부문에 집중하고 의료정보 시스템 운영과 같은 지원 부문은 외부의 전문 자원을 활용함으로써 경쟁력을 높이고 관리비용도 줄이는 전략을 실행해야 한다.

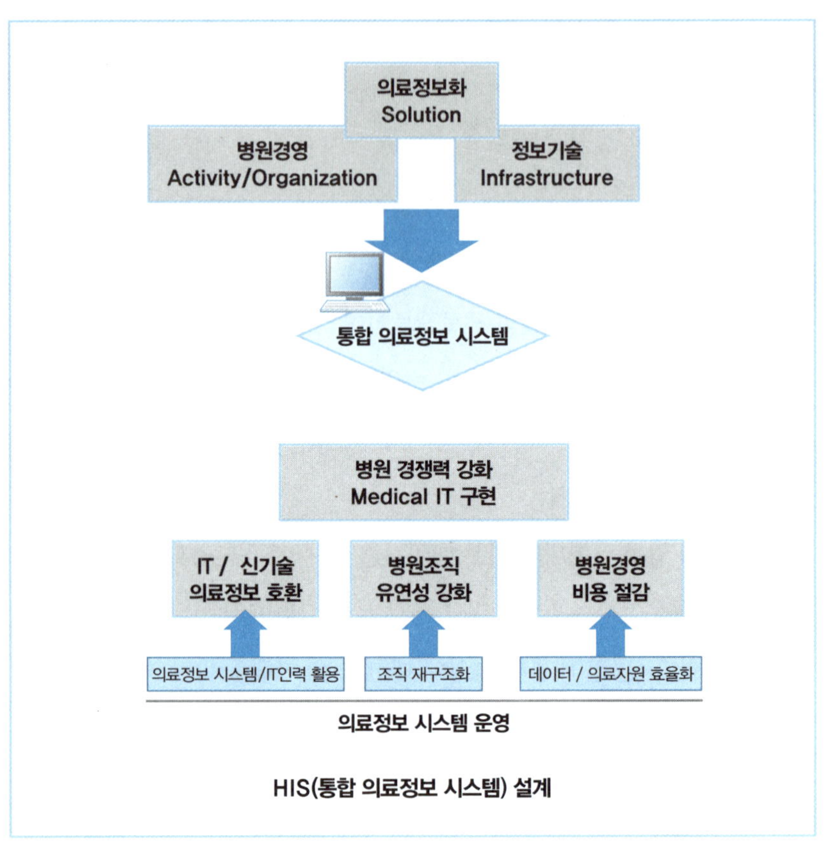

5. 표준화

표준화는 기술적인 내용 또는 기타 자료와 업무 등에 대한 규칙, 지침, 정의 등으로 구성된 문서화된 약속이다. 이것은 재료, 업무 프로세스와 서비스 등이 원래의 목적을 달성할 수 있도록 해준다. 의료 서비스 산업은 다양한 분야들로 구성되어 있고 이들 간의 자료공유와 시스템의 연계가 필요하기 때문에 원활한 정보교환을 위해서는 표준화가 이루어져야 한다.

그동안 우리나라는 의료 정보화의 표준화가 이루어지지 못해 의료기관

간의 정보교류가 원활하지 못했고 국가적인 정보화 사업에도 많은 어려움을 겪었다. 이 때문에 정보업체에서는 병원에 시스템을 설치할 때마다 많은 부분을 새롭게 개발해야 해서 국가적인 낭비가 많았다. 그뿐만 아니라 의료시장의 개방과 국제화 추세로 볼 때 의료정보 표준화가 뒤쳐질 경우 정보의 교류가 어려워질 수 있을 뿐 아니라, 의료정보 시스템의 수출 경쟁력도 약해진다. 따라서 정보통신 기술은 가능하면 국제표준을 수용하도록 해야 한다.

6. 국제표준 프로토콜

의료 서비스 산업의 정보교환을 위한 HL 7(Health Level 7)은 국제적인 표준화 프로토콜에 의거해 표준화 방안을 제시하고 있다. HL 7은 다기종 컴퓨터에 분산된 의료정보의 대용량 정보처리라는 병원전산화의 본질적인 문제를 해결하기 위해, 미국에서 의료정보 표준화 작업에 활발하게 쓰이고 있다. 2001년부터 우리나라에도 관련 지부가 설치되어 의료정보의 표준화를 위한 많은 노력을 하고 있다.

의료영상은 DICOM이라는 국제표준 프로토콜에 맞게 전송 메카니즘과 형식이 이루어져 있다. 현재, 대부분의 의료영상 관련 장비와 솔루션들은 DICOM 3.0을 기준으로 상호 호환성을 유지하고 있다.

앞으로 만들어지는 모든 업체의 의료 정보화 솔루션들은 국제표준인 HL 7과 DICOM 프로토콜을 기반으로 만들어서 호환이 가능하도록 해야 한다.

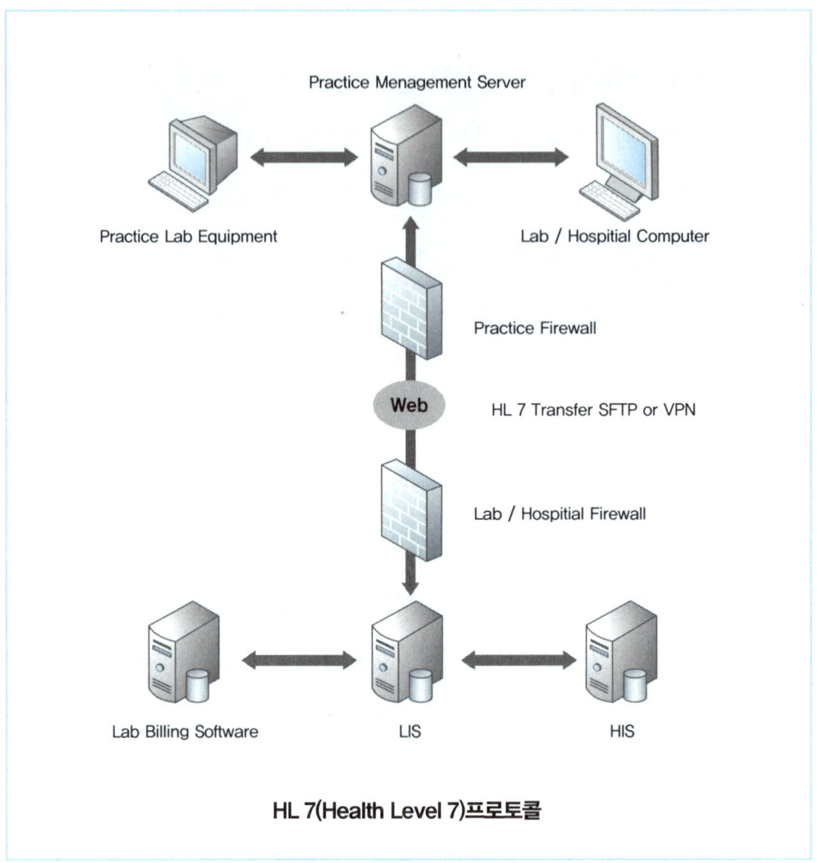

7. SaaS의 활용

유비쿼터스 사회의 IT 기술의 적용을 위한 통합 의료정보 시스템은 병원 경영의 측면에서 보면 유지·관리가 어려운 면이 있다. 그래서 소수의 병원은 SaaS(Software as a Service)라는 서비스를 도입하고 있다.

SaaS는 서비스 제공사가 데이터 센터에 각종 IT 장비와 소프트웨어를 설치하고, 전용선과 인터넷으로 고객에게 원격 제공하는 일종의 IT 자원

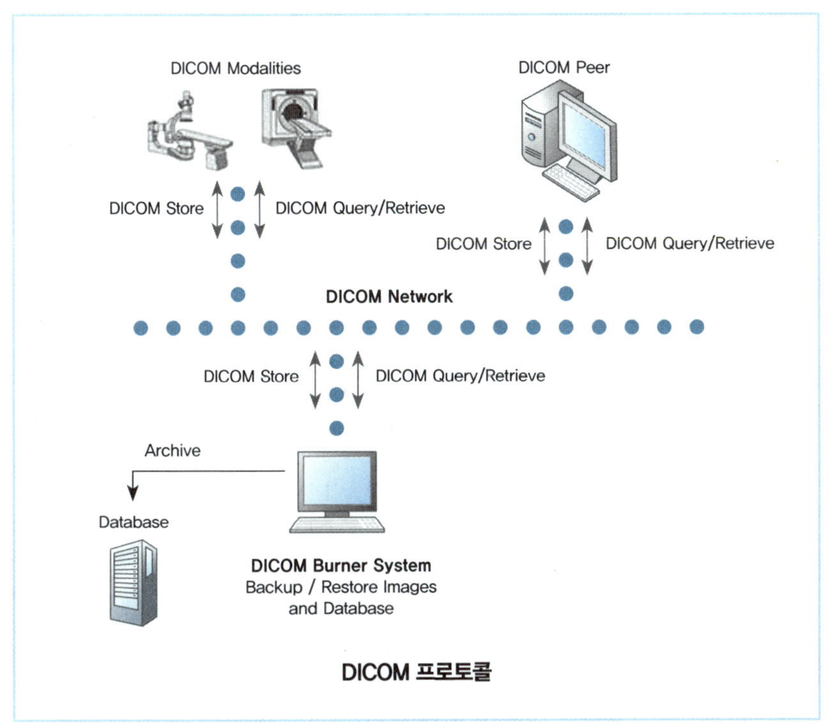

임대 서비스다. 경쟁력 있는 디지털 병원으로 전환하기 위해서는 혁신적인 IT 서비스로 점차 영역을 넓혀가고, 의료관련 법과 제도의 변화에 신속하게 대응해, EMR 등 나날이 발전되어 가는 시스템 개발을 위한 중복 투자를 지양해야 한다. 또한 유비쿼터스 환경의 전문화된 의료 IT 인력을 공유함으로써 병원경영의 효율화와 의료 정보화를 이루기 위해 최적의 솔루션을 개발해야 한다.

8. 의료정보 시스템의 보안

의료정보는 환자 진료 정보와 관련된 것이기 때문에 다른 분야의 정보와 달리 외부에 노출될 경우, 환자가 사회적으로 고립될 뿐 아니라 자칫하면 생명에도 지장이 있기 때문에 철저한 보안과 보호가 필요하다.

현재 의료 체계상 모든 환자의 의료정보에 대한 보호와 보안은 의료기관이 전적으로 책임지고 있다. 하지만 자신의 의료정보에 대한 환자와 일반인의 관심이 고조되면서 자신의 의료정보를 자신이 관리하거나 감독하는 경우가 많아져 정보의 노출 위험이 높은 실정이다.

앞으로 전자 의무기록과 원격의료가 활성화되면 의료기관 간의 정보 공유가 활발해질 것이다. 이때 의료정보의 노출이 심각한 문제로 대두될 수 있다. 따라서 의료정보를 보호하기 위한 여러 방면에 걸친 지침이 준비돼야 한다.

또한 현재 개발되고 있는 솔루션들을 적절히 활용해야 한다. 법적, 제도적, 기술적 보안장치 외에 병원마다 보안규정과 보안책임자를 임명하고 전 직원에 대한 보안교육을 철저히 해야 한다.

통합 의료정보 시스템 설계를 위한 제언

병원정보 시스템을 도입할 때, 제일 먼저 고려해야 할 것은 도입하는 목적과 병원의 상황을 정립하는 일이다. 병원정보 시스템은 여러 시스템으로 구성되어 있으며, 각 시스템의 사용목적과 대상자는 다양하기 때문에 통합 의료정보 시스템이 좋다고 해서 사용자에 대한 수요조사와 효과분석 없이 무작정 많은 돈을 들여서 구축하는 것은 지양해야 한다.

또한 병원의 프로세스를 분석해 업무의 개선점과 시스템 도입의 효과를 면밀히 분석해야 한다. 업무 프로세스 자체의 문제가 시스템을 도입한다고 해서 모두 해결되는 것은 아니기 때문이다.

그 다음으로 고려해 볼 요소는 의료환경이다. 현재의 의료정보 시스템들은 각 부서나 의료진과 관련자들에게 전달되는 내부정보 흐름만 충실하면 아무런 문제가 없다. 또한 국내 의료환경은 '의료보험 회사'가 단일화되어 있다는 특징이 있다. 따라서 내부정보가 한곳에만 연동되어있다면 의료수가가 표준화되어있기 때문에 OCS를 도입해 진료와 수납 등 병원행정업무를 모두 통합해서 관리할 수 있다.

| 참고문헌 |

1. 《BSC (Balanced ScoreCard)》로버트 캐플란, 데이비드 노튼, 한언, 1998

2. 《BSC 진단과 개선》폴 니벤, NemoBooks, 2006

3. 《CRM전략 : 프로슈머 시대 고객의 개념변화와 기업의 대응전략》레오나드 베리, 프라할라드, 벤카트 라마스와미, 패트리샤 세이볼드, 리처드 체이스, 21세기 북스, 2010

4. 《NEW 병원인사관리》월터 J. 플린 , 로버트 L. 마티스, 존 H. 잭슨, 메디시언, 2008

5. 〈PACS와 의료영상디스플레이 시스템〉김희중, 이창래, 한국정밀공학회지, 2008

6. 《SFO (Strategy Focused Organization)》로버트 캐플란, 데이비드 노튼, 한언, 2002

7. 《경영컨설팅 이론과 실제 : 의료서비스경영》주성종, 글로벌출판사, 2007

8. 《경쟁우위: 탁월한 성과를 지속적으로 창출하는 법》마이클 포터, 21세기북스, 2008공공병원의 성과비교, 한인섭, 한국학술정보, 2006

9. 《글로벌 헬스케어 시대의 의료의 질 향상: 실무가이드북》고려의학, 국제병원인증지원센터, 2010

10. 《꿀벌과 게릴라》게리 해멀, 세종서적, 2001

11. 《뉴 패러다임 병원경영학》문승권, 대학서림, 2006

12. 《단골고객 만드는 병 의원 마케팅》유비케어, 책나무, 2010

13. 《대학병원 혁명》구로카와 키요시, 역자 김주영, 한언, 2008

14. 〈대한민국 직장인 리더십 진단〉노용진, 김현기, LG Business Insight, LG경제연구원, 2008.

15. 〈데이터웨어하우스 아키텍쳐 구현:의료정보시스템 사례를 기반으로〉심경섭, 한국과학기술원 논문집, 2003.

16. 《디즈니 병원의 서비스 리더십》프레드 리, 김앤김북스, 2009

17. 〈디지털병원을 위한 모바일 비즈니스 구현방법〉윤도하, IBM 2004 디지털병원을 위한 전략 세미나, 2004.

18. 《리더십 파이프라인 : 강한 조직을 만드는 GE식 인재양성 프로그램》램 차란, 스테픈 드로터, 제인스 노엘, 미래의 창, 2009

19. 《리딩비즈-탁월한 비즈니스 리더의 로드맵》방유성, FKI 미디어, 2008

20. 《리엔지니링 기업혁명 : 비즈니스 혁명을 위한 마지막 선언》마이클 해머, 스마트비즈니스, 2009

21. 〈말콤볼드리지 의료서비스 평가 모형의 인과관계 분석 : 국내 대학 병원을 중심으로〉한국 품질경영학회 품질경영학회지 제35권 제4호, 2007

22. 〈미국 병원산업의 최근 동향, KHIDI 의료기관 해외진출 지원사업〉유정훈, 해외정보원 보고서, 2007

23. 《병원 경영전략》이상목, 군자출판사, 2010

24. 《병원경영개론》의료경영학회, 서원미디어, 2010

25. 《병원경영분석》양동현, 강형규, 정두채, 청람, 2008

26. 〈병원경영의 효율화를 위한 원무프로세스 재설계〉전제란, 한국콘텐츠학회 한국콘텐츠학회 논문지 제7권 제6호, 2007

27. 〈병원경영전략사례〉최원호, 이화여자대학교의료원, 2009

28. 《병원경영정보관리》박우성 외, 고려의학, 2005

29. 《병원경영학》문상식, 안영창, 이정우, 이창은, 정용모, 보문각, 2007

30. 《병원경영학》윤종록, 장재식, 형설출판사, 2008

31. 《병원관리학(제2판)》김기훈, 강상권, 계축문화사, 2009

32. 《병원마케팅 및 홍보》안영창, 우영국, 이성애, 정용모, 하호수, 보문각, 2007

33. 《병원마케팅의 이해》박창식, 대학서림, 2007

34. 《병원서비스 품질경영》이용균, 이노맥스, 2007

35. 《병원을 살리는 마케팅 병원을 죽이는 마케팅》홍성진, 케이앤피북스, 2009

36. 〈병원의 규모에 따른 의료서비스 품질과 지각된 위험이 고객만족과 재구매의도, 이탈의도에 미치는 영향〉유동근, 서승원, 한국서비스경영학회 서비스경영학회지 제10권 제3호 2009

37. 〈병원의 마케팅 및 홍보전략〉이용균, 한국병원경영연구원, 2002

38. 〈병원의 생존을 위한 핵심 키워드 '고객통찰'〉최우성, 대한병원협회 대한병원협회지 제38권 제5호 통권321호 2009

39. 《병원이 경영을 만나다》최명기, 허원미디어, 2010

40. 《병원인사조직》박창식 외, 김창렬, 정영동, 박주희, 대학서림, 2005

41. 《병원인적자원관리》김영훈, 수문사, 2010

42. 《병원재무관리(개정2판)》안영창, 보문각, 2009

43. 《병원정보시스템 – 처방전달시스템(OCS)실무 – 비트U차트를 중심으로》양옥렬, 김병화, 유은영, 박주희, 석경휴, 지구문화사, 2009

44. 〈병원정보시스템과 종합병원의 성과〉박웅섭, 한국학술정보, 2007

45. 〈병원조직에 있어 혁신전략 모형의 과정과 요인〉유병남, 박정민, 대한경영학회, 대한경영학회지. 제20권 제1호 통권60호, 2007

46. 《병원조직인사관리》황재문, 에듀컨텐츠, 2009

47. 〈병원종사자의 조직구조 및 조직문화 인식과 조직갈등 경험 조직몰입간의 관계〉한국학술정보, 김영훈, 2006

48. 《병원회계 및 재무관리》황성완, 이해종, 보문각, 2009

49. 《병원회계학》최만규, 신성목, 정택철, 정용모, 보문각, 2009

50. 〈성공적 지식경영을 위한 CoP운영전략: S사의 지식경영구축사례를 중심으로〉방유성, 이명성, 지식경영연구, 1권1호, 2000

51. 《성공하는 병원 CRM》박양호, 박정호, 나래출판사, 2008

52. 《성과관리시스템의 패러다임을 바꿔라》개롤드 마클, 교보문고, 2007

53. 〈소비가치 이론을 이용한 의료소비자의 의료기관 선택 요인 분석: 중소병원, 종합병원, 대형종합병원 비교 중심으로〉김양균, 김준석, 한국품질경영학회 품질경영학회지 제37권 제4호, 2009

54. 〈소아과 외래 고객만족도 향상〉현석균, 삼성서울병원

55. 《식스시그마 성공의 조건》딕 스미스, 제리 블레이크슬리, 리처드 쿤스, 한국경제신문사, 2004

56. 《실전 병원마케팅 전략》김동승, 동현출판사, 2008

57. 《우리 병원 좀 살려주세요》이창호, 다산북스, 2008

58. 〈우리나라 병원장의 경영자 역할과 조직유효성과의 관계에 관한 연구〉안상윤, 대한경영학회 대한경영학회지 제20권 제4호 통권63호, 2007

59. 〈유비쿼터스 컴퓨팅의 시스템적 함의와 관련기술 동향〉연승준, 박상현, 하원규, 전자통신동향분석, 2004.

60. 《유쾌한 병원 CS 이야기》문정수, 새로운사람들, 2006

61. 《의료 서비스 마케팅》이훈영, 청람, 2008

62. 《의료 인적자원관리》박주희, 대학서림, 2005

63. 《의료경영혁신의 새로운 패러다임 린》토마스 G 지델, 역자 권영대, 김광점, 장성진, 시그마프레스, 2009

64. 〈의료분야 경영혁신 동향 및 시사점〉김승래, 대한병원협회 대한병원협회지 제38권 제6호 통권322호 2009

65. 〈의료산업고도화에 따른 연구중심병원의 진화의 단계와 특성〉윤인모, 서울과학종합대학원, 2009

66. 〈의료산업의 환경변화와 성장전략〉노연홍, 대통령실 보건복지비서관, 2010

67. 〈의료서비스에서 병원신뢰와 의사신뢰가 충성도에 미치는 영향〉조용상, 최지호, 한국고객만족경영학회, 고객만족경영연구. 제10권 제3호 2008

68. 《전략경영과 경쟁우위》제이 B.반니, 윌리엄 S. 헤스털리, 시그마프레스, 2010

69. 《전략적 병원인사관리》안상윤, 정병을, 보문각, 2008

70. 〈디지털 병원 구현을 위한 전자의무기록의 현황 및 전망〉전진옥, 전자공학회지, 2006

71. 《활동 원가관리 시스템 구축》정재일, 씨에프오 아카데미, 2010

72. 《조직행동》임창희, 비앤엠북스, 2008.

73. 《조직행동연구》백기복, 창민사, 2002.

74. 《좋은 기업을 넘어 위대한 기업으로》짐 콜린스, 김영사, 2001.

75. 〈중·소형 병원 통합의료정보시스템의 데이터베이스 관리〉임종훈, 목포대학교 논문집, 2004.

76. 〈중소기업에서 지식경영 결정요인이 경영성과에 미치는 영향에 관한 실증적 연구〉송상호, 지식경영연구 6권2호, 2005

77. 〈중소병원 의사직 성과급제 도입 및 운영 관련요인〉김상일, 연세대 보건대학원, 2009

78. 《중소병원경영 AID》이용철, 임정도, 장효강, 정용모, 보문각, 2009

79. 〈중소병원의 의료서비스 접점관리와 서비스 성과에 관한 연구〉정해경, 최성용, 권미영, 한국서비스경영학회 서비스경영학회지 제8권 제1호 2007

80. 《지식경영 : 조직내 지적 자산의 창출 및 공유 확대 방안》노나카 이쿠지로, 피터 드러커, 데이비드 가빈, 크리스 아지리스, 도로시 레너즈, 21세기 북스, 2010

81. 〈지역병원 선택요인에 관한 연구〉김종훈, 전북대 경영대학원, 2009

82. 《짐 콜린스의 경영전략》짐 콜린스, 위즈덤하우스, 2004

83. 《창의와 혁신의 해심전략》하버드 경영대학원, 청림출판, 2004

84. 《최고병원 최고분야》문화일보, 더북스, 2007

85. 《최신 병원회계학》안영창, 신성목, 김남근, 서원미디어, 2010

86. 《한권으로 끝내는 병원회계 및 재무관리》황성완, 이해종, 보문각, 2009

87. 《핵심에 이르는 혁신 : 조직의 체질을 근본적을 바꾸기 위한 혁신 로드맵》피터 스타진스키, 로완 깁슨 지음, 비즈니스냅, 2009

88. 《혁신기업의 딜레마》클레이튼 크리스텐슨, 세종서적, 2009

89. 〈혁신시스템의 구축과 기업회생〉이홍, 김찬모, 지식경영연구, 3권2호, 2002

90. 《혁신의 원천 지식창조》게오르그 폰 크로우, 카즈오 이치조, 이쿠지로 노나카, 한국외국어대학교출판부, 2009

91. 《현대고용관계론》신수식, 김동원, 이규용, 박영사, 2004.

92. 《현대병원경영학개론》조형원외, 신광출판사, 2006

93. 《환자를 파트너로 만드는 법》서정돈, 노보컨설팅, 1997

94. 〈환자중심적 진료센터의 도입과 운영〉권영대, 성균관대학교의과대학, 2004

95. 〈활동기준 원가시스템의 활용방안〉주순제, 한국학술정보, 2007

96. 〈활동기준원가계산을 활용한 경영합리화에 관한 연구 : 병원 경영 중심으로〉김경환, 건국대 경영대학원, 2010

97. 《A Conceptual Model of Service Quality and Its Implication for Future Research》 Parasuraman, Zeithaml and Berry, Journal of Marketing, Vol.49, 1985

98. 〈A Service Quality Model and Its Marketing Implication〉Gronroos C, European Journal of Marketing, Vol.18, No.14, 1984

99. 《Diagnosing and Changing Organizational Culture: Based on the Competing Values Framework》Cameron K.S. & Quinn R.E. The Jossey-Bass Business & Management Series, 2002

100. 〈Durability and Impact of the Locus of Control Construct Psychological Bulletin〉 Lefcourt H.M, vol.112, pp.411-414, 1992

101. 《Employee-Organization Linkages: The Psychology of Commitment, Absenteeism, and Turnover》Mowday R.T, Porter L.W and Steers R.M, New York: Academic Press, 1982

102. 《Execution》Larry Bossidy and Ram Charan, Crown Business, 2002

103. 《Handelman Company Hits a high Strategic note with the BSC》Lauren Keller , Johnson, Balaced Scorecard Report, September-October, 2003

104. 《Intellectual Capital and Knowledge Management》Ricceri, Federica, Taylor & Francis 2008

105. 〈International Classification of Diseases〉Ninth Revision, Clinical Modification (ICD-9-CM) by the National Center for Health Statistics, U.S, Available at: http://www.who.org/, Accessed May, 2005

106. 《Knowledge Management : Historical and Cross-Disciplinary Themes》Walllace, Danny P. Libraries United Inc, 2007

107. 《Knowledge Management : Social, Cultural and Theoretical Perspectives》 Chandos Publisching, Rikowski, Ruth, 2006

108. 《Leadership in Organizations》Yukl G, Prentice Hall International Editions, 1994

109. 《M. Understanding Attitudes and Predicting Social Behavior》Ajzen, Prentice-

Hall, Englewood Cliffs, 1980

110. 《Management of Organizational Behavior: Utilizing Human Resources》Hersey P and Blanchard K.H. Englewood Cliffs, Prentice-Hall, 1993

111. 《Management》Daft R.L. The Dryden Press, 1997

112. 《Management》Dessler G, Prentice-Hall, 2001

113. 《Motivation and Personality》Maslow A.H, New York: Harper & Row, 1970

114. 《n Introduction to Collective Bargaining & Industrial Relations》Katz H.C. & Kochan T.A, AMcGraw-Hill, 2004.

115. 〈National Electrical Manufacturers Association(NEMA): Standards Publication PS 3, DigitalImaging and Communications in Medicine(DICOM)〉

116. http://medical.nema.org/dicom/2004.html/, Accessed June, 2005《Organizational Culture and Leadership》Edgar H, Schein, Jossey-Bass, 1992

117. 《Organizational Justice》Sheppard B.H, Lewicki, R.J&Minton J.W, New York: Lexington Books, 1992

118. 〈Roles and activities of IHE〉Jung H.J, Kang W.S and Kim H.J, The Korean journal of PACSVol.10, No.2, 2004

119. 〈The acceptance testing of 5 mega pixels primary electronic display devices and the study of quality control guideline suitable for domestic circumstance〉Jung H.J Kim H.J and Kim S K, Korean J Med Phys, Vol. 18, No. 2, 2007

120. 《Organizational Behavior, Slocum》 Hellriegel D.J.W. & Woodman R.W, 8th ed, 1998.

121. 《The HR Scorecard》 Brian E. Becker, Mark A. Huselid, and Dave Ulrich, Harvard Business School Press, 2001

122. 〈Understanding Customer Expectation of Service〉Zeithmal V.A, A. Parasurman and L. L. Berry, Sloan Management Review, Vol.39, 1991

123. 《Warehousing The World - A Few Remaining Challenges》Pedersen, In proc. of DOLAP, 2007

잘 되는 병원에는 이유가 있다

조현 저 | 12,000원

100미터만 걸어도 한두 개는 보일 정도로 많은 병원, 높아진 환자들의 의식수준. 이제 병원이 가만있어도 돈을 벌던 시대는 갔다. 왜 어떤 병원은 환자들로 넘쳐나고, 어떤 병원은 그렇지 못한 걸까? 5년에 걸쳐 250여 개의 병원을 컨설팅한 저자는 병원의 경쟁력을 시설이나 의료기술 같은 하드웨어가 아니라, 경영기법과 서비스 경영이라는 소프트웨어를 기준으로 제시한다. 이 책에는 가장 첨예하게 충돌하는 병원 서비스의 불만을 짚어내고, 시간과 에너지를 절약하면서도 고객이 가장 만족스러워할 수 있는 상황을 연출해줄 서비스 노하우가 고스란히 담겨 있다.

간호사, 프로를 꿈꿔라! (최고 간호사가 되기 위해 당신이 알아야 할 모든 것)

도나 월크 카르딜로 저 · 김성미 역 | 12,000원

대한민국에서 간호사로 살아남기란 쉽지 않다. 환자나 보호자와의 잦은 마찰, 야간 근무와 강도 높은 업무 등 간호사들을 힘들게 하는 요소가 너무 많기 때문이다. 그렇다고 포기하기에는 너무나 매력적인 직업이다. 이 책에서는 20년 경력의 베테랑 간호사이자 명강사로 활동하는 저자가 최고의 간호사가 되기 위한 비법을 공개한다. 역할 모델, 장기적 비전, 경력 관리, 간호사만의 스트레스 해소법 등 프로 간호사라면 반드시 갖추어야 할 것들을 모두 제시하고 있다. 특히 자신의 경험을 바탕으로 한 쉽고 실용적인 조언이 담겨 있어 프로를 꿈꾸는 간호사라면 반드시 읽어야 할 책이다.

신진대사를 알면 병 없이 산다

마크 하이만 저 · 진용희, 윤혜영 역 | 14,900원

신진대사란 우리 몸이 영양소를 에너지로 만들어 쓰고, 노폐물을 배출하는 과정을 말한다. 이 과정이 자연스럽게 일어나지 않으면 피로가 쌓이고 병이 생긴다. 이 책은 신진대사를 방해하는 다양한 원인과 그에 대한 해결책, 몸속에서 일어나는 복잡하고 미묘한 과정을 과학적인 근거를 바탕으로 담고 있다. 자칫 어렵게 느껴질 수도 있는 내용들을 일반 독자들도 쉽게 이해할 수 있도록 풀어 썼기 때문에 유용한 지식들을 재밌게 얻을 수 있다. 실생활에서 활용할 수 있는 팁을 따라 하다보면 어느새 건강해진 자신을 발견할 수 있을 것이다.

혈당을 알면 당뇨병 없이 산다

앤 피탄트, 프리벤션 매거진 편집부 저 · 안철우, 전제아 역 | 13,900원

최근 조사에 따르면 현재 우리나라 당뇨병 환자 수가 500만 명을 넘어섰다고 한다. 전체 국민의 약 10% 정도가 당뇨병으로 고통 받고 있는 것이다. 하지만 아직도 당뇨병 치료와 합병증 예방을 위한 진료는 미흡하다. 당뇨는 환자 혼자만의 병이 아니다. 수많은 합병증과 혈당을 조절하기 위해 보호자도 긴장을 늦출 수 없기 때문이다. 이 책은 당뇨병으로 고통 받고 있는 사람들을 위한 책이다. 혈당을 조절하는 생활 습관, '어떻게 먹을 것인가, 어떻게 움직일 것인가, 어떻게 쉴 것인가'에 대해 이야기하고 있다.

(만성통증을 없애는 에고스큐 운동법) 통증없이 산다

피트 에고스큐, 로저 기틴스 저 · 박성환, 한은희 역 | 12,900원

통증 없는 삶을 위한 가장 확실한 투자! 이 책은 (편)두통에서 뻐근한 목,. 콕콕 쑤시는 어깨, 등 통증, 묵직한 허리, 엉덩이 통증, 시큰한 무릎, 정강이 근육통, 틀어지거나 약한 발목, 팔꿈치 통증, 칼로 베는 듯한 발바닥 통증까지 내 몸을 괴롭히는 증상을 깡그리 없애주는 운동법과 특별한 예방 프로그램으로 통증 없이 건강하게 살 수 있게 한다.

저자는 베트남 전쟁에 참여했다가 심한 부상을 당한 후부터 통증에 대해 배우기 시작, 결국 통증 치료 전문가가 되었다. 자신의 경험과 의학적인 증거를 토대로 한 생활요법은 전설적인 프로골퍼 잭 니클라우스와 찰스 바클리의 선수 생명을 연장시키기도 했다. 저자의 과학적이고 실질적인 치료법을 따라가다보면 어느새 통증이 사라진 자신을 발견할 수 있을 것이다.

대학병원 혁명

구로카와 키요시 저 · 김주영 역 | 12,000원

일본 대학병원의 조직, 경영, 교육 문제를 낱낱이 파악하고 한국 대학병원의 미래를 제시한 책! 이 책은 과잉설비투자, 편중된 인재 배치, 성적만으로 판단하는 교육제도, 직위와 상하수직관계를 중시하는 폐쇄적 의국 구조 등 일본 대학병원의 문제점을 속속들이 파헤쳤다. 이런 모든 문제를 해결할 수 있는 대안, 의사와 환자가 해야 할 책임과 의무를 하나하나 짚어가면서 소개하고 있다. 이러한 일본 대학병원의 문제를 세세히 들여다보면서 한국 대학병원의 문제를 알아차리고 해결 방법을 찾아볼 수 있는 책으로 손색이 없다. 일본 대학병원의 의료체계 문제를 되짚어보면서 한국 대학병원이 변화될 길을 배워보자. 그러면 환자가 감동하고 의사와 간호사가 평생 일하고 싶어 하는 최고의 병원이 될 수 있다.